Robert Lücking | Toby Spribille

FLECHTEN

Eine Reise in die verborgene Welt der Mischwesen

Haupt
NATUR

Robert Lücking | Toby Spribille

FLECHTEN

Eine Reise in die verborgene Welt der Mischwesen

Aus dem Englischen übersetzt von
Susanne Warmuth und Jorunn Wissmann

Haupt Verlag

Umschlag vorne: *Rusavskia elegans*
Umschlag hinten: *Letharia vulpina* und *Coccocarpia prolificans*
Seite 2: *Ramalina menziesii*

1. Auflage: 2025

ISBN 978-3-258-08429-9

Aus dem Englischen übersetzt von Susanne Warmuth, D-Darmstadt, und Jorunn Wissmann, D-Binnen
Satz und Umschlag der deutschsprachigen Ausgabe: Die Werkstatt Medien-Produktion GmbH, D-Göttingen
Gestaltung: Wayne Blades / Illustrationen: John Woodcock und Chesea Leu / Karten: Les Hunt

Die englischsprachige Originalausgabe erschien 2024 unter dem Titel *The Lives of Lichens. A Natural History* bei Princeton University Press, USA.

MIX
Paper | Supporting responsible forestry
FSC® C006474

www.unipressbooks.com
Gedruckt in Malaysia

Um lange Transportwege zu vermeiden, hätten wir dieses Buch gerne in Europa gedruckt. Bei Lizenzausgaben wie diesem Buch entscheidet jedoch der Originalverlag über den Druckort. Der Haupt Verlag kompensiert mit einem freiwilligen Beitrag zum Klimaschutz die durch den Transport verursachten CO_2-Emissionen. Dabei unterstützt der Verlag ein Projekt zur nachhaltigen Forstbewirtschaftung in der Zentralschweiz. Wir verwenden FSC®-zertifiziertes Papier. FSC® sichert die Nutzung der Wälder gemäß sozialen, ökonomischen und ökologischen Kriterien.

Diese Publikation ist in der Deutschen Nationalbibliografie verzeichnet.
Mehr Informationen dazu finden Sie unter http://dnb.dnb.de.

Der Haupt Verlag wird vom Bundesamt für Kultur für die Jahre 2021–2025 unterstützt.

Haupt Verlag AG
Falkenplatz 14
3012 Bern
SCHWEIZ
herstellung@haupt.ch
www.haupt.ch

Verantwortlich in der EU (GPSR):
Brockhaus Kommissionsgeschäft GmbH
Kreidlerstr. 9
70806 Kornwestheim
DEUTSCHLAND
haupt@brocom.de

INHALT

Die Welt der Flechten

Seit Jahrtausenden betrachten Menschen Flechten, berühren sie, riechen daran, kosten sie. Sie zermahlen sie zu Tee, färben Stoffe mit ihnen, unterscheiden einzelne Arten und beobachten, wo diese vorkommen und wo nicht. Natürlich wissen wir nicht sicher, was unsere Vorfahren über Flechten dachten, aber nachgedacht haben sie zweifellos über sie. Sind es Pflanzen? Algen, die sich an das Leben an Land angepasst haben? Merkwürdige Pilze?

Heute wissen wir, dass Flechten eine Symbiose aus zwei oder mehr Organismen darstellen. Die allermeisten bestehen aus einem Pilz, dem Mykobionten, in den winzige, Fotosynthese betreibende Zellen von Algen und/oder Cyanobakterien eingebettet sind, die Fotobionten. Ein ganzer Wissenschaftszweig, die Lichenologie oder Flechtenkunde, widmet sich heute ihrer Erforschung, und ihre Symbionten sowie zahllosen Formen und Strukturen werden mit einer eigenen Terminologie beschrieben.

Unser Wissen über Flechten ist mühsam erworben. Ihre Erforschung erfordert viel Geduld und Liebe zum Detail, Erkundungsgänge in die Natur, die nicht selten im Kriechtempo (und kriechend) erfolgen, die Lupe in der Hand. Indem wir Flechten zerlegten und herausfanden, woraus sie bestehen, was sie so resilient und doch empfindlich macht, wie sie viele und eins zugleich sein können, eröffneten sie uns einen neuen Blick auf unsere eigene Welt.

Dies Buch bietet einen Einstieg für all jene, die mehr über diese faszinierenden Lebensformen erfahren und in ihre Welt eintauchen möchten. Flechten bedecken fast die gesamte Landmasse der Erde; wir können unmöglich all ihre Eigenarten beschreiben oder abbilden. Wir möchten aber einige grundlegende Informationen zu Biologie, Ökologie, Vielfalt und Erforschung der Flechten bieten sowie dazu, welche Bedeutung sie für die Natur und uns Menschen haben, damit unsere Leserinnen und Leser das Leben der Flechten besser wertschätzen können.

← Die «Schriftflechten» der Familie Graphidaceae wachsen auf Rinde und anderen Substraten, meist in tropischen und subtropischen Regionen. Es sind mehr als 2000 Arten bekannt, darunter die hier abgebildete *Phaeographis haematites*.

→ Orangefarbene Strauchflechten der Gattung *Teloschistes* (hier *T. exilis*) geben einen Eindruck der großen Farbenvielfalt von Flechten. Diese geht auf chemische Substanzen zurück, die oft nur von diesen Lebensformen bekannt sind.

DIE SYMBIOSE SCHLECHTHIN

Die Anfänge der Flechtenkunde

Flechten sind den Menschen seit altersher vertraut, zweifellos unter vielerlei Bezeichnungen. Der griechische Naturforscher Theophrastos von Eresos (um 371–um 287 v. Chr.) benutzte erstmals den Begriff λειχήν (*leichen,* latinisiert zu *lichen*) für Flecke auf Olivenbäumen, die, wie er glaubte, deren Wachstum beeinträchtigten.

Ob diese von Theophrast beschriebenen Flecke tatsächlich Flechten im heutigen Sinne waren, lässt sich nicht mehr klären. Wir wissen aber, dass er in mindestens zwei anderen Fällen zwar Flechten beschrieb, sie aber nicht als solche bezeichnete. So zählte er verbreitete, zum Färben verwendete Flechten der Gattung *Roccella* zu den Algen, auf Bäumen wachsende Flechten der Gattung *Usnea* dagegen zu den Moosen. Seine Lehren beeinflussten die Schriften von Plinius dem Älteren und Pedanios Dioskurides im 1. Jahrhundert n. Chr. und bildeten fast zwei Jahrtausende lang die Grundlage des botanischen Wissens über Flechten in Europa.

NAHRUNG UND HEILMITTEL

Das antike Wissen über Flechten wurde später durch den angesehenen persischen Arzt und Naturforscher Ibn Sīnā (Avicenna, 980–1037) weitergetragen und vermehrt. Er beschrieb in seinem enzyklopädischen Werk *Kitāb al-qānūn fī aṭ-ṭibb* (lat. *Canon medicinae,* «Kanon der Medizin») Flechten, die in der Medizin und als Nahrung verwendet wurden. Er bezeichnete sie als *ušnah* – vermutlich der Ursprung des wissenschaftlichen Gattungsnamens *Usnea* – und empfahl sie bei vielerlei Leiden. Ibn Sīnās Werk wurde etwa 200 Jahre später von dem Arzt Ibn al-Baiṭār (1197–1248) aus al-Andalus, dem heutigen Spanien, weitergeführt. Welche Flechtenarten diese Autoren beschrieben, lässt sich heute nicht sicher sagen, doch wuchsen einige davon an Bäumen, und mindestens eine wurde als *šaybat al-'ağūz* («graues

Haar der alten Frau») bezeichnet, was heutige Bezeichnungen für haarartig wachsende Flechten («Bartflechten», engl. *hair lichens*) vorwegnimmt.

Auch in vielen anderen Regionen der Welt waren Flechten Bestandteil des Alltags, besonders dort, wo sie sehr häufig waren, etwa in den Bergen oder im hohen Norden. Dennoch ist, abgesehen von einigen Arten, die als Nahrung oder Heilmittel Verwendung fanden, kaum traditionelles indigenes Wissen überliefert – zumindest nicht vor dem späten 17. Jahrhundert.

ERFORSCHUNG DER VIELFALT

Ende des 17. Jahrhunderts gab es mehrere Versuche, die Vielfalt der Pflanzenarten im weiteren Sinne (Flechten wurden damals als Pflanzen angesehen) umfassend und systematisch darzustellen. Der Engländer John Ray (1627–1705) veröffentlichte in seinem Werk *Historia Plantarum* 1686 eine Liste der damals bekannten Flechtenarten. Er war vielleicht der Erste, der den Begriff *Lichen* als Klassifikationskategorie für die heute als solche bezeichneten Flechten (Lichenen) verwendete und nicht mehr wie bisher für Lebermoose und Algen. Noch konsequenter ging der Franzose Joseph Pitton de Tournefort in seinem 1700 veröffentlichten Werk *Institutiones Rei Herbariae* vor.

Keines dieser Werke aber war so umfassend und so reich illustriert wie dasjenige von Robert Morison (1620–1683). Er erforschte Flechten in den schottischen Highlands und bildete in einem posthum erschienenen Werk (1699) mehr als 100 Arten ab. Im frühen 18. Jahrhundert schufen sowohl Pier Antonio Micheli als auch Johann Jacob Dillenius detaillierte Klassifikationen von annähernd 300 Spezies, von denen

← Seite aus Ibn Sīnās *Kitāb al-qānūn fī aṭ-ṭibb (Canon medicinae)*. Das Werk enthält eine der frühesten Erwähnungen von *ušnah*.

→ *Usnea articulata*, eine Bartflechte, heißt im Iran noch heute «Rhazes' Moos» oder «Avicennas Moos». Ibn Sīnā lernte wohl von seinem Lehrmeister ar-Rāzī (Rhazes), wie man Flechten verwendet. Dieser hatte sich in den Hyrkanischen Wäldern im Norden Persiens umgehört und diese Flechten unter der Bezeichnung *ušnah* erstmals erwähnt.

viele erstmals beschrieben wurden. Merkwürdigerweise benutzte der Italiener Micheli die Bezeichnung *Lichen* für alle Flechten, der Deutsche Dillenius aber handelte die meisten Flechten unter den Bezeichnungen *Coralloides* (vor allem Gattung *Cladonia*), *Lichenoides* (Krusten- und Laubflechten), *Usnea* (Strauch- und Bartflechten), *Byssus* (darunter auch Staubflechten) und *Tremella* (inklusive Gallertflechten) ab. Die Gattungen *Lichen* und *Lichenastrum* dagegen behielt er den Lebermoosen vor. Der lateinische Namenselemente «lichen» kam damals zwar gerade in Gebrauch, hatte sich aber keineswegs schon als Bezeichnung für Flechten im Englischen oder Lateinischen durchgesetzt – Morison etwa bezeichnete diese als *musco-fungi* («Moospilze»), während Dillenius sie den Moosen zuordnete.

DIE LINNÉSCHE REVOLUTION

Die Werke von Micheli und Dillenius beeinflussten den Begründer der modernen Botanik, Carl von Linné, maßgeblich in seiner Klassifikation der Flechten. Vor ihm hatten die meisten Naturforscher mehr als zwei lateinische Namenselemente benutzt, um Arten zu benennen. Im Jahr 1753 aber schuf Linné einen übersichtlichen Standard für die Systematik und verwendete nur noch zwei Begriffe, nämlich den Gattungs- und den Artnamen. Sein Grundlagenwerk *Species Plantarum*

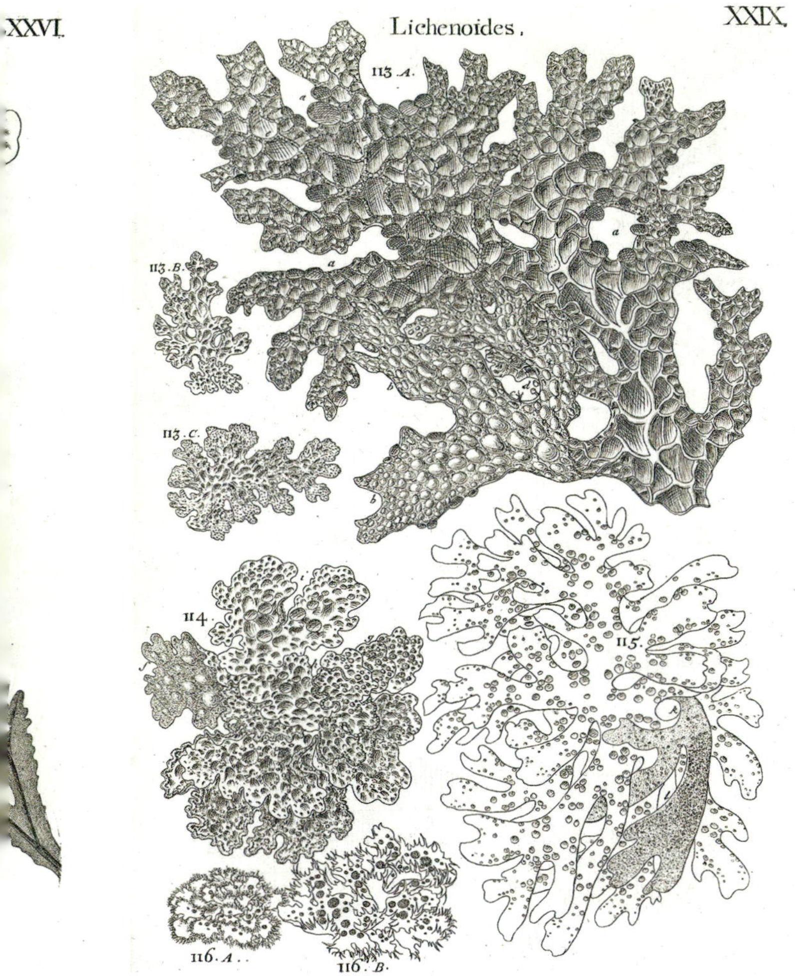

↖ Flechten unter der Bezeichnung *musco-fungi,* «Moospilze» in Robert Morisons *Plantarum Historiae Universalis Oxoniensis* (1699).

↑ Zwei Tafeln aus Dillenius (1741). Er bezeichnete Lebermoose wie *Marchantia polymorpha* (Brunnenlebermoos) als «Lichen» und heute als Flechten bezeichnete Arten wie *Lobaria pulmonaria* (Lungenflechte) als «Lichenoides».

↗ *Cladonia pyxidata* (Gewöhnliche Becherflechte) ist eine typische Vertreterin der Becherflechten (Gattung *Cladonia*) und eine der von Linné als solche erkannten Arten.

gilt heute als Beginn der modernen wissenschaftlichen Nomenklatur. Linné interessierte sich angeblich wenig für Flechten; tatsächlich führte er nur etwa 80 Arten in seinem Buch auf, während es bei Micheli und Dillenius rund 300 gewesen waren. Anders als Dillenius und genau wie de Tournefort und Micheli benutzte er den Gattungsnamen *Lichen* für die meisten Flechten, ordnete sie jedoch (zusammen mit den Tangen) bei den Algen ein. Von den 80 Artnamen, die Linné in der Gattung *Lichen* verwendete, sind 67 heute noch in Gebrauch. Viel verwendete wissenschaftliche Namen, wie *Cetraria islandica* für Isländisch Moos, *Cladonia pyxidata* für die Gewöhnliche Becherflechte und *Hypogymnia physodes* für die Gewöhnliche Blasenflechte, gehen auf Namen in Linnés Werk zurück; er führte sie darin als *Lichen islandicus, Lichen pyxidatus* bzw. *Lichen physodes* auf.

Flechten unter dem Mikroskop

Carl von Linné revolutionierte die wissenschaftliche Nomenklatur; er schuf ein Namenssystem, das bis heute fast unverändert genutzt wird. Er war jedoch nicht in jeder Hinsicht auf der Höhe der damaligen Wissenschaft. Für die Untersuchung kleinerer Organismen benutzte er nicht die neuesten Techniken.

Obwohl das Mikroskop bereits Ende des 16. Jahrhunderts erfunden worden war und Pioniere wie Antonie van Leeuwenhoek schon vor 1700 ganze Bücher über Mikroorganismen veröffentlicht hatten, verwendete Linné kein Mikroskop. Dadurch konnte er bei Flechten und anderen Organismen keine detaillierten Beobachtungen machen – so werden etwa Sporen in seinem Werk gar nicht erwähnt. Es dauerte weitere rund 50 Jahre, bis eine neue Forschergeneration die Welt der Flechten unter dem Mikroskop betrachtete.

WINZIGE NEUE WELTEN

Linnés letzter Schüler war der junge Botaniker Erik Acharius. Im Alter von 19 Jahren vollendete dieser 1776 eine Dissertation über *Hydnora,* bizarre parasitische Gefäßpflanzen aus Afrika, die kein Chlorophyll enthalten. Allerdings widmete er sich danach weder weiter den Gefäßpflanzen noch einer akademischen Laufbahn. Stattdessen wurde er Arzt und später Direktor der Klinik in der kleinen schwedischen Stadt Vadstena. Hier begann er, die Flechten in ihrer Vielfalt zu katalogisieren. Das tat er mit moderneren wissenschaftlichen Methoden und in dem Bestreben, die Arten so genau zu benennen wie noch niemand vor ihm. Acharius dokumentierte mithilfe eines Mikroskops, was nur wenige seiner Zeitgenossen (auch nicht Linné) vor ihm gesehen hatten: die winzigen Flechtenstrukturen. Er beschrieb und zeichnete Fruchtkörper und viele weitere mikroskopisch kleine Merkmale im Glossar seines 1803 erschienenen Werks *Methodus qua omnes detectos lichenes* («Methode zur Entdeckung sämtlicher Flechten»). In seinem Werk mit dem noch ambitionierteren Titel *Lichenographia universalis* («Darstellung sämtlicher Flechten») bildete er sieben Jahre später Sporen und andere Details in einer Weise ab, die vermuten lässt, dass er über ein Mikroskop mit etwa 400-facher Vergrößerung verfügte. Acharius starb sogar am Mikroskop – er untersuchte gerade in seinem Garten einige Flechten, die er aus Spanien erhalten hatte, als er am 14. August 1819 im Alter von 61 Jahren einem Schlaganfall erlag. Sein Interesse an der Vielfalt der Flechten und die Nutzung des Mikroskops aber lebten fort und wurden von vielen anderen Forschenden aufgegriffen.

← Georg Franz Hoffmann, ein Zeitgenosse von Acharius, war von der mikroskopischen Untersuchung von Flechten derart begeistert, dass das Titelbild seines Werks *Descriptio et adumbratio plantarum e classe Cryptogamica Linnaei quae lichenes dicuntur* («Beschreibung und Skizzierung von Pflanzen aus Linnés Klasse der Kryptogamen, genannt Flechten») von 1790 kleine Putti-Lichenologen am Mikroskop zeigt.

DIE ENTDECKUNG DER «GONIDIEN»

Die frühe Lichenologie widmete sich vor allem der spannenden Aufgabe, die Vielzahl und Vielfalt der Flechten zu dokumentieren und zu benennen. Alle Wissenschaftszweige entwickelten sich zu jener Zeit rasant weiter; so wurden etwa in der Chemie und Physik im späten 18. und frühen 19. Jahrhundert bahnbrechende Entdeckungen gemacht. Bei den Flechten wandte sich die Forschung schon bald vom reinen Katalogisieren der Vielfalt ab und der Frage nach ihrer Funktionsweise als Organismen zu. Ein Pionier auf diesem Gebiet war der deutsche Botaniker Carl Friedrich Wilhelm Wallroth (1792–1857). Mit seiner Arbeit brachte er die Wissenschaft einer der größten Entdeckungen im Zusammenhang mit Flechten einen Schritt näher.

Die uns heute bekannten Algenzellen fanden in den frühesten Werken über Flechten keine Erwähnung, zumindest nicht als erkennbare Zellen. Meist wurden sie als grünliche Schicht oder Verfärbung des Flechtenkörpers, also des Thallus oder Lagers, beschrieben. Manche Autoren vermuteten sogar, die Verfärbung erfolge durch den Luftkontakt des Lagers an frischen Bruchstellen. Wallroth änderte dies 1825 mit einem (wort-)gewaltigen zweibändigen, 722 Seiten starken Werk, in dem er Bezeichnungen und Erklärungen für diese Zellen einführte und seine Vorgänger verspottete, weil diese sie übersehen hatten. Er bezeichnete die winzigen grünen Strukturen als *Brutzellen* oder *Gonidien* (abgeleitet von griech. *gonos,* Same). In selbst für damalige Verhältnisse sehr langen Sätzen verkündete er, es handele sich um «anaphroditische Reproductions-Organe»:

Diess ist die erste richtige Erklärung eines ausgezeichneten, bedeutungsvollen, aber, wie wir bereits erwiesen, leider von allen Autoren bald übersehenen, bald verkannten Theils, wel-

chem wir getrost, wenn auch gegen die Behauptungen aller Autoren[,] das Prädikat eines Organs zu Theil werden lassen, durch dessen Einsicht, ausser andern, mit der Diagnostik der Arten in Beziehung stehenden Zweifeln, die Geheimnisse der Entstehung, der Morphosis und Metamorphosis der Flechten, auf das Genaueste enträthselt werden können.

Kurzum, Wallroth war davon überzeugt, dass die Gonidien ein entscheidender biologischer Bestandteil der Flechten seien, und zumindest darin sollte er recht behalten. Ob es sich jedoch um Fortpflanzungsorgane handelte oder nicht, wurde Gegenstand einer hitzigen wissenschaftlichen Debatte. Die Fotosynthese war damals als wissenschaftliches Konzept schon wohlbekannt, und bald entdeckten Forschende die Fotosynthesefähigkeit jener grünen Zellen. Wallroths Definition der Gonidien als asexuelle Fortpflanzungskörperchen wurde darum von dem schwedischen Mykologen Elias Magnus Fries 1831 um eine Funktion ergänzt, nämlich die Anreicherung von Kohlenstoff und Nährstoffen. Fries beharrte allerdings noch auf dem reproduktiven Charakter der Gonidien und führte die Regenerationsfähigkeit der heute Soredien (siehe S. 52) genannten Strukturen auf sie zurück.

→ Tafel aus Acharius' Werk *Lichenographia universalis*, die vor allem die Fortpflanzungsorgane von Großflechten der Gattungen *Sticta* und *Parmelia* nach damaliger Auffassung zeigt. Die im Querschnitt bei Flechten deutlich erkennbare typische grüne oder blaugrüne Schicht ist nicht abgebildet; Acharius konnte diese Schicht also vielleicht nicht von der Rinde unterscheiden.

↓ Fortpflanzung, Fotosynthese oder beides? Frühe Lichenologen zerbrachen sich den Kopf darüber, wie sie die grünen Zellen im Flechtenlager interpretieren sollten.

In jener Zeit stufte man Flechten überwiegend als eigenständige Gruppe von Lebewesen auf derselben Ebene wie Pflanzen, Tange und Pilze ein. Die Ähnlichkeit mancher Strukturen (besonders der Fruchtkörper) bei den Flechten mit jenen bei Pilzen war kaum zu übersehen und führte zu immer häufigeren Vergleichen. So behauptete der deutsche Botaniker Friedrich Traugott Kützing 1833, beobachtet zu haben, wie *Xanthoria parietina* (Gewöhnliche Gelbflechte) aus einzelligen Algen hervorgegangen sei. Kützing beschrieb zwar, dass diese Algen mit dem Flechtenlager mit der Zeit «verwoben» seien, doch stellte er nicht die Verbindung zu Wallroths Konzept der Gonidien her und stellte auch kaum Überlegungen dazu an, was dies für die Biologie

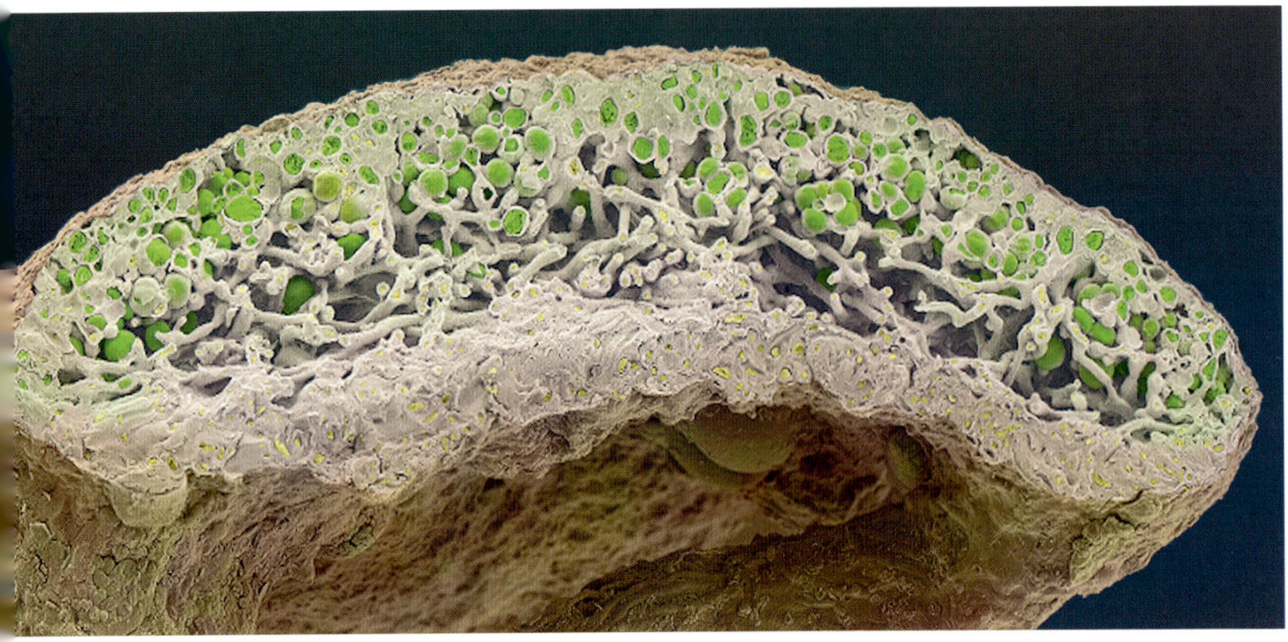

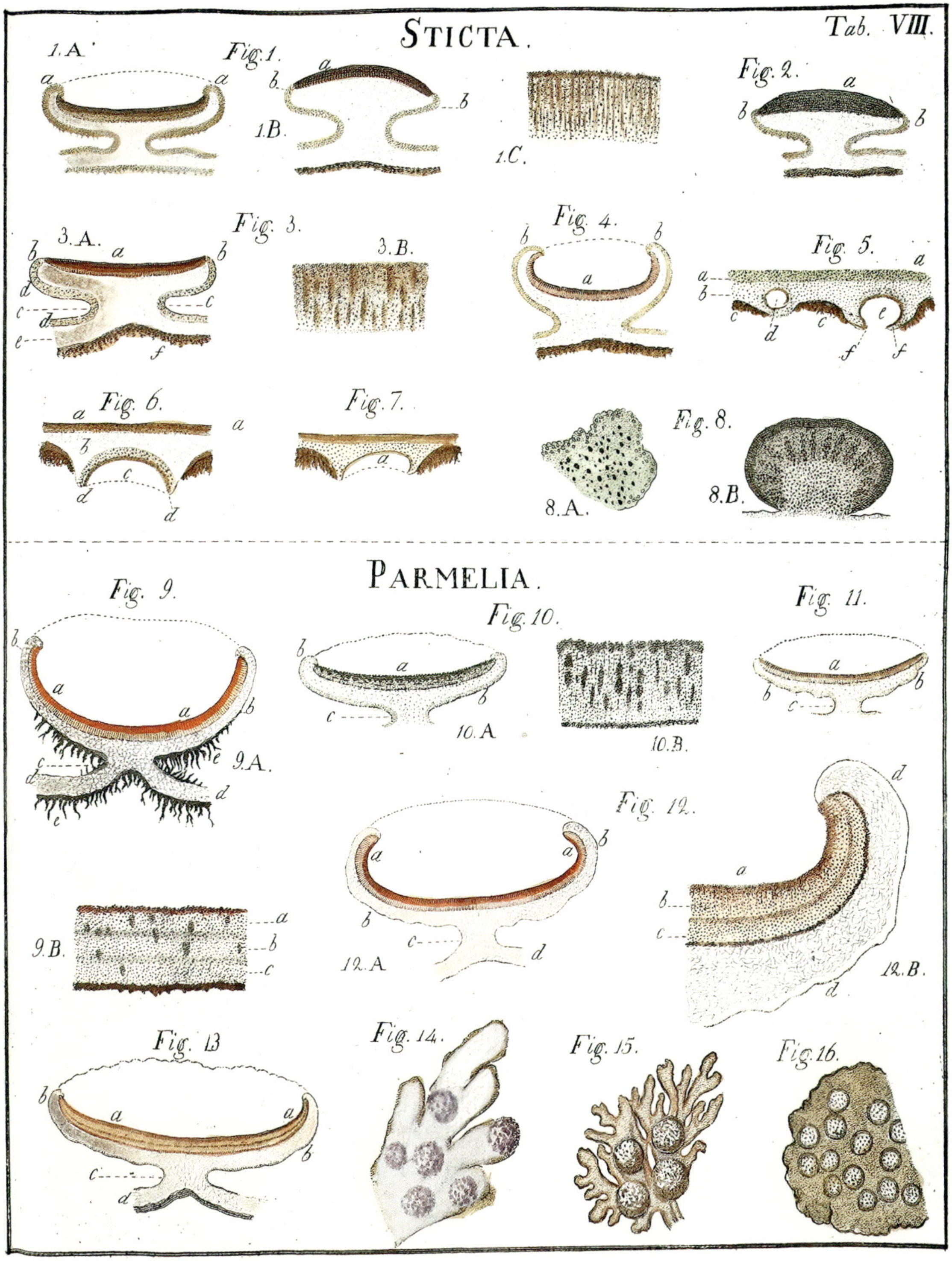
Sticta.
Tab. VIII.
Parmelia.
Fig. 1.
Fig. 2.
Fig. 3.
Fig. 4.
Fig. 5.
Fig. 6.
Fig. 7.
Fig. 8.
Fig. 9.
Fig. 10.
Fig. 11.
Fig. 12.
Fig. 13
Fig. 14.
Fig. 15.
Fig. 16.

der Flechten bedeuten mochte. Die Folgerung, dass Flechten aus zwei verschiedenen Organismen – einem Pilz und einer Alge – zusammengesetzt sind, lag eigentlich schon auf der Hand, doch sollte es noch weitere 36 Jahre dauern, bis dieser Schritt erfolgte.

In den 1850er- und 1860er-Jahren kultivierten mehrere Forscher frei lebende Gonidien von Flechten und stellten fest, dass sie sogar Strukturen bilden konnten, die an frei schwimmende Zoosporen erinnerten, was sie zweifellos zu den anderen Algen stellte. Statt aber daraus zu schließen, dass Algen innerhalb der Flechten lebten, folgerten diese Wissenschaftler, dass die Algen, die innerhalb von Flechten dieses Verhalten zeigten, gar keine Algen seien. Der Lebenszyklus der Flechten wurde mit immer komplizierteren Erzählungen beschrieben (inklusive Fortpflanzung mittels komplexer Gonidien, die Algen nur *ähnelten*), um ihre Existenz zu erklären. Je klarer die Klassifikation größerer Lebensformen – mit «Reichen» wie denen der Pilze und der Pflanzen – wurde, desto problematischer waren Organismen mit sowohl pilz- als auch pflanzenartigen Merkmalen. Die Lösung nach dem Prinzip von Ockhams Rasiermesser (das besagt, dass von mehreren möglichen Erklärungen die einfachste wahrscheinlich die richtige ist) mag schon lange auf der Hand gelegen haben, doch erst der Schweizer Botaniker Simon Schwendener postulierte sie schließlich.

↖↗ Eines von Schwendeners Untersuchungsobjekten waren Heppflechten wie die Anliegende Heppflechte (aus dem Pilz *Heppia adglutinata* und einem Cyanobakterium); sein Werk von 1869 zeigt unter anderem den Querschnitt eines Lagers (rechte Seite).

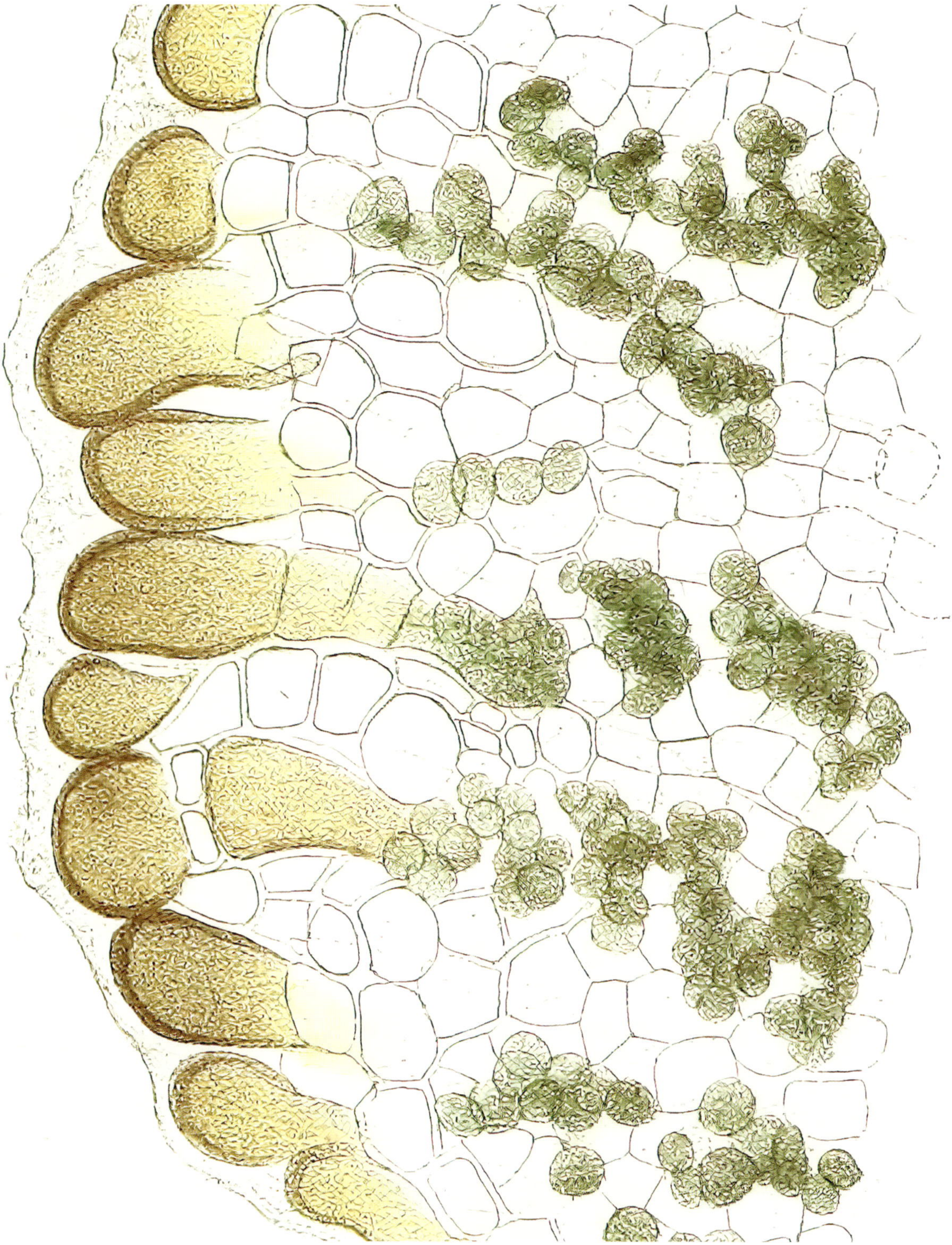

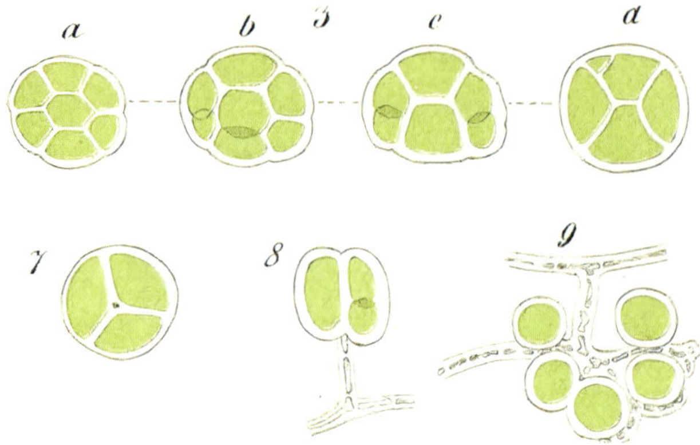

↖↑ Darstellungen von Algen und Pilzen, die mit diesen in Kontakt stehen, aus Schwendeners Werk *Untersuchungen über den Flechtenthallus* (1860); die gezeigte Flechte ist heute unter dem Namen *Alectoria sarmentosa* (Baumbart) bekannt (links).

→ Rasterelektronenmikroskopische Aufnahme ähnlicher Strukturen bei *Ramalina dilacerata* (Kleine Astflechte) aus Alberta, Kanada

↓ Entdecker des Symbiosecharakters von Flechten: Simon Schwendener

«GONIDIEN» SIND ALGEN

Simon Schwendener (1829–1919) war 31 Jahre alt und Professor in Basel, als er 1860 eine umfangreiche und wunderbar illustrierte Studie über die Strukturen von Flechten veröffentlichte. Er schuf detaillierte Zeichnungen der Gonidien und der Zellen, die diese wie ein Netz umgaben, und ging der Frage, worum es sich handeln könnte, intensiv nach. Anschließend entnahm und kultivierte auch er die Gonidien und verglich sie, wie schon andere zuvor, mit frei lebenden Algen. Schwendener revolutionierte die Wissenschaft nicht, indem er ein neuartiges Experiment durchführte, sondern indem er das zuvor Undenkbare aussprach: Er postulierte, dass Flechten zum Teil Pilze und zum Teil Algen seien. Im Grunde vertrat er die Vorstellung, dass Flechten lebende Chimären seien, Manifestationen einer Beziehung zweier Organismen, bei der einer den anderen ernährt. Obwohl er den Begriff noch nicht benutzte (das sollte seinem Zeitgenossen Albert Frank vorbehalten bleiben), führte Schwendener doch das Konzept der Symbiose, des «Zusammen-Lebens», ein. (Für die ganz Exakten sei angemerkt, dass einige der von ihm untersuchten «Algen» tatsächlich Cyanobakterien waren, die aber damals für Algen gehalten wurden. Siehe dazu S. 50.)

Schwendeners Werk warf ein Paradigma über den Haufen und markierte so einen Meilenstein in der Geschichte der Biologie, durchaus auf einer Höhe mit Darwins Theorie der natürlichen Selektion. In den folgenden Jahrzehnten wurde dies nicht immer anerkannt, und die Resonanz auf seine Arbeit war je nach Publikum sehr unterschiedlich.

HOHE WOGEN

Es folgte ein «Krieg der Lichenologen». Die ersten Gegenreaktionen trafen Schwendener selbst. In den ersten Jahren nach seinem Postulat der Flechten als Chimären aus Pilz und Alge musste er heftige Kritik einstecken. Die schlimmste kam von führenden Lichenologen und war nicht gerade ein Beispiel für die ausgewogene Prüfung einer Hypothese. Der finnische Flechtenkundler William Nylander etwa verfasste eine Hetzschrift mit dem Titel *Stultitia Schwendeneriana,* «Die Dummheit Schwendeners». In Deutschland spottete derweil Gustav Wilhelm Körber, Schwendener habe wohl für seine Studie nur ein paar besondere Flechtenarten herausgepickt, und tadelte dessen Unterstellung, dass Wissenschaftlern, die Hunderte von Flechten untersucht hatten, die Beziehung von zwei unterschiedlichen Organismen entgangen sei.

Heute ist kaum nachvollziehbar, warum die Lichenologen eigentlich über Schwendeners Folgerungen so erbost waren – es sei denn, sie fürchteten, dass Flechten ihre geschätzte Sonderstellung im Stammbaum des Lebens einbüßen könnten. Wenn Schwendener durch ihre Kritiken aufgebracht war, so zeigte er dies nicht. Seine Erläuterungen zur Biologie der Flechten wurden schon nach 3 Jahren von mindestens einem gängigen Lehrbuch übernommen, eine Entwicklung, die, wie er (vielleicht auch ein bisschen in Richtung seiner Kritiker) sagte, «mehr war, als ich je erwartete».

Der Nachbau im Labor

Der ultimative Beweis dafür, was eine Flechte ist, besteht darin, sie im Labor aus ihren Bestandteilen nachzubauen. Dieser Aufgabe stellte sich die Wissenschaft binnen kürzester Zeit nach Veröffentlichung von Schwendeners Werk. Doch die Sache war schwierig.

Der Wettlauf um die Konstruktion einer Flechte aus ihren Einzelbestandteilen und somit der «Beweis» ihres dualen Charakters fand zu einer Zeit statt, als der französische Mikrobiologe Louis Pasteur berühmt wurde. Eine seiner wissenschaftlichen Leistungen bestand darin, Mikroorganismen in einer sterilen Umgebung zu kultivieren. 10 Jahre nach Schwendeners Veröffentlichung kultivierte der französische Botaniker Gaston Bonnier, der von Pasteurs kürzlichem Erfolg bei der Kultur von Bakterien wusste, Pilze und Algen, und 1889 verkündete er die Neusynthese einer Flechte. Das Problem war gelöst – oder?

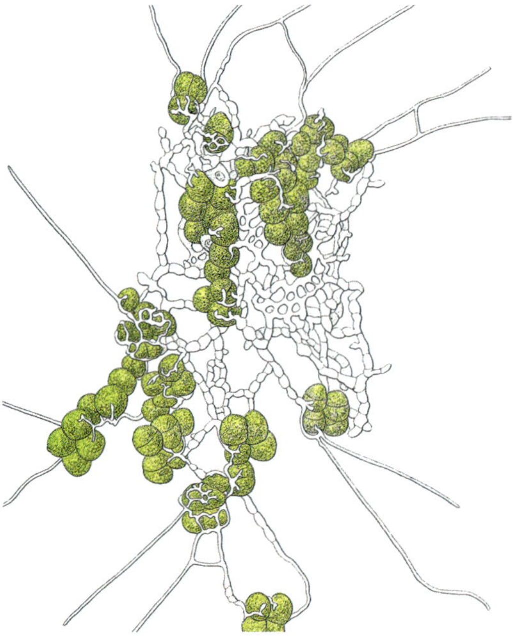

VERSUCH UND IRRTUM

Bonnier war nicht der Erste, der sich an der Rekonstruktion von Flechten aus ihren Komponenten versuchte; dieser Titel gebührt dem deutschen Botaniker Maximilian Reeß, der dies 1871 mit Flechten der Gattung *Collema* (Leimflechten) versucht hatte. Bonnier jedoch wandte Methoden an, die schon an die moderne Mikrobiologie denken ließen, und erzielte mit die besten Ergebnisse jener Zeit.

Dennoch wurden zwei Aspekte seiner Arbeit kritisiert. Zum einen gewann er zwar Sporen vom Pilz und nutzte diese als Ausgangspunkt seiner Pilzkulturen, aber bei den Algen war ihm dies nicht möglich. Stattdessen gewann er Algen von anderen Flechtenlagern – nicht gerade ein steriler Anfang. Zum anderen zeigten Bon-

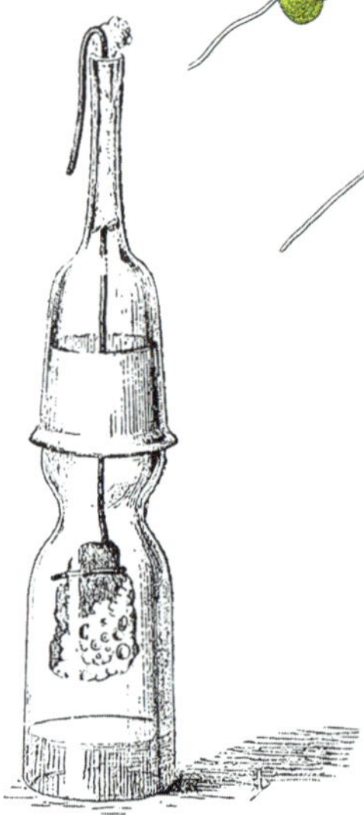

← Erfolgreiche Flechtenresynthese? Gaston Bonnier, eine seiner Flaschen nach dem Vorbild Pasteurs und das Ergebnis einer Resynthese aus den Symbionten der Gewöhnlichen Gelbflechte (mit dem Pilz *Xanthoria parietina*)

↗ Experiment zur Resynthese von *Protoparmeliopsis muralis* (Gewöhnliche Mauerflechte) mit Protobionten der Gattung *Trebouxia* in Petrischalen von Beata Guzow-Krzemiśka und Elfie Stocker-Wörgötter. Das Elektronenmikroskop zeigt die enge Assoziation der Symbionten in der Kultur.

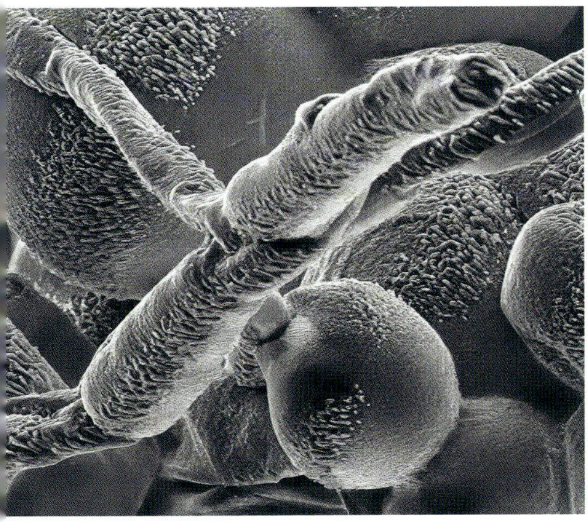

niers Synthesen zwar deutlich, dass sich Pilze um Algenzellen arrangieren, aber das Ganze ähnelte nur vage einer Flechte. Diese beiden Kritikpunkte sollten in den folgenden 130 Jahren der Resyntheseforschung immer wieder auftauchen.

Die logische Konsequenz: noch gezielter reine, sterile Kulturen gewinnen und es immer weiter versuchen. Fast in jeder Generation haben seither Forschende Experimente durchgeführt, um Flechten im Labor zu erzeugen. Der Schweizer Forscher Eugen A. Thomas erhielt mit einer gemeinsamen Kultur von Pilz und Alge etwas, das an den Becher einer Flechte der Gattung *Cladonia* erinnerte; Gleiches gelang einem US-amerikanischen Team unter Leitung von Vernon Ahmadijan von den 1950er- bis in die 1990er-Jahre gleich mehrmals. Aber echte «Flechten-Erfolge» gab es nur sehr selten, und sie ließen sich kaum wiederholen. Warum?

Selbst unter günstigsten Umständen erfordert das Erschaffen von Flechten im Labor viel Geduld. Flechtenpilze zählen zu den am langsamsten wachsenden Lebewesen; manche schaffen nur 10 Millimeter pro Jahr – was vielen anderen Pilzen und Pflanzen an einem Tag gelingt. Dennoch wurden bis heute viele Pilz- und Algenarten isoliert und gemeinsam kultiviert, um «Reagenzglas-Flechten» zu erzeugen. Den geringen Erfolg führt man darauf zurück, dass die Symbionten sehr empfindlich auf die Kulturbedingungen reagieren. Vielleicht aber benötigen Flechten außer Pilz und Alge sogar noch weitere Symbionten, wie etwa Bakterien.

Bis heute herrscht Uneinigkeit darüber, ob die Synthese einer Flechte aus reinen, sterilen Grundbestandteilen tatsächlich je gelungen ist. Wie sich zeigte, lässt sich das «Kontaktstadium» der Resynthese, bei dem Pilze verfügbare Algen umfassen, mit Glasperlen statt Algenzellen replizieren, was wiederum die Frage aufwirft, inwieweit solche Strukturen als symbiotische Resynthese gelten können. Die wenigen Male, bei denen natürlich aussehende Flechten entstanden, ließen sich praktisch nicht wiederholen. Und in keinem der Fälle, in denen von Resynthese berichtet wurde, waren die beteiligten Kulturen als frei von Bakterien zertifiziert. Bakterien sind bei Flechten-Symbiosen stets mit von der Partie und lassen sich allein unter Sichtkontrolle nicht ausschließen.

In den letzten Jahren waren einige leidenschaftliche «Flechten-Synthetiker» erfolgreich, indem sie komplette Flechten zermahlten und deren Komponenten unter Sichtkontrolle herauspickten, um diese dann getrennt zu kultivieren und danach wieder zusammenzuführen. Einige dieser Versuche ergaben wirklich schöne In-vitro-Flechten, aber die angewandten Methoden erfüllen keine mikrobiologischen Standards. Das Streben nach einer Flechten-Synthese aus zertifiziert sterilen Komponenten geht also weiter.

Auf der Suche nach dem symbiontischen Quidproquo

Die Forschung war sich immer im Klaren darüber, dass zwei Organismen eine langfristige Koexistenz nicht aus Idealismus entwickelt haben. Es musste einen gegenseitigen Nutzen geben, der dieser Lebensform einen evolutionären Vorteil verschaffte. Was also haben die Beteiligten jeweils von der Symbiose?

In demselben Aufsatz, in dem Schwendener seine Beobachtungen zur dualen Natur der Flechten dargelegt hatte, brachte er auch eine Hypothese zur Art der Beziehung zwischen den Beteiligten vor. Die Pilze, so vermutete er, erhielten nährende «Assimilate» von den Algen – so nannte man damals die via Fotosynthese gewonnenen Zucker. Die Algen, so Schwendener, waren von den Pilzen versklavt, aber «mit staatsmännischer Weisheit».

FLECHTENÖKONOMIE

Der deutsche Mediziner und Mykologe Anton de Bary, ein Zeitgenosse Schwendeners, zeigte etwa zur selben Zeit großes Interesse an Flechten. Wo Schwendener Anzeichen für Sklaverei erkannte, sah de Bary, wie er 1879 schrieb, eine ganz andere, eher kooperative Beziehung, für die er den Begriff Mutualismus prägte.

«Dass sie einander nicht ernstlich schaden, können wir mit Sicherheit allerdings sagen, denn wenn das der Fall wäre, würden die betreffenden Einrichtungen nicht existiren können», so de Bary über die beiden Flechten-Symbionten. «Dass die Quartiergeber der kleinen Alge als Beschützer in dem verschiedensten Sinn des Wortes nützlich sein werden, liegt auch auf der Hand. Aber von der Beschaffenheit des etwaigen Gegendienstes haben wir vorläufig wenigstens keine Vorstellung.» Anders gesagt: weniger Sklaverei, mehr *quid pro quo*. Für diesen Austausch prägte de Bary den Begriff «Flechtenöconomie».

De Bary argumentierte auch, dass das Verhältnis der Beteiligten ein Ungleichgewicht zugunsten der Alge aufweise, die «allerdings selbstständig existenzfähig» sei. Beim Flechtenpilz dagegen verhalte es sich umgekehrt. «Er ist […] ohne die Alge selbstständiger Ausbildung unfähig und geht rasch zu Grunde, wenn er dieselbe nicht findet […].» Wie Schwendener beschrieb er den Pilz als abhängig von der Alge, da auf deren fixiertes Kohlendioxid (CO_2) angewiesen. Aber auch ihm fehlten, wie allen anderen zu jener Zeit, die Daten, um dies zu belegen. Auf diese musste die Wissenschaft noch weitere 100 Jahre warten.

NÄHRSTOFFE UND GUTE DIENSTE

David Cecil Smith war Anfang der 1960er-Jahre wissenschaftlicher Mitarbeiter im Fachbereich Biologie der Oxford University. Damals erkundete er Wege, um herauszufinden, was genau die Algen einer Flechten-Symbiose mit Pilzen eigentlich produzieren. Diese Frage ist nicht leicht zu beantworten. Flechtenalgen haben meist nur einen Durchmesser von 5–10 Mikrometern, und weder Flechtenpilze noch -algen eignen sich besonders für schnelle Experimente in der Petrischale. Da er einiges von Biochemie und der Anwendung radioaktiver Isotope verstand, bot er kurzerhand einer Flechte sowohl nicht radioaktive Glucose also auch radioaktives

→ *Peltigera polydactylon*, eine Schildflechte, hat Cyanobakterien als Fotobionten und diente als frühes Untersuchungsobjekt zum Kohlenstoffmetabolismus bei Flechten.

CO_2 an. Er nahm an, dass der Pilz bevorzugt die Glucose aufnehmen würde, einen leicht zu assimilierenden Zucker, während die Alge das CO_2 aufnehmen würde, um damit ihr übliches Produkt (was auch immer das war) in einer Flechtensymbiose zu bilden. Dieses würde dann allerdings in das Kulturmedium übergehen, da der Pilz durch die Glucose bereits «besetzt» oder «gehemmt» war. Tatsächlich gelang dieser Versuch mehr oder weniger. Smith nannte diesen Ansatz «Hemmungsverfahren» *(inhibition technique);* er und seine späteren Studentinnen und Studenten konnten damit ermitteln, in welcher «Währung» in der Flechtensymbiose gezahlt wurde, zumindest von den Algen oder Cyanobakterien an die Pilze.

Smith konnte letztlich benennen, was bis dahin schwammig als «Zucker», «Fotosynthat» oder «Assimilat» bezeichnet worden war – allesamt Begriffe für Kohlenhydrate, die durch Fotosynthese gebildet wurden. Wie sich zeigte, variierte das sezernierte Molekül, je nachdem, ob der Fotobiont eine Alge war (und wenn ja, welche) oder ein Cyanobakterium. Die Cyanobakterien in der Flechte *Peltigera polydactylon* sezernierten Glucose, einen in der Natur weit verbreiteten und für den Pilz leicht nutzbaren Zucker. Grünalgen jedoch bildeten andere Substanzen. Die häufigsten Flechtenalgen, etwa in *Xanthoria aureola* (einer Gelbflechte), sezernierten allesamt Zuckeralkohole (Polyole), die vom Pilz in andere Polyole umgewandelt wurden. Bemerkenswert ist, dass weder Smith noch irgendjemand nach ihm eine entsprechende Gegenleistung Richtung Alge feststellen konnten. Viele Algen genießen dennoch verschiedene Vorteile, etwa Schutz vor Pflanzenfressern, UV-Strahlung und zu intensivem Lichteinfluss, da sie durch sekundäre Pilz-Metabolite abgeschirmt werden. Die interessanten Konsequenzen aus diesen Befunden beleuchten wir im Kapitel zur Biologie der Flechten.

Die Erkenntnis von den Flechten als Symbiose ebnete in den 1870er- und 1880er-Jahren den Weg für die Entdeckung weiterer symbiotischer Beziehungen, etwa bei Mykorrhiza-Pilzen, Korallen und den Knöllchenbakterien von Leguminosen *(Rhizobia).* Auch die Jahrzehnte später folgende Entdeckung des Symbiontencharakters von Chloroplasten und Mitochondrien ging letztlich darauf zurück. Die Symbiose ist heute ein gängiges wissenschaftliches Konzept und fester Bestandteil von Biologielehrbüchern und Populärkultur. Dennoch zählen Flechten noch heute zu den rätselhaftesten und am wenigsten verstandenen Symbiosesystemen.

→ Frühe Modellspezies, die Belege für den Verbleib von Fotosynthese-Assimilaten lieferte: *Xanthoria aureola.*

CLADONIA CRISTATELLA

Soldatenflechte

Prachtvoll gefärbt und auffällig

WISSENSCHAFTLICHER NAME	*Cladonia cristatella* Tuck
STAMM, FAMILIE	Ascomycota, Cladoniaceae
WUCHSFORM	Lager mit schuppiger Basis, reife Podetien mit leuchtend roten Apothecien
ARTEN IN DER GATTUNG	500
LEBENSRAUM	Am Boden und auf Totholz
BESONDERHEITEN	Eine der markantesten und meistfotografierten Flechten Kanadas und der östlichen USA

In Teilen Nordamerikas wächst diese auffällige Flechte, aufgrund ihrer scharlachroten Apothecien auch British Soldier Lichen («Britische Soldatenflechte») genannt. Auch wer sich nicht für Flechten interessiert, bleibt oft stehen, um die knallroten Fruchtkörper zu betrachten. Schon früh erhielt sie einen volkstümlichen Namen. Steckt dahinter eine Geschichte?

Cladonia ist eine der größten Flechtenpilzgattungen weltweit; ihre Vertreter bilden mit Grünalgen der Gattung *Asterochloris* unterschiedlichste Lagerformen. *Cladonia cristatella* ist eine der vielen Arten weltweit (wie in Mitteleuropa *C. coccifera,* die Echte Scharlachflechte), welche an den Enden ihrer Vertikallager (Podetien) rote Apothecien bildet – die bei ihr besonders auffällig sind.

Die Funktion des roten Pigments ist fraglich. Für mindestens eine Art vermutet man, seine Bildung werde durch lichenivore (Flechten fressende) Milben ausgelöst, vielleicht zur Abwehr. *Cladonia*-Flechten mit braunen Apothecien gedeihen jedoch auch, und sollten tatsächlich Milben für die Pigmentierung der Fruchtkörper verantwortlich sein, dann sicherlich nur wenige und vereinzelte. Die Wissenschaft tappt hier noch im Dunkeln.

Cladonia cristatella zählte zu den ersten Flechten, die in amerikanischen Büchern zur Naturgeschichte einen Trivialnamen erhielten. In ihrem 1907 veröffentlichten beliebten Flechtenführer bezeichnete Nina Marshall sie in Anlehnung an den wissenschaftlichen Namen als Scarlet-Crested Cladonia («Scharlachkronen-Cladonia»). Der heute verwendete Name erscheint erstmals 1932 in einem Bericht über die Flechten entlang eines Wanderweges von Tomkins Cove nach Bear Mountain im Bundesstaat New York:

Diese «britischen Soldaten», so genannt wegen ihrer roten, an die leuchtenden Uniformen der Rotjacken während der amerikanischen Revolution erinnernden Apothecien, wuchsen entlang der Route, die die britische Armee im Oktober 1777 über Dunderberg Mountain nahm, um die Forts Clinton und Montgomery zu erstürmen.

→ Roter Teppich: *Cladonia cristatella* bedeckt oft Baumstümpfe mit ihrer Farbenpracht.

NEPHROMA ARCTICUM

Arktische Nierenflechte

Tripartiter Triumph

WISSENSCHAFTLICHER NAME	*Nephroma arcticum* (L.) Torss.
STAMM, FAMILIE	Ascomycota, Nephromataceae
WUCHSFORM	Große Blattflechte mit breiten, blassgrünen Lappen, einer dominierenden Grünalge und inneren Kolonien von Cyanobakterien (internen Cephalodien)
ARTEN IN DER GATTUNG	36
LEBENSRAUM	Geschützte Bodenbereiche in borealen bis arktischen Regionen
BESONDERHEITEN	Hat stets zwei Fotobionten, von denen einer Stickstoff bindet.

Die weitaus meisten Flechten sind eine Symbiose aus typischen, mikroskopisch kleinen Organismen in recht überschaubarer Zahl. Meist stellt ein Pilz den Großteil der Flechtenmasse, ergänzt durch eine Alge oder ein Cyanobakterium; oft besteht ein Verhältnis von etwa 10:1. Anders verhält es sich bei «tripartiten» Flechten.

Bei den meisten Flechten gesellen sich zu den beiden Hauptbeteiligten in geringerer Anzahl verschiedene andere Mikroorganismen – Pilze oder Bakterien. Tripartite Flechten aber enthalten zwei Fotobionten, meist eine Grünalge im größten Teil des Lagers und Cyanobakterien in speziellen Teilen des Lagers (den Cephalodien), oder Cyanobakterien in separaten Lappen oder Lagern oder sogar beides, wie bei *Nephroma arcticum,* einer Nierenflechte.

Warum tripartit? Untersuchungen deuten darauf hin, dass solche Flechten evolutionär gesehen recht jung sind und die Grünalgen die Flechten mit Zuckeralkoholen versorgen. Diese helfen der Flechte über das tägliche Austrocknen hinweg, während die Cyanobakterien den wertvollen Energielieferanten Glucose beisteuern.

Lange glaubte man, die Cyanobakterien in tripartiten Flechten würden nur Stickstoff, aber keinen Kohlenstoff binden. Neuere Forschungen ergaben, dass sie beides tun. Diese Doppelfunktion ist vielleicht der Grund dafür, dass viele tripartite Flechten überdurchschnittliche Größen erreichen, denn vielerorts ist Stickstoff der limitierende Faktor für das Flechtenwachstum. «Normalen» Pilzflechten geht also irgendwann der Stickstoff für die Zellbildung aus, doch mit einer eingebauten Stickstoffquelle fällt diese Einschränkung weg.

Nephroma arcticum zählt zu jenen Flechten, die auch an sehr nährstoffarmen Standorten beachtliche Größen erreichen. Oft ist sie sogar größer als benachbarte Gefäßpflanzen und überdeckt die Moospolster, auf denen sie wächst.

→ *Nephroma arcticum* hat eine Grünalge als Haupt-Fotobiont sowie Cyanobakterien in kleinen, dunkleren Cephalodien, die an der Lageroberfläche erkennbar sind, oder selten (wie im Bild) in separaten Lappen oder Lagern mit merklich dunklerer Farbe.

MASTODIA TESSELLATA

Tangflechte

Küstenflechte mit besonderem Symbiontenverhältnis

WISSENSCHAFTLICHER NAME	*Mastodia tessellata* (Hook. F. & Harv.)
STAMM, FAMILIE	Ascomycota, Verrucariaceae
WUCHSFORM	Gedrungene, dunkelgrüne, blattförmige Lager mit schwarzen, punktförmigen Perithecien
ARTEN IN DER GATTUNG	1
LEBENSRAUM	Auf Felsküsten nahe der Hochwasserlinie
BESONDERHEITEN	«Umgekehrte» Flechte, bei der die Alge strukturgebend ist.

Als die ersten Lichenologen auf die heute *Mastodia* genannten Flechten stießen, meinten sie wohl eine Ähnlichkeit zu Gallertflechten (wie *Enchylium tenax*, siehe S. 74–75) zu erkennen. Das ist durchaus nachvollziehbar.

Genauere Untersuchungen ergaben jedoch, dass *Mastodia* eine echte Besonderheit ist. Statt der üblichen becherförmigen Fruchtkörper (Apothecien) besitzen *Mastodia*-Flechten eingebettete, flaschenähnliche Strukturen, sogenannte Perithecien, die wie schwarze Pusteln aussehen. Perithecien finden sich auch bei manchen Gruppen der Krustenflechten, sind also an sich nicht ungewöhnlich. Bei *Mastodia* aber ist der dominante Symbiont, der den größten Teil des Lagers stellt, kein Pilz, sondern eine Alge. Ein Seetang, um genau zu sein.

Dieser Tang, *Prasiola borealis,* ist keine große Alge und misst ausgewachsen meist nicht einmal 2 Zentimeter im Durchmesser. Seine Süßwasserverwandtschaft wird in Japan als *kawa-nori* gegessen. Manche *Prasiola*-Exemplare sind dunkler, und da sie einen Pilz beherbergen, werden sie als Flechten angesehen. *Prasiola* und seine *Mastodia*-Flechtenform wachsen im nördlichsten und südlichsten Pazifikraum auf Felsen nahe der Hochwasserlinie und in kalten Küstenhabitaten der Südhalbkugel und Antarktis.

Der Pilz färbt den Tang schwarz und lässt ihn sehr schrumpelig aussehen, scheint *Prasiola* aber ansonsten nicht zu schaden. Welchen Nutzen aber die Alge daraus zieht, ist noch unklar.

→ Ein mit *Mastodia tessellata* infiziertes Exemplar von *Prasiola borealis* auf einem Fels nahe der Hochwasserlinie (bei Sitka, Alaska)

LICHENOMPHALIA HUDSONIANA

Muschel-Hutflechte

Flechte und Pilz in einem

WISSENSCHAFTLICHER NAME	*Lichenomphalia hudsoniana* (H. S. Jenn.) Redhead et al.
STAMM, FAMILIE	Basidiomycota, Hygrophoraceae
WUCHSFORM	Lager bodennah mit rundlichen Schuppen, Fruchtkörper in Hutpilzform
ARTEN IN DER GATTUNG	16
LEBENSRAUM	Zerfallendes organisches Material in Bergregionen und arktischer Tundra
BESONDERHEITEN	Flechtenpilz vermehrt sich über hutpilzförmige Fruchtkörper.

Die meisten Flechten enthalten einen Pilz aus dem Stamm Ascomycota (Schlauchpilze), ihr Lager ist blatt-, strauch- oder krustenförmig, und der Fruchtkörper (wenn vorhanden) bildet ein scheibenförmiges Apothecium. Doch auch manche Pilze der Basidiomycota (Ständerpilze) bilden Flechten – mit manchmal überraschendem Ergebnis.

Lichenomphalia (Hutflechten) ist eine Pilzgattung in der Familie Hygrophoraceae. Diese umfasst unter anderem die farbenfrohen Saftlinge (Gattung *Hygrocybe*), die in Wäldern obligat mit Baumwurzeln vergesellschaftet sind. Die Familie vereint jedoch verschiedenste mit Wurzeln assoziierte oder Flechten bildende Lebensformen; bei Letzteren ist *Lichenomphalia* nur eine von acht Gattungen (unter anderem *Cora,* siehe S. 188).

Bei den Hutflechten hat das Flechtenlager – das der Pilz mit einer Alge der Gattung *Coccomyxa* bildet – die Gestalt ohrförmiger Schuppen, die jenen von *Cladonia* zum Verwechseln ähnlich sehen. Die Fruchtkörper sind jedoch unverwechselbar, denn es sind waschechte «Pilze»».

Hutflechten waren Gegenstand von «Resynthese»-Studien (siehe S. 22), bei denen die einzelnen Symbionten in vitro ein neues Lager bilden sollen. Solche Versuche sind sehr schwierig; bei dieser Flechte erwies sich besonders der Pilz als widerspenstig. Die österreichische Lichenologin Elfie Stocker-Wörgötter kam schließlich zum Erfolg, indem sie den Pilz in einem speziell entwickelten Medium wachsen ließ, doch es brauchte mehr als anderthalb Jahre, bis sich auch nur ein Lager entwickelt hatte.

→ Muschel-Hutflechte im natürlichen Lebensraum; fehlen die Fruchtkörper, ist sie an den rundlichen Schuppen zu erkennen.

XANTHORIA PARIETINA

Gewöhnliche Gelbflechte

Klein, aber straßentauglich

WISSENSCHAFTLICHER NAME	*Xanthoria parietina* (L.) Th. Fr.
STAMM, FAMILIE	Ascomycota, Teloschistaceae
WUCHSFORM	Hellgelbe Blattflechte mit orangefarbenen Apothecien
ARTEN IN DER GATTUNG	10
LEBENSRAUM	In freier Natur und Siedlungen überall auf Bäumen, Felsen und Mauern
BESONDERHEITEN	In der Sonne hell gelborange, im Schatten eher gräulich

Die Gewöhnliche Gelbflechte ist eine der häufigsten Flechten Europas und in Stadt und Land vertreten. Der wissenschaftliche Name *parietina* (von lateinisch *paries,* Wand) deutet auf ihr Vorkommen an Mauern hin, tatsächlich aber wächst sie auf fast jedem stabilen Substrat.

Xanthoria parietina ist synanthrop, also ein Organismus, der sich stark an den menschlichen Siedlungsraum angepasst hat. Darin unterscheidet sie sich von den meisten anderen Flechten, die aus verschiedenen Gründen eher misanthrop sind. Wie kam es zu dieser starken Anpassung? Im Englischen wird sie auch Maritime Sunburst Lichen genannt (*sunburst* bedeutet in etwa «plötzlicher Sonnenschein»); das verweist auf ihre ursprüngliche Vorliebe für Bäume und Felsen an der Küste, wo durch Vogelkot viel Stickstoff und Phosphor freigesetzt wird. Dies ähnelt einer Umgebung, die durch landwirtschaftlichen Dünger viele Nährstoffe enthält. Die zunehmende intensive Tierhaltung und der Ausstoß von Stickoxiden durch Autos sorgen quasi dafür, dass die Flechte unsere Umgebung als eine Art riesige Seevogelkolonie ansieht.

Die Gewöhnliche Gelbflechte ist auch eine der wenigen invasiven Flechten. Ursprünglich aus Eurasien und von der Nordküste Afrikas stammend, findet sie sich seit Ende der 1820er-Jahre im östlichen Nordamerika und verbreitete sich anschließend bis Kalifornien. In den 1980er-Jahren drang sie an die Nordwestküste Nordamerikas vor, und in den letzten Jahren wurde nachgewiesen, dass sie aus der Gegend von Seattle und Vancouver weiter ins Inland wandert, oft als Passagier auf Baumschulbäumen, die in Städten gepflanzt werden. Dort muss sie erst noch auf einheimische Bäume oder sogar Mauern gelangen wie in Europa, aber angesichts ihrer Anpassungsfähigkeit ist das wohl nur eine Frage der Zeit.

Im Inneren der Apothecien

Die Sporen von *X. parietina* haben eine typische Form: zwei Zellen, die durch eine dicke Wand getrennt, aber durch einen dünnen Kanal verbunden sind. Diese Form ist auch bei anderen Mitgliedern der Familie Teloschistaceae zu finden.

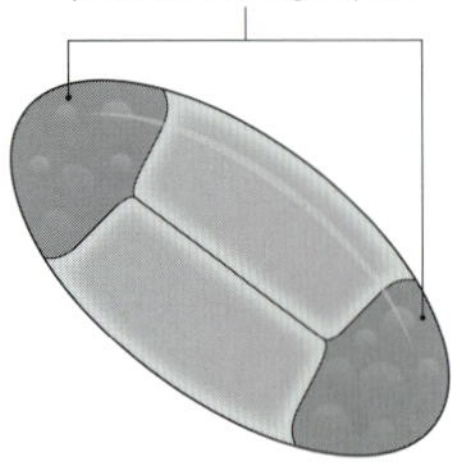

→ Ein häufiger Anblick in Westeuropa und zunehmend auch anderswo auf der Welt: *X. parietina* findet sich oft in nährstoffreichen, synanthropen Umgebungen, wie Mauern oder Park- und Straßenbäumen.

DIE BETEILIGTEN

Flechtenpilze und ihre Verwandtschaft

Lange Zeit bestand das Leben auf der Erde nur aus Einzellern. Die Entwicklung bis zum heutigen Stand vollzog sich in mehreren bedeutsamen Schritten, und die Entstehung der Symbiose markiert einen dieser wichtigen Meilensteine. Heute ist die Wissenschaft davon überzeugt, dass der Übergang zu kernhaltigen Zellen, also Eukaryoten, vor etwa 2,5 Milliarden Jahren erfolgte, als ein Einzeller aus der Gruppe Archaea eine Bakterienzelle aufnahm, aber nicht verdaute.

Diese neue Zelle, in der Forschung LECA (für Last Eukaryotic Common Ancestor, letzter eukaryotischer gemeinsamer Urahn) genannt, genoss vermutlich gegenüber ihren Vorgängerinnen enorme Vorteile. Sie konnte ihr räuberisches Archaeen-Dasein fortführen und zusätzlich die von ihr inkorporierten Bakterien anzapfen, um Adenosintriphosphat (ATP) zu bilden, einen der wichtigsten Energielieferanten der Zelle. So konnte LECA ganz neue Orte besiedeln. Das eingefangene Bakterium wurde von Generation zu Generation weitergegeben und entwickelte sich schließlich zu den uns heute bekannten Mitochondrien.

→ *Ourasphaira giraldae* gilt mit rund 1 Mrd. Jahren als das älteste heute bekannte Pilzfossil. Es stammt aus dem späten Mesoproterozoikum bis frühen Neoproterozoikum.

Etwa eine Milliarde Jahre später geschah etwas ganz Ähnliches. Einige eukaryotische Nachkommen von LECA nahmen Bakterien einer anderen, schon länger existierenden Gruppe von Bakterien auf: Cyanobakterien. Diese hatten zuvor die Fähigkeit entwickelt, via Fotosynthese Kohlenstoff zu binden, sodass sie keine anderen Organismen verspeisen mussten, um zu überleben. Die grünen Abkömmlinge der damals Beteiligten bezeichnen wir heute als Pflanzen.

ERSTE FLECHTENFORMEN

Wie war der Entwicklungsweg der Flechten seit damals? Pilze (und Tiere) leiten sich aus einer der nichtgrünen eukaryotischen Abstammungslinien ab. Einige der frühesten Pilze entstanden wohl vor rund einer Milliarde Jahren, am Ende des Mesoproterozoikums, vermutlich in flachen marinen Lebensräumen; damals war ein weit größerer Teil der Erde von Wasser bedeckt als heute. In jener Zeit machte die Evolution bedeutende Fortschritte, wie das Aufkommen der sexuellen Fortpflanzung und die Mehrzelligkeit. Zugleich mussten Pilze mit Anforderungen wie niedrigen Sauerstoffgehalten zurechtkommen.

Die Pilze des Mesoproterozoikums lebten in der Gesellschaft von lange etablierten Cyanobakterien, die bereits eine respektable Jahrmilliarde existiert hatten, aber auch von neuartigen Pflanzen-Prototypen in Gestalt früher Grünalgen, die damals wahrscheinlich jeweils nur aus wenigen Zellen bestanden. Wie diese frühen Pilze lebten und wie die terrestrischen Pilze, die wir heute kennen, ihren Anfang nahmen, ist noch sehr umstritten. Eine vielversprechende Hypothese postuliert, dass sie an urzeitlichen Küsten erstmals als Flechten aufgetreten seien – die «Proto- oder Urflechten-Hypothese» *(protolichen hypothesis)*. Nach diesem Szenario wären die meisten modernen Pilze, die wir kennen, Abkömmlinge von Pilzen, die ihre ersten Schritte an Land (wenn man es so nennen will) mit amphibischen Flechten als Anlegehilfe machten.

Diese These ist hochinteressant, doch gibt es praktisch keine Daten, um sie zu stützen. Fossilien von Pilzen und Flechten sind kaum erhalten und somit äußerst selten, besonders aus dieser fernen Vergangenheit. Selbst mit ausgefeiltesten Rekonstruktionstechniken auf DNA-Basis kann man kaum sichere Aussagen über Ereignisse treffen, die derart weit zurückliegen. Hinzu kommt,

↖ *Mycosphaerella punctiformis* ist ein saprophyter Mikropilz, der besonders häufig bei Eichen auf toten oder absterbenden, aber auch lebenden Blättern vorkommt. Er ist eng verwandt mit dem Pilz *Cystocoleus ebeneus* (Gewöhnlicher Schwarzfilz), der winzige Fadenflechten bildet. Die Gattung *Trichoglossum* (hier *T. hirsutum*, Behaarte Erdzunge) bildet wahrscheinlich Mykorrhizae mit Pflanzen, gehört aber zu einer Klade, die unter anderem Flechten wie *Candelaria concolor* (Gewöhnliche Leuchterflechte) sowie bestimmte Stecknadel- und Cyanoflechten umfasst.

↗ Die Großpilze *Hydnum repandum* (Semmel-Stoppelpilz) und *Arrhenia spathulata* (Spatelförmiger Adermoosling), Ersterer mykorrhizabildend, Letzterer mit Moosen assoziiert, stehen den Flechten bildenden Gattungen *Multiclavula* und *Dictyonema* nahe.

dass sowohl für Pilze als auch für Algen eine Milliarde Jahre lang genug wären, um ihre Lebensweise womöglich mehrfach geändert zu haben. Daten zur DNA-Sequenz verraten uns, dass Pilze tatsächlich seit etwa einer Milliarde Jahren existieren. Vor wenigen Jahren entdeckte man die ältesten bekannten Pilzfossilien und datierte sie genau auf die vermutete Entstehungszeit der Pilze: das späte Mesoproterozoikum.

LANGER FLIRT MIT DER SYMBIOSE?

Viele Pilze sind mit terrestrischen Pflanzen assoziiert, aber Pflanzen eroberten das Land vermutlich «erst» vor rund 500 Millionen Jahren. Was also passierte in den 500 Millionen Jahren zwischen Erscheinen der ersten Pilze und Auftreten der ersten Landpflanzen? «Tüftelten» Pilze und Algen in dieser langen Zeit bereits an einer Beziehung? Und wenn ja, wie und mit welchem Ergebnis?

Die Frage, wie Pilze mit der Flechtenbildung begonnen haben, geht Hand in Hand mit der Frage, welche Lebensweise die Vorgänger dieser Pilze hatten. Die ersten Ursprünge der Pilze liegen zu weit zurück, um diese Veränderungen in der Lebensweise zu rekonstruieren, doch einige Ursprünge der Flechten sind so «jung», dass die DNA allmählich einige Hinweise preisgibt. Aus rekonstruierten Genomen jüngerer gemeinsamer Vorfahren konnte die Forschung ableiten, dass Flechtenpilze in der Frühzeit eines Übergangs zur Symbiose Genome haben, die denen von saprotrophen Pilzen ähneln, also solchen, die sich von zerfallender Materie wie Pflanzen oder eben auch Algen ernähren. Einige Stammlinien der Flechtenpilze sind noch heute nahe verwandt mit Saprotrophen oder wechseln zwischen beiden Lebensweisen. Bislang sind nur wenige solcher Übergänge anhand von Genomdaten analysiert worden, es sind also noch einige Überraschungen zu erwarten.

Das Leben eines Flechtenpilzes

Als Menschen fühlen wir besonders mit jenen Tieren, die uns verwandtschaftlich nahestehen. Andere Säugetiere? Oh, was für Augen, und diese Fürsorge für ihre Jungen! Die Empathie lässt jedoch schlagartig nach, wenn es um entfernter verwandte Tiere wie Fische oder Insekten geht, und ist wahrscheinlich gar nicht mehr vorhanden, wenn die Reihe an die nächsten Verwandten der Tiere kommt: die Pilze. Es ist für uns schlicht unmöglich, uns vorzustellen, als Pilz zu leben und zu sterben. Versuchen können wir es trotzdem.

Tiere und Pilze sind im Stammbaum des Lebens Geschwister – beide beziehen ihre Nährstoffe durch Aufnahme, sind also heterotroph. Als die ersten Pilze und Tiere in der Frühzeit der Evolution getrennte Entwicklungswege einschlugen, blieben die Tiere, auch Einzeller, dabei, ihre Nahrung zu essen, was letztlich eine Form der als Phagotrophie bezeichneten heterotrophen Lebensweise ist. Pilze dagegen geben zersetzende Enzyme ab, um ihre Nahrung *außerhalb* der eigenen Zellen zu verdauen, und nehmen sie dann durch die Zellmembran auf. Diese Osmotrophie genannte Ernährungsweise definiert im Grunde, was es bedeutet, ein Pilz zu sein.

EINE LIEBESGESCHICHTE: MAT UND MAT

Das Leben eines Pilzes beginnt als Spore. Pilze setzen Sporen frei, aus denen ein neuer Pilz hervorgeht. Dieser kann Hyphen (Pilzfäden) bilden, die zusammen das Myzel formen. Das Geschlecht wird durch eine spezifische Gensequenz im sogenannten *mating type locus* (Paarungstyplocus) im Genom festgelegt. Die meisten Flechtenpilze – rund 99 Prozent – gehören der großen Gruppe Ascomycota (Schlauchpilze) an, die typischerweise zwei unterschiedliche Geschlechter oder Paarungstypen haben. Pilzbiologen bezeichnen diese recht nüchtern als MAT1 und MAT2. Seltsamerweise gibt es bei manchen Pilzarten, darunter vielen Basidiomycota (Ständerpilzen), mehr als zwei Geschlechter, bei einigen sogar Tausende.

So weit, so binär, zumindest bei den Schlauchpilzen. Doch selbst mit nur zwei Geschlechtern bewerkstelligen die Pilzarten die Fortpflanzung auf höchst unterschiedliche Weise. Uns Menschen am vertrautesten ist wohl die Variante, bei der ein Pilz sein Leben mit einer einzelnen MAT-Sequenz (also Geschlechtsdeterminante) beginnt und dann ein Individuum derselben Art mit gegenteiligem Paarungstyp finden muss. Die Partnersuche ist für Pilze keine leichte Angelegenheit, denn sie geben weder Paarungsrufe von sich noch können sie größere Strecken zurücklegen. Glückt aber die Suche, konjugieren beide sogleich, ihre Zellkerne verschmelzen und ein Fruchtkörper, etwa ein Apothecium, wird gebildet. Diese Paarungsweise nennt man heterothallisch.

Doch diese einfachen Liebesgeschichten zwischen MAT und MAT gibt es nur bei manchen Pilzen; bei anderen ist die Sache anders gelagert und damit schwerer nachzuvollziehen. Bei Pilzen (auch jenen, die Flechten bilden) ist es wichtig zu wissen, dass die MAT-DNA-Sequenzen beide irgendwo *innerhalb der Zelle* vorliegen können. Manche Pilze tragen also schon als Spore beide MAT-Loci in demselben Genom und können auch ohne ein anderes Pilzindividuum sexuell Fruchtkörper ausbilden. Diese selbstbefruchtende Fortpflanzungsweise nennt man homothallisch. Einer ihrer Nachteile ist die geringere genetische Vielfalt. Welche Effekte die homothallische Fortpflanzung generell auf Pilze hat, wird intensiv erforscht.

FOTOBIONT BENÖTIGT

Bei den vielen heterothallischen Pilzarten brauchen die beiden Paarungstypen einander, um sexuell Sporen zu bilden. Da aber Pilze nicht so mobil sind wie Tiere, mussten sie im Lauf der Evolution eine Methode entwickeln, um zueinanderzukommen. Das Myzel bildet winzige asexuelle Knospen (Konidien), die sich mit Wind oder Regen ausbreiten oder etwa von Käfern verschleppt werden. Ein kleiner Prozentsatz von ihnen gelangt so zu einem Myzel des kompatiblen Paarungstyps, und mit etwas Glück heften sie sich an eine Trichogyne (Empfängnishyphe), die vom anderen Paarungstyp präsentiert wird (siehe S. 53).

Dann ist das Glück perfekt – vorausgesetzt, der Pilz ist lichenisiert, denn Flechtenpilze pflanzen sich nur sexuell fort, wenn ein Fotobiont (Alge oder Cyanobakterium) vorliegt. Bislang ist noch unbekannt, was der Pilz empfängt, um den Prozess zu beginnen, doch muss es dabei hilfreich sein. Und das führt uns zu den weiteren Beteiligten.

← Die meisten bislang erforschten Flechtenpilze sind heterothallisch, so auch der in Neuseeland und auf Tasmanien endemische *Knightiella splachnirima*.

Algen als Fotobionten

Wie wir bereits wissen, kam die Erkenntnis, dass es sich bei den grünen, Fotosynthese betreibenden Zellen in einer Flechte um andere Organismen als den umgebenden Pilz handelt, erst spät – und sie zog weitere Entdeckungen nach sich. Offenbar haben diese grünen Mikroorganismen nämlich ein komplexes Eigenleben.

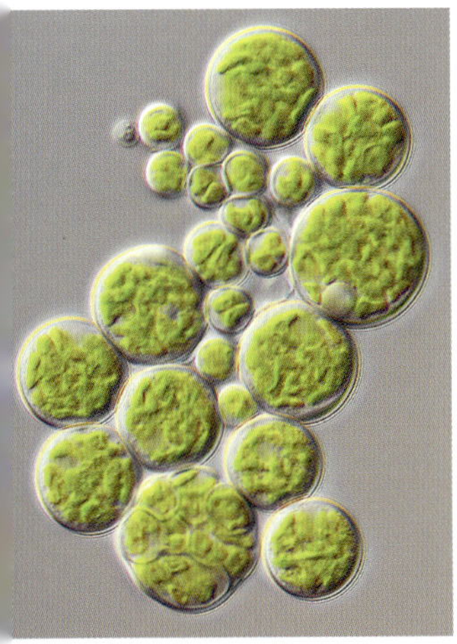

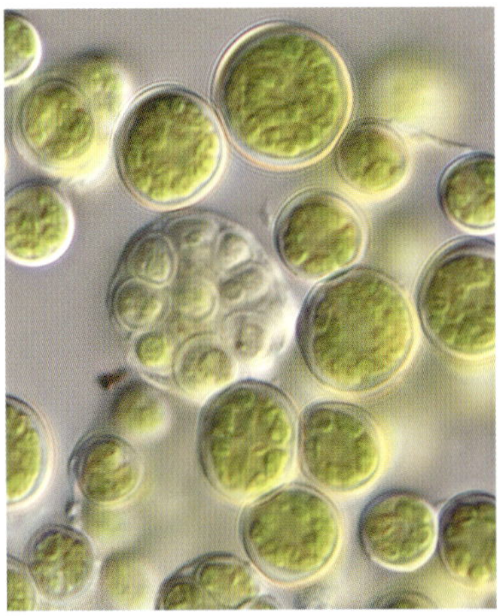

FOTOBIONTEN

In den 1860er-Jahren wurden auch Organismen als Algen identifiziert, die gar keine waren. Zelleigenschaften und später DNA-Befunde belegten, dass im Lauf der Evolution mehrfach algenähnliche Lebewesen entstanden, von denen viele nicht einmal nahe verwandt sind. Dennoch nennt man bis heute alle Organismen dieser Art so, die keine Bakterien sind (Cyanobakterien wiederum nennt man auch noch «Blaualgen»). Lichenologen bezeichnen die Fotosynthese treibenden Partner unbesehen ihres Ursprungs als Fotobionten.

↖← *Trebouxia (T. jamesii)* und *Symbiochloris (S. symbiontica)* sind häufige Flechten-Grünalgen. Letztere findet man in Lungenflechten und ihren Verwandten, etwa der neotropischen *Yoshimuriella peltigera* (unten).

→ Die parasitische Grünalge *Cephaleuros virescens* (oben) befällt das Laub verschiedener Baumarten. Lichenisierte Pilze der Gattung *Strigula* (unten) verpartnern sich ausschließlich mit diesem Fotobionten und verursachen oft Wunden in den Blättern (oder umwachsen diese).

Von den mehr als 20 000 Flechtensymbiosen, die wissenschaftlich benannt sind, enthalten die weitaus meisten Algen. Und deren Leben ist für uns Menschen ebenso schwer nachvollziehbar wie das der Pilze.

Das Wort «Alge» lässt uns vielleicht an Nori, Tang oder giftige Algenblüten denken, doch die Flechtenalgen sind nichts davon. Sie sind einzellige oder einfache mehrzellige, fadenförmige Organismen. Leben sie frei, nehmen wir sie als pudrigen grünen Belag oder feinen orangefarbenen Flaum auf Rinde oder Steinen wahr, wenn überhaupt. Wie Pilze interagieren diese Algen mit ihrer Umgebung, indem sie Biomoleküle durch ihre Zellwand abgeben und aufnehmen. Anders als Pilze und Tiere sind sie autotroph, bilden sich also ihre Nährstoffe aus Sonnenlicht, Wasser und Kohlendioxid selbst.

PLAN B

Aber sind sie *ausschließlich* autotroph? Schon lange weiß man, dass manche Algen, auch solche, die Flechten bilden, in totaler Dunkelheit genauso gut oder besser wachsen als im Licht, was man von den allermeisten Pflanzen nicht sagen kann. Das deutet darauf hin, dass diese Algen zwar autotroph leben können, aber auch einen geheimen Plan B haben. Tatsächlich wissen wir heute, dass Algen neben der Fotosynthese auch andere Kohlenwasserstoff-Nahrungsquellen nutzen können, ganz so wie Pilze; somit sind auch sie zumindest teilweise heterotroph.

Organismen, die so zwischen Ernährungsweisen wechseln, nennt man mixotroph. Ein kurioses Beispiel ist die Algengattung *Cephaleuros,* deren Angehörige sich mehr wie Pilze denn wie Algen verhalten und auf Pflanzen parasitieren, auch wichtigen Obstgehölzen wie Zitrusbäumen. *Cephaleuros* ist zudem der Fotobiont des lichenisierten Pilzes *Strigula.*

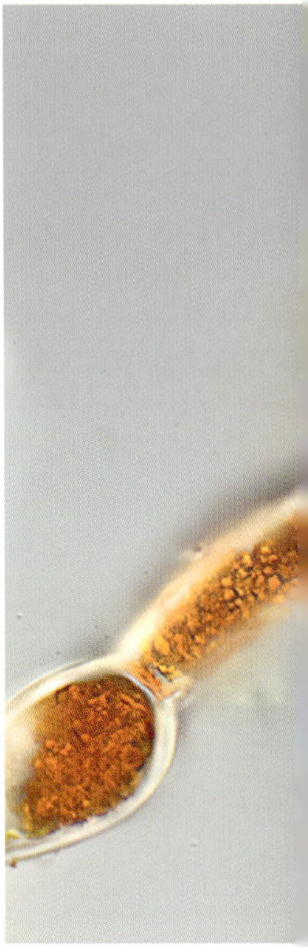

FORTPFLANZUNG DER ALGEN

Wie bei den Pilzen ist die sexuelle Fortpflanzung auch bei Algen eher kryptisch, und sie werden nur selten in flagranti erwischt. Man nimmt an, dass sie sich, wenn sie sich an Flechten beteiligen, nur selten sexuell fortpflanzen – noch bis vor 30 Jahren hieß es in Lehrbüchern, sie seien dazu gar nicht imstande. (Ausnahmen sind die bereits erwähnte Gattung *Cephaleuros* sowie *Phycopeltis,* die in gesunden Flechten auf Blättern in den Tropen oft Sporangien bilden.)

Anders als der Pilz pflanzen sich Algen fast nie innerhalb der Flechtensymbiose sexuell fort. Zudem ist es noch untertrieben zu sagen, dass diese einzelligen Lebensformen *außerhalb* einer Flechte in freier Natur schwer zu beobachten sind. In einer Petrischale jedoch zeigen sie manchmal sexuelle Fortpflanzung. Wird eine Flechtenalgenzelle übermütig, beginnt sie, sich zu einer sogenannten Zoospore zu differenzieren, die an einem Ende Geißeln (Flagellen) trägt. Durch Schlagbewegungen kann sie sich damit fortbewegen, am effektivsten in Wasser. Bei Algen gibt es, wie bei den Pilzen, verschiedene Paarungstypen, und mit etwas Glück trifft

↖↗ Algen der Gattung *Trentepohlia* (links und Mitte links, Nahaufnahme Mitte rechts) sind die einzigen eukaryotischen Flechten-Fotobionten, die auch außerhalb von Flechten mit bloßem Auge erkennbar sind. Flechten mit diesen Algen, etwa *Thelotrema lepadinum* (Seepockenflechte, rechts), stellen oft spezifische Ansprüche an ihren Lebensraum.

eine der beweglichen Zoosporen auf eine zweite vom anderen Paarungstyp. Beide fusionieren, verlieren ihre Geißeln und wachsen zu einer neuen Algenzelle heran.

ALGEN UNTERWEGS

Flechtenalgen gedeihen auch ohne die Gesellschaft eines Pilzes; von den meisten nimmt man an, dass sie auch außerhalb von Flechten natürlich vorkommen. Aber wo leben sie dann? Die österreichische Phykologin (Algenkundlerin) Elisabeth Tschermak-Woess begab sich vor mehr als 45 Jahren auf die Suche nach frei lebenden Flechtenalgen und fand sie auf Gestein und der Rinde verschiedenster Baumarten. Flechtenalgen sind meist «aeroterrestrisch», kommen also außerhalb von Wasser in terrestrischen Ökosystemen an der Luft vor. Dennoch ist das Auffinden frei lebender Algen (abgesehen von den knallorangefarbenen, siehe S. 62) eine knifflige Sache und nichts, was einfach mit Begeisterung und einer Handlupe gelingen könnte. Es erfordert sorgfältige Probenahmen sowie ständige Betreuung der Kulturen, um Algenzellkolonien auszuwählen und sie vor Überwuchs durch andere Mikroorganismen zu schützen.

In jüngerer Zeit ist die Forschung dazu übergegangen, charakteristische DNA-Signaturen aus der Umgebung zu sequenzieren, um einen Anhaltspunkt dafür zu bekommen, wo diese heimlichen Mikroorganismen außerhalb von Flechten leben. Eine sichere Antwort gibt es immer noch nicht, doch deuten einige Ergebnisse darauf hin, dass Flechtenalgen höchstwahrscheinlich in der Luft schweben, die wir atmen. Japanische und französische Forschende konnten nachweisen, dass Flechtenalgen zu den häufigsten Mikroorganismen in Schnee und Regen zählen – vielleicht dienen sie diesen Niederschlägen sogar als Kondensationskerne.

Cyanobakterien: metabolische Kraftwerke

Die moderne Biologie betrachtete Cyanobakterien lange Zeit nicht als Bakterien, sondern als «Blaualgen» – eine Bezeichnung, die sie bis heute in vielen Sprachen tragen.

Der Übergang der Cyanobakterien im Klassifikationssystem vom Pflanzenreich zu den Bakterien begann 1853, als erstmals die Vermutung geäußert wurde, sie stünden den Bakterien näher als den Algen. Dieser Gedanke setzte sich erst mit der Anwendung biochemischer Techniken und einer formellen Definition der Bakterien durch. Im Jahr 1962 schlug der kanadische Mikrobiologe Roger Stanier dann die neue Bezeichnung «Cyanobakterien» vor, die wiederum erst 1974 in alle Lehrbücher Eingang fand. Alte Gewohnheiten legt man nur schwer ab.

Es ist verzeihlich, dass frühe Forschende Cyanobakterien als Algen einstuften. Wie die schon beschriebenen Mitochondrien gelten die Chloroplasten, also die Orte der Fotosynthese in Algenzellen, heute als Abkömmlinge eines früheren Symbionten, eines Cyanobakteriums. Abgesehen davon sind Algen und Cyanobakterien alles andere als nahe Verwandte.

Cyanobakterien sind echte Bakterien, ihre Zellen sind komplett anders strukturiert als Algenzellen. Sie pflanzen sich auch nicht sexuell fort, sondern vermehren sich durch spezielle vegetative Auswüchse, die Hormogonien. Anders als die Grünalgen-Symbionten sind die meisten in Flechten zu findenden Cyanobakterien filamentös (ketten- oder fadenförmig), selbst wenn diese Organisationsform im Flechtenlager so modifiziert ist, dass sie Einzellern oder Kolonien ähnelt.

→ *Nostoc* (A), *Rhizonema* (B) und *Stigonema* (C) sind die häufigsten Cyanobakterien-Fotobionten. *Stigonema* ist der primäre Fotobiont bei Flechten der Gattung *Spilonema* (hier: *S. paradoxum*, D).

STICKSTOFFFIXIERUNG

Cyanobakterien erfüllen in Ökosystemen an Land und im Meer viele Funktionen, doch eines können sie besonders gut: atmosphärischen Stickstoff fixieren. Alle Lebewesen brauchen Stickstoff als Bestandteil molekularer Grundbausteine wie den Aminosäuren, doch vielerorts ist er Mangelware. Cyanobakterien verfügen über einen speziellen enzymatischen Reaktionsweg, um Luftstickstoff in Moleküle wie Ammonium umzuwandeln, die chemisch reaktiver und somit für andere Lebensformen besser nutzbar sind (siehe S. 200). Dieser Prozess ist entscheidend für das Leben auf der Erde, daher geht man davon aus, dass Cyanobakterien bei der Erstbesiedlung des Landes vor rund 2,6 Milliarden Jahren eine Rolle gespielt haben.

Diese Fähigkeit macht Cyanobakterien zu begehrten Symbiosepartnern. Viele Organismen, von Palmfarnen bis Schwämmen, haben enge Partnerschaften mit ihnen entwickelt. Zu den besonders häufig an Flechten beteiligten Cyanobakterien zählen diejenigen der Gattung *Nostoc*. Diese bilden als Flechtenpartner oft Filamente (Zellketten) und sind meist in einer selbst gebildeten Gallerte eingebettet.

Fälschlich wird oft angenommen, dass *Nostoc*-Bakterien in Flechten immer an der Stickstofffixierung beteiligt sind. Im Grunde besteht bei den Zellen von Cyanobakterien-Filamenten aber eine Arbeitsteilung; spezielle größere Zellen (Heterozysten) fixieren Stickstoff, betreiben aber keine Fotosynthese, bei anderen, kleineren Zellen ist es umgekehrt. Der Anteil der Heterozysten in einem *Nostoc*-Fotobionten gibt ungefähren Aufschluss darüber, wie viel Stickstoff das Cyanobakterium in der Flechte bindet – wenn überhaupt.

A
B
C
D

Ein ganzes Flechtenleben

Man muss die Biologie der einzelnen Symbionten kennen, um die Flechtensymbiose zu verstehen, denn ihre individuellen Ansprüche müssen erfüllt werden. Finden sie sich tatsächlich zu einer Flechte zusammen, wird vieles möglich, was keiner der Beteiligten allein schaffen könnte.

↓ Flechtenpilze, die sich wie Pilze fortpflanzen. Der Krustenflechten bildende Pilz *Astrothelium megaspermum* setzt sexuell gebildete Sporen frei, die auf eine *Trentepohlia*-Alge treffen müssen, um eine neue Flechte zu bilden.

Bis hierhin haben wir bereits die Lebenszyklen der Symbionten kennengelernt, doch mit der Flechte selbst haben wir uns noch nicht beschäftigt. Wie entsteht die Flechte, die ja ganz anders aussieht als ihre einzelnen Komponenten? Der kanadische Mikrobiologe Ford Doolittle zog zur Erklärung die schöne Metapher von einem Lied heran, das von einem Chor mit unterschiedlichen Stimmen gesungen wird. Das Lied bleibt ungefähr dasselbe, selbst wenn einzelne Sängerinnen oder Sänger wechseln, und es kann sich auch weiterentwickeln. Wie durch eine Drehtür können sich Pilz- und Algen-Symbionten (und andere) immer wieder neu komponieren, was bei der Erkundung neuer ökologischer Optionen von Vorteil ist. Flechtensymbiosen haben aber auch eine Methode entwickelt, um den bestehenden «Chor» so zu behalten, wie er ist, und den Zufallsfaktor zu reduzieren.

DIE SYMBIOSE BEWAHREN

Viele Flechten verzichten auf sexuelle Fortpflanzung und bilden stattdessen eine Art Päckchen, aus denen nach Zugabe von etwas Wasser im Nullkommanichts eine neue Flechte entstehen kann. Eine der häufigsten Formen dieser Ausbreitungseinheiten ist die Soredie; darin befinden sich wenige Algen- oder Cyanobakterienzellen, eingebettet in einige Pilzhyphen (siehe auch S. 136). Soredien können auch andere Symbionten, wie Hefen oder Bakterien, enthalten. Die Erfolgsquote der Flechtenbildung aus Soredien im Labor ist sehr hoch, also dürfte sie es auch in freier Natur sein. Eine Variante der Soredie ist die Isidie, bei der das Päckchen mit einer Schicht aus Polysacchariden überzogen ist und darum hartschalig wirkt (siehe S. 136). Isidien enthalten mehr mikrobielle Fracht und halten Feuchtig-

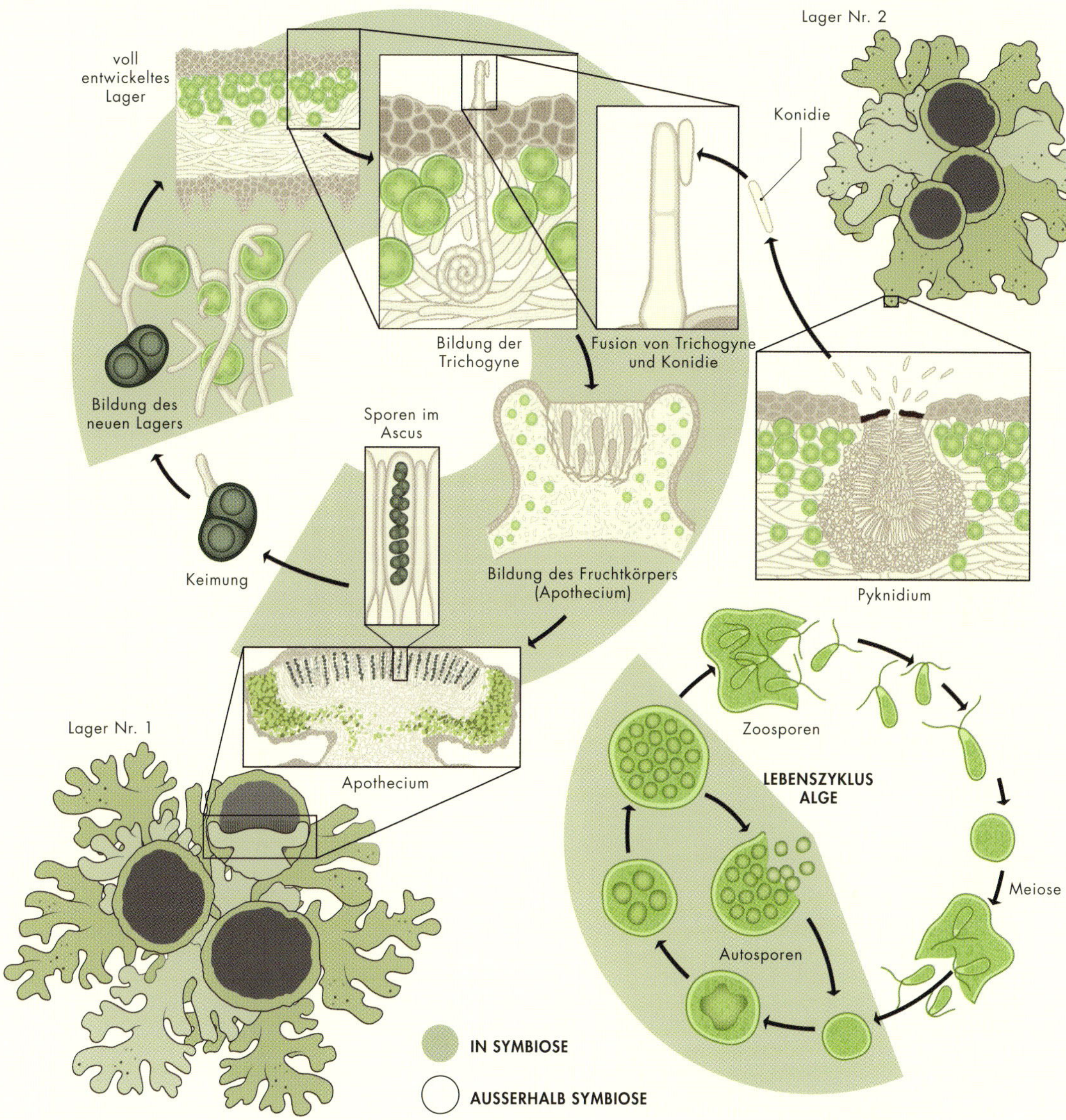

keit wohl besser als Soredien, sind aber recht schwer. Viele Flechten, die stark im Rückgang begriffen oder gar vom Aussterben bedroht sind, vermehren sich mit Isidien. Darum können sie sich vielleicht in neuen Lebensräumen nicht rasch ausbreiten, und selbst ein nahe gelegenes, geeignetes Habitat kann für sie unerreichbar sein.

Diasporen wie Soredien und Isidien ermöglichen nicht nur Myko- und Phytobiont die gemeinsame Ausbreitung. Flechten enthalten weitere Symbionten, wie Bakterien und sekundäre Pilze, die «mitreisen». Diese spielen bei der Etablierung der Flechten vielleicht eine wichtige Rolle, doch ist darüber noch nicht viel bekannt.

Sexuelle Lebenszyklen häufiger Flechten-Symbionten

Der Pilz (Schema oben links) einer sich sexuell fortpflanzenden *Physcia-stellaris*-Flechte beginnt sein Leben als Ascospore, die außerhalb der Symbiose keimt und nach Auffinden einer kompatiblen Alge ein neues Lager bildet. Die sexuelle Fortpflanzung beginnt mit der Befruchtung einer winzigen Trichogyne dieses Pilzes durch eine Konidie aus einem Lager vom kompatiblen Paarungstyp. Eine Alge der Gattung *Trebouxia* (unten rechts) pflanzt sich derweil außerhalb der Symbiose sexuell fort, kann sich aber auch innerhalb der Symbiose asexuell mit Autosporen vermehren.

Bakteriobionten

Anfang der 1920er-Jahre kultivierte die italienische Mikrobiologin Maria Cengia Sambo Cyanobakterien aus Gallertflechten, als ihr das Wachstum viel kleinerer Bakterien in ihren Kulturen auffiel. Damit trat ein weiterer wichtiger Beteiligter an Flechten ins Rampenlicht, doch wurde die Entdeckung erst Jahrzehnte später allgemein anerkannt.

Cengia Sambo vermutete, dass die von ihr kultivierten Bakterien Stickstoff fixieren konnten (so wie viele Bakterien, auch solche, die keine Cyanobakterien sind). Ihre aufregende Entdeckung brachte sie zu der Überzeugung, diese seien fester Bestandteil der Flechte: «In simbiosi con l'alga stessa e col fungo», schrieb sie («in Symbiose mit der Alge selbst und dem Pilz»).

Nicht nur sie fand die Entdeckung aufregend. Vor allem sowjetische Forschende führten von den 1930er- bis in die 1980er-Jahre viele Studien durch, um die Rolle dieser «anderen» Bakterien in der Flechte zu enträtseln.

ALLGEGENWÄRTIG

Heute wissen wir, dass diese Bakterien in fast allen Flechten vorkommen. Wie beim Menschen sind die Bakterienzellen manchmal zahlreicher als alle anderen Zellen zusammen. Die weltweit häufigsten Flechtenbakterien kommen aus nur vier kleinen Gruppen, die als Familien klassifiziert sind. Die häufigste Bakteriengattung heißt *Lichenihabitans,* was nichts anderes heißt als «flechtenbewohnend».

Obwohl Cengia Sambo schon vor fast 100 Jahren den Anfang machte, steckt die Erforschung der Flechtenbakterien noch in den Kinderschuhen. Ganz offensichtlich untersuchten die Pionierstudien gar nicht die Bakterien, von denen wir heute wissen, dass sie in Flechten allgegenwärtig sind; diese wurden bislang nur selten kultiviert. Wir wissen nur deshalb von ihrer Häufigkeit, weil sich die DNA der vier Bakterienfamilien sehr oft in zermahlenen Proben von Flechten findet, deren DNA extrahiert wurde. Zwar ist noch nicht im Experiment geklärt, welche Funktion sie haben, doch ihre DNA gab bereits viele wertvolle Hinweise.

Die von dieser DNA codierten Gene verrieten uns etwa, dass die häufigsten Flechtenbakterien letztlich doch nicht über die Apparatur verfügen, um Stickstoff zu fixieren; sie leben offenbar von freien Kohlenwasser-

← Maria Cengia Sambo (1888–1939), eine Pionierin der Flechten-Mikrobiologie, isolierte zahlreiche Bakterien aus Flechten und stellte Vermutungen über deren Funktion an.

Weitere Flechtenbewohner

Bakterien stellen viele der Zellen in einer Flechte. Mit verbesserten Sequenzierungsmethoden konnte ermittelt werden, in welcher relativen Häufigkeit verschiedene Bakterienlinien in mehr als 350 unterschiedlichen Flechten vorkommen (dargestellt als strahlenförmig angeordnete Balken; je länger der Balken, desto häufiger kommt die Linie weltweit in Flechten vor).

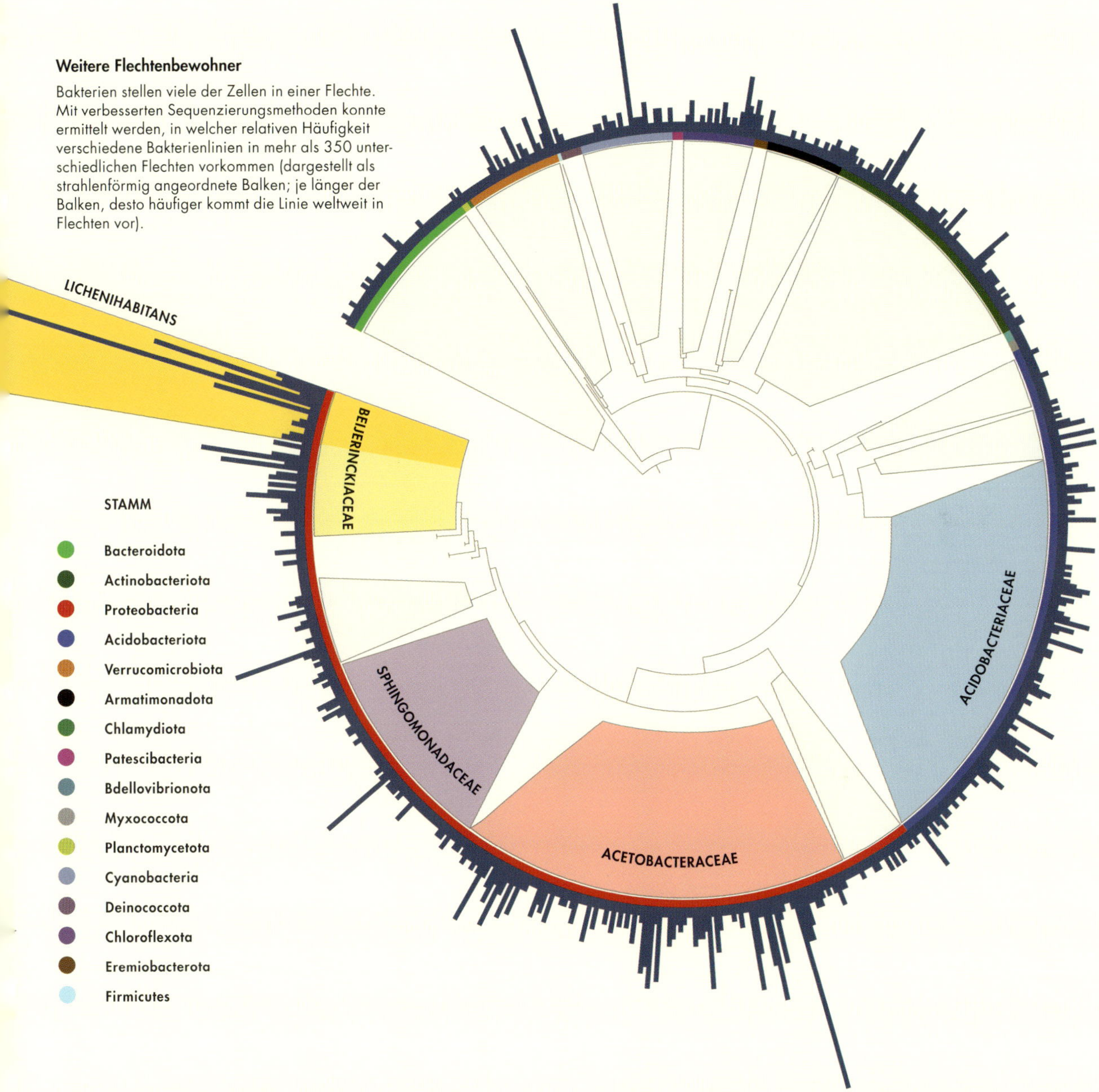

stoffen in der Flechte und bilden Vitamine, die Pilz und Alge brauchen. Zudem betreiben sie kurioserweise Fotosynthese, aber anders als Pflanzen. Statt Sauerstoff und Zucker-Nebenprodukte zu bilden, erzeugen sie Moleküle, die dem Bakterium Energie für andere zelluläre Prozesse liefern.

Diese eng mit Flechten assoziierten Bakterien wurden von Gabriele Berg und Martin Grube, deren Forschung auf diesem Gebiet führend ist, «Bakteriobionten» genannt.

Eine der am heißesten diskutierten Fragen in der Flechtenforschung ist, ob Bakteriobionten für die Bildung einer voll entwickelten Flechte gebraucht werden. Das Resynthetisieren einer Flechte im Labor ist sehr schwierig (siehe S. 22), und bis heute kennen wir die Antwort nicht.

Mehr als nur ein Pilz?

Flechten gelten in der Wissenschaft schon lange als Duo aus Pilz und Alge, doch genaue Beobachter wissen ebenfalls schon lange, dass oft andere Pilze auf einem Flechtenlager Fruchtkörper bilden. Wenn einem die betreffende Flechte bekannt ist, erkennt man schnell, dass diese Fruchtkörper nicht vom eigentlichen Pilz-Symbionten stammen. Was also tun sie dort?

Von wenigen Ausnahmen abgesehen hielten frühe Flechtenkundler diese zusätzlichen oder, wie sie seit einigen Jahren häufiger bezeichnet werden, lichenicolen Pilze für Parasiten. Das Aufspüren, Sammeln und Identifizieren lichenicoler Pilze bildet in der Lichenologie eine eigene Subkultur mit Literatur, Websites und Social-Media-Gruppen. Aber was bedeutet «lichenicol» wirklich, und was für Pilze leben so?

FREUND ODER FEIND?

«Lichenicol» bedeutet ungefähr «in Flechten lebend»; man kennt also den Wohnort dieser Pilze, erfährt aber nichts über ihr Verhältnis zu den Flechtensymbionten. Bis vor Kurzem waren die Fruchtkörper dieser Pilze meist der einzige Teil von ihnen, der sichtbar war. Nur wenige – solche, die Flechtenlager abtöten – haben erkennbare Myzelien oder rufen bei ihren Wirten sichtbare Schäden hervor. Viele andere wachsen offenbar aus gesunden Lagern oder Apothecien der Flechten empor und schaden diesen nicht wirklich. Die Lebensweise dieser Pilze ist schwer zu interpretieren, weil sich die Ausdehnung ihres Myzels schlecht abschätzen lässt. Wie viel von der Flechte bewohnen sie?

Untersuchungen zu lichenicolen Pilzen an Flechten, die auf Blättern wachsen und dünne Lager aufweisen, ergaben eine bemerkenswerte Korrelation zwischen der erkennbaren Biologie dieser Pilze und ihrer phylogenetischen Verwandtschaft. Lichenicole Pilze, die in einer Flechte wachsen, können sich prinzipiell mit dem Flechtenpilz oder mit dessen Fotobionten assoziieren. Wie sich zeigte, verursachen lichenicole Pilze, die erkennbar mit dem Fotobionten assoziiert waren, wenig oder keinen Schaden. Das könnte darauf hindeuten, dass sie als Kommensalen leben – also als Partner in einer Symbiose, der Ressourcen entnimmt, keinen Schaden anrichtet, aber auch keinen erkennbaren Beitrag leistet. Diese Pilze sind oft mit den Flechtenpilzen verwandt, die ihr Wirtslager bilden. Lichenicole Pilze dagegen, die mit dem Flechtenpilz assoziiert sind, verursachen bei ihrer Wirtsflechte oft sichtbare, manchmal schwere Schäden. Die meisten dieser Pilze entstammen pathogenen Linien, die nur entfernt mit Flechtenpilzen verwandt sind, wie die Gattung *Fusarium*.

→ Es sind mehr als 2000 Pilzarten bekannt, die mit Flechten assoziieren oder diese angreifen. Diese kleine Auswahl umfasst *Biatoropsis usnearum* auf *Usnea*-Flechten (A), *Illosporiopsis christiansenii* auf verschiedenen Flechten (B), *Pronectria robergei* auf *Peltigera* (C) und *Tremella xanthomendozae* auf *Xanthomendoza* (D).

A
B
C
D

HEFEN

Mit Lasermikroskopen, die sonst eher in der medizinischen Forschung Anwendung finden, konnte man sozusagen ins Innere von Flechten blicken und ermitteln, wer in der Pilzmatrix wer ist – und wo. Die ersten Untersuchungen mit dieser Technik förderten in der äußersten Schicht vollkommen gesund aussehender Flechten weitere Pilze zutage: einzellige, winzige Hefen, die sich durch Knospung vermehren. Mithilfe von DNA-Signaturen konnten die Forscher ermitteln, dass diese Hefen exakt dieselben Arten waren wie einige der oberflächlichen Fruchtkörper, die einst von den eifrigen «Parasiten»-Sammlern benannt wurden. In mehreren Flechtensymbiosen, die bis heute sorgfältig untersucht wurden, scheinen sie sogar ständig vorhanden zu sein. Ein bekanntes Wissenschaftsjournal verkündete bereits, Flechten enthielten «zwei Pilzpartner, nicht nur einen». Aber stimmt das auch?

Die Forschung an Flechtenhefen steht noch ganz am Anfang. Sie werden in dieser oder jener Form in zwei Dritteln der bekannten Flechten gefunden, aber gewiss nicht in allen. Zudem mehren sich die Belege dafür, dass sie bei spezifischen Flechtensymbiosen (gemeinhin «Flechtenarten» genannt) ein fester Bestandteil sind, wo auch immer auf der Welt die Flechte auftritt. Auf diese passt also der Begriff «Symbiont», der jeden Organismus bezeichnet, der konstant mit einem anderen zusammenlebt, ganz gleich, ob er nutzt oder schadet. Aber gibt es einen Nutzen oder Schaden? Derzeit ist es nicht möglich, Hefen selektiv zu eliminieren, ohne die anderen Symbionten zu beeinträchtigen, darum wissen wir nicht, wie eine Flechte darauf reagieren würde.

Zudem ist eine Alleinkultur der Hefen noch nicht erfolgt. Versuche, das biochemische Geben und Nehmen zwischen Hefen und «Hauptpilz» anhand ihrer Genome zu prophezeien, waren vielversprechend, aber mehr auch nicht. Offenbar sind die Hefen daran beteiligt, die Bildung von Sekundärstoffen wie Flechtensäuren anzuregen, und sie verfügen über geeignete Enzyme, um Wasser absorbierende Polymere zu produzieren. Diese Eigenschaften könnten in vielerlei Weise nützlich für die Symbiose sein, und es ist gut möglich, dass Hefen notwendige und feste Komponenten von Flechten sind. Mit Sicherheit aber lässt sich das noch lange nicht sagen.

→ Die gelbliche Farbe der Flechte *Bryoria tortuosa* (oben) geht auf die giftige Vulpinsäure zurück. Deren Menge ist mit derjenigen von Basidiomyceten-Hefen der Gattung *Cyphobasidium* korreliert, fluoreszensmikroskopisch dargestellt an einem Querschnitt der haarartigen Filamente einer anderen *Bryoria*-Art (unten). Die einzelligen Hefen erscheinen grün, die Hyphen des die Flechtenstruktur bildenden Schlauchpilzes blau und die Algen rot.

TREBOUXIA LYNNAE

Lynn Margulis' Trebouxia

Ein Fotobiont großer und häufiger Flechten

WISSENSCHAFTLICHER NAME	*Trebouxia lynnae* Barreno
STAMM, FAMILIE	Trebouxiophyceae, Trebouxiaceae
WUCHSFORM	Einzelne Zellen, die rasch eine grüne Masse bilden, jedoch in freier Natur üblicherweise nicht anzutreffen.
ARTEN IN DER GATTUNG	27 benannt, zahlreiche noch unbenannt
LEBENSRAUM	Weit verbreitet in terrestrischen Lebensräumen
BESONDERHEITEN	Einer der häufigsten Fotobionten

Will man Flechten-Fotobionten erforschen, sollte man dies nicht mit Handlupe und Handykamera versuchen. Die meisten sind nämlich einzellig und nur anhand von inneren Zellstrukturen und DNA-Sequenzen zu identifizieren. Darum hinkt die Klassifikation der Fotobionten hinter derjenigen der beteiligten Pilze hinterher, und selbst einige der häufigsten Arten erhalten erst jetzt wissenschaftliche Namen.

Wenn Sie das Lager einer Flechte aufbrechen und ganz genau hinschauen, erkennen Sie vielleicht eine hauchdünne grüne Linie zwischen der oberen und der unteren Pilzschicht. Sie offenbart den Aufbau der Flechte als hauchdünnes Sandwich – eine Algenfüllung zwischen zwei Pilzscheiben. Unter einem einfachen Lichtmikroskop oder gar einem Elektronenmikroskop (siehe S. 21) zeigen sich runde Zellen, die in Pilzgewebe eingebettet sind oder an den Enden von «Pilz-Saugnäpfen» baumeln. Sehr oft gehören diese Algen der Gattung *Trebouxia* an, einer der häufigsten Fotobiontengruppen weltweit.

Wer *Trebouxia* untersuchen will, entscheidet sich bewusst dafür, Mikrobiologin oder Mikrobiologe zu werden. Die Kultivierungsmethoden sind fast dieselben wie bei Bakterien aus einem Mundabstrich im Krankenhaus, und die Analyse der gewachsenen Kulturen erfordert Geduld und ein gut ausgestattetes Labor. Die Klassifikation von *Trebouxia*-Arten ist eine sehr technische Angelegenheit; viele Arten haben noch keinen formellen wissenschaftlichen Namen. Eine der häufigeren Arten bei großen Blatt- und Strauchflechten wurde erst 2022 von einem Team unter Leitung der spanischen Forscherin Eva Barreno benannt – zu Ehren von Lynn Margulis, einer führenden Symbioseforscherin und Entdeckerin der Tatsache, dass Mitochondrien sich von intrazelluläre Bakterien-Symbionten ableiten.

→ *Trebouxia lynnae*

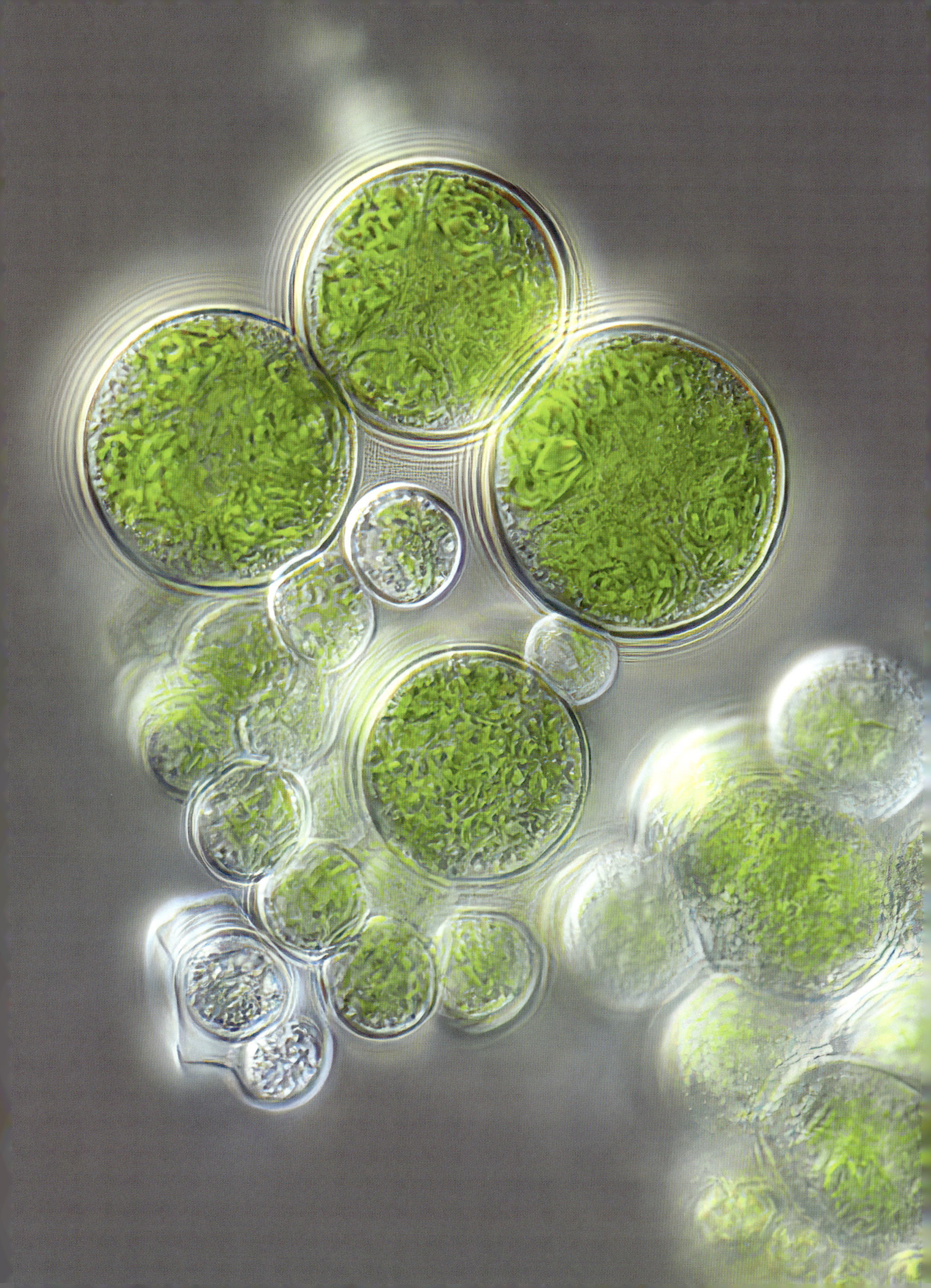

TRENTEPOHLIA AUREA

Goldwatte

Orange ist das neue Grün

WISSENSCHAFTLICHER NAME	*Trentepohlia aurea* (L.) C. Martius
STAMM, FAMILIE	Ulvophyceae, Trentepohliaceae
WUCHSFORM	Einzelne bis zahlreiche Ketten bildende Zellen, die eine oder mehrere große Carotinoid-Einlagerungen enthalten, dadurch orangefarben
ARTEN IN DER GATTUNG	54
LEBENSRAUM	Verbreitet in nebelfeuchten Küstenregionen an Bäumen und Gestein, im Inland am Fuß von Bäumen
BESONDERHEITEN	Häufiger Fotobiont in Flechten

Wie die andere hier vorgestellte große Algengattung *Trebouxia* (siehe S. 60) ist *Trentepohlia* eine Gattung von «aeroterrestrischen» Algen, also solchen, die an Land und an der Luft leben. Doch damit haben die Gemeinsamkeiten schon fast ein Ende.

Anders als *Trebouxia*-Algen sind solche der Gattung *Trentepohlia* komplexe Mehrzeller. Sie und wenige nahe verwandte Arten sind unter den Algen insofern einzigartig, als sie Phragmoplasten enthalten. Diese Strukturen tragen bei der Zellteilung zur Bildung der neuen Zellwände bei.

Zudem erscheinen sie, obwohl sie formell als Grünalgen klassifiziert sind, meist orange, weil jede Zelle große Carotinoid-Einlagerungen enthält.

Trentepohlia-Algen sind wichtige Symbiosepartner bei Flechten in verschiedenen sehr unterschiedlichen Biomen. Besonders stark vertreten sind sie in tropischen Flechten, die tief im Unterholz von Regenwäldern wachsen, doch kommen sie ebenfalls in sehr luftfeuchten Küstengebieten vom Mittelmeer bis zur Baja California vor. Dennoch tauchen sie auch an einigen der unwirtlichsten Orte der Welt als Symbionten auf, so am Fuß von Bäumen nahe der arktischen Baumgrenze. Und die Gattung ist keineswegs auf feuchte Umgebungen beschränkt, sondern kommt auch als Flechtenpartner (und sogar als frei lebende Alge) auf der kargen Vegetation der Atacama-Wüste in Chile vor, einem der trockensten Orte der Erde.

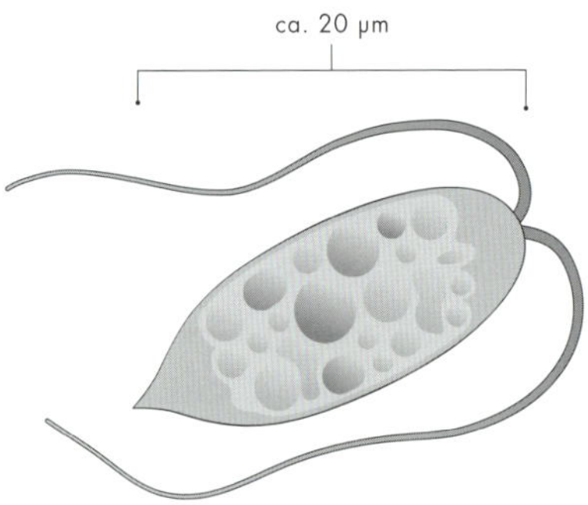

Mobil

Der Lebenszyklus von *Trentepohlia aurea* schließt auch begeißelte Sporen ein. Diese treten ausschließlich bei frei lebenden Algen auf, nicht bei solchen, die in Symbiose leben.

→ *Trentepohlia aurea* auf Gestein in den Bergen Kolumbiens

MICROTHELIOPSIS ULEANA

Ules Blattbraunfleck

Flechte mit außergewöhnlichem Fotobionten

WISSENSCHAFTLICHER NAME	*Microtheliopsis uleana* Müll. Arg.
STAMM, FAMILIE	Ascomycota, Microtheliopsidaceae
WUCHSFORM	Winzige Krustenflechte, die runde, bräunliche Flecke bildet.
ARTEN IN DER GATTUNG	4
LEBENSRAUM	Ausschließlich auf lebenden Blättern im tropischen Regenwald
BESONDERHEITEN	Der Fotobiont bildet bei dieser Flechte stets Fortpflanzungsstrukturen aus.

Angesichts ihrer geringen Wachstumsgeschwindigkeit mag es überraschen, dass Flechten auf Blättern vorkommen. Doch diese Flechten wissen sich zu helfen – nicht indem sie schneller wachsen, sondern indem sie schon in extrem geringer Größe fortpflanzungsfähig werden. Eine solche Flechte ist *Microtheliopsis uleana*, die sich über in dunklen Perithecien gebildete Sporen fortpflanzt. Und auch ihr Fotobiont pflanzt sich fröhlich fort.

Die Phyllosphäre ist eine Welt für sich. Dieses Ökosystem besteht aus den Blattoberflächen lebender Pflanzen und den kleinen und kleinsten Organismen, die diese bewohnen. Da Bäume in gemäßigten Klimazonen im Winter meist einige Monate lang unbelaubt sind, ist die Phyllosphäre im tropischen Regenwald am besten entwickelt. Sie umfasst Flechten und andere Oberflächenpilze, Lebermoose und Moose, Algen, Cyano- und andere Bakterien sowie Wirbellose.

Microtheliopsis uleana ist ein häufiger Bestandteil der Phyllosphäre von Regenwäldern in aller Welt. Charakteristisch für sie sind die kleinen runden braunen Flecke, die dunkle, Sporen tragende, oft konzentrisch angeordnete Perithecien hervorbringen. Außerdem scheint sie mit feinen Härchen bedeckt zu sein. Dabei handelt es sich um die Sporangien des Fotobionten, einer Alge der Gattung *Phycopeltis,* einer nahen Verwandten von *Trentepohlia. Microtheliopsis* ist die einzige Gattung von Flechtenpilzen, bei denen der Fotobiont regelmäßig solch augenfällige Fortpflanzungsstrukturen bildet. Warum sich die Alge in Anwesenheit dieses speziellen Pilzes auf diese Weise fortpflanzt, ist unbekannt; offensichtlich aber stehen sie in einer ungewöhnlichen Beziehung zueinander. Leben und leben lassen?

→ *Microtheliopsis uleana* auf einem Blatt im Regenwald Costa Ricas. Die winzigen, haarähnlichen Strukturen sind die Sporangien der assoziierten Alge.

LICHENIHABITANS SPP.

Lichenihabitans-Bakterium

Obligat flechtenbewohnende Bakterien

WISSENSCHAFTLICHER NAME	*Lichenihabitans* spp.
STAMM, FAMILIE	Alphaproteobacteria, Bejerinckiaceae
WUCHSFORM	Bakterienkolonien, bei Flechten in und auf der Rinde
ARTEN IN DER GATTUNG	1, außerdem etliche unbenannte Arten
LEBENSRAUM	Ursprünglich kultiviert aus der antarktischen *Psoroma antarcticum*
BESONDERHEITEN	Repräsentiert eine größere Bakteriengruppe, die weltweit an Flechten zu finden ist.

Die meisten Menschen, auch Lichenologen, denken bei Flechten nicht an Bakterienkulturen. Diese zählten nicht zu den ursprünglich erkannten Symbiosepartnern, und bis vor Kurzem wusste man nicht einmal, dass sie fester Bestandteil des Flechtenlebens sind. Doch wie wir Menschen haben Flechten eine spezifische Bakterienflora. Welche Rolle sie für die Flechten spielt, wird noch erforscht.

Die Kultivierung von Bakterien aus Flechten erfolgte erstmals in den 1920er-Jahren (siehe S. 54). Wie beim menschlichen Darmbiom aber gibt es erst seit kurzer Zeit Techniken, um die Vielfalt der mit Flechten assoziierten Bakterien per DNA-Sequenzierung zu erforschen. Wie sich zeigte, sind viele der aus Flechten isolierten Bakterien Gelegenheitsfunde, die vielleicht aus der Umgebung aufgenommen wurden; einige jedoch scheinen stark mit Flechten assoziiert und praktisch immer da zu sein.

Obwohl die Forschung hier noch in den Kinderschuhen steckt, scheint es, als sei die Bakteriengattung *Lichenihabitans* eine dieser stark assoziierten Gruppen. Sie wurde 2019 von einer koreanischen Forschungsgruppe unter Leitung von Yung-Mi Lee benannt, und zwar anhand einer Bakterienlinie, die aus der Flechte *Psoroma antarcticum* isoliert worden war. Spätere Daten aus DNA-Screenings bei Flechten ergaben, dass nahe Verwandte (vermutlich ebenfalls aus der Gattung *Lichenihabitans*) bei mehr als 90 Prozent der in aller Welt gesammelten Flechten zu finden sind. Die Rolle der Bakterien in der Symbiose ist noch unklar. Genome von nahe verwandten Linien deuten darauf hin, dass diese Vitamin B12 synthetisieren können, das Fotobionten-Algen brauchen, um die Aminosäure Methionin zu bilden.

→ Eine *Lichenihabitans*-Art in Kultur (University of Alberta)

MARCHANDIOMYCES CORALLINUS

Rosaroter Marchandpilz

Teamplayer und Killermaschine

WISSENSCHAFTLICHER NAME	*Marchandiomyces corallinus* (Roberge)
STAMM, FAMILIE	Basidiomycota, Corticiaceae
WUCHSFORM	Flechten befallender Pilz mit rosaroten Fruchtkörpern
ARTEN IN DER GATTUNG	4
LEBENSRAUM	Auf verschiedenen Wirtsflechten, besonders oft auf Parmeliaceae
BESONDERHEITEN	Überwindet «im Team» mit einem anderen lichenicolen Pilz die Abwehr des Wirtes.

Wir wissen bereits, dass Flechten mehr sind als eine stereotype Symbiose zwischen Pilzen und Algen oder Cyanobakterien. Sie sind eher Miniatur-Ökosysteme, die eine ganze Reihe von Organismen vereinen und tragen. Dazu zählen auch flechtenbewohnende (lichenicole) Pilze – nicht überraschend, da Parasitismus unter Pilzen weit verbreitet ist.

Manche lichenicolen Pilze scheinen mit dem eigentlichen Flechtenpilz friedlich zu koexistieren und einfach als Kommensalen vom Fotobionten zu profitieren. Andere attackieren ihren Wirt heftig.

Die rosaroten Fortpflanzungsstrukturen (Brutknospen) von *Marchandiomyces corallinus* sind wirklich hübsch. Aber man täusche sich nicht: Dieser Ständerpilz tötet. Er tötet ganz unterschiedliche Wirtsflechten.

Studien unter Leitung des Flechtenökologen James Lawrey ergaben, dass Flechten über chemische Abwehrsubstanzen gegen diesen Pilz verfügen, darunter Lecanorsäure und Gyrophorsäure, die auch bei der Farbstoffproduktion eine Rolle spielen (siehe S. 250). Diese «Mehrzwecksubstanzen» hemmen das Wachstum des angreifenden Pilzes und seine die Zellwand zersetzenden Enzyme.

Ein anderer Pilz, der Schlauchpilz *Fusarium*, kann diese Flechtensubstanzen jedoch zersetzen und den Wirt überwältigen. Sobald er eine Flechte befällt, können *Marchandiomyces* und andere lichenicole Pilze eindringen und den geschwächten Wirt ausnutzen. Interessanterweise ist *Fusarium* die asexuelle Morphe (Anamorphe) einer der *Nectria*-Arten, von denen manche bei der biologischen Schädlingsbekämpfung eingesetzt werden.

→ Die rosaroten Brutknospen des Flechten befallenden Ständerpilzes *Marchandiomyces corallinus* sind ein schöner Farbtupfer. Für die Wirtsflechte (hier *Parmelia sulcata*, die Furchen-Schüsselflechte) endet der Befall meist mit dem Tod zumindest eines Teils des Lagers.

DIE BIOLOGIE DER FLECHTEN

Ein Tag im Leben einer Flechte

In dem japanischen Anime-Film *Prinzessin Mononoke* erklimmen *kodama* genannte Waldgeister frühmorgens die Baumwipfel und schauen zu, wie sich der Nachtwandler wieder in den Waldgott zurückverwandelt. Mit Eintreffen des Nachtwandlers schütteln sie die Köpfe, als wollten sie für den kommenden Tag neu starten. Sie sind Zeichen eines gesunden Waldes, und ihr Leben konzentriert sich auf ein kleines tägliches Zeitfenster. Bei Flechten verhält es sich ganz ähnlich, sie sind meist in einer kurzen Phase am Morgen aktiv.

TÄGLICHE ROUTINE

Flechten trocknen in der Wärme des Tages regelmäßig aus. Ihre physiologische Aktivität geht dann gegen null, und sie sinken in eine Art Ruhezustand. Am Abend jedoch gehen die Temperaturen zurück, die Luftfeuchtigkeit nimmt zu. Dann «erwacht» die Flechte, und die Symbionten nehmen jeweils ihre Arbeit auf. Der Pilz etwa repariert vielleicht beschädigte Zellen oder bildet neue, oder er füllt seine Vorräte an sekundären Stoffwechselprodukten wieder auf. Manche Algenzellen können sich teilen und so vermehren. Das zuvor trockene Lager entspannt und öffnet sich, die Symbionten «atmen» feucht und still in die Nacht.

Doch verbrauchte Energie muss ersetzt werden. Gegen Sonnenaufgang ist darum «Essenszeit» für den Fotobionten. Er war zwar die ganze Nacht aktiv, kann aber ohne Licht keine Fotosynthese betreiben. Dafür hat er jetzt nur kurz Zeit, denn wenn die Sonne höher steigt, steigt auch die Temperatur, und die Flechten trocknen rasch wieder aus. In diesem wichtigen Zeitfenster fixieren diese biologischen *kodama* den Kohlenstoff, den sie für den Tag brauchen.

Das kurze fotosynthetische Festmahl endet, wenn die Flechte wieder trocken ist. Bis die Feuchtigkeit wieder zunimmt, ist sie im Wartezustand mit kaum merklicher Aktivität der Symbionten. Diese Routine aus Abwarten, Wasseraufnahme, Fotosynthese und wieder Abwarten gibt es in unzähligen Varianten, je nachdem, wo auf der Erde sich die Flechte befindet. In manchen Lebensräumen werden Flechten nicht jede Nacht feucht genug, um zu erwachen, zu atmen oder gar Fotosynthese zu treiben, in anderen werden sie vielleicht mitten am Tag von Regen aus dem Schlaf gerissen: aufwachen, Mittagessen! Wieder woanders fällt der Trockenschlaf vielleicht jeweils nur kurz aus.

Bei den meisten Flechten scheint das Austrocknen mehr als eine Option zu sein; die meisten Arten *brauchen* offenbar ihren Trockenschlaf. Auf Zellebene macht die Flechte dabei eine starke Veränderung durch. Zellen schrumpfen, ihre Organellen dicht gedrängt, und das Cytoplasma trocknet ein, bis es gummi- oder sogar glasähnlich wird.

Diese sogenannte Vitrifizierung («Glaswerdung») findet man bei verschiedensten Organismen, darunter manche Tüpfelfarne, Moose sowie Insektenlarven, die so Trockenzeiten überbrücken. Diese merkwürdige

→ In Erwartung der täglichen Portion Feuchtigkeit: die unverkennbare Flechte *Ochrolechia subplicans*, Bewohnerin der Felsküsten Alaskas und Nordwestkanadas

WARTEN AUFS WASSER

Enchylium tenax, die Zähe Leimflechte, ist im trockenen Zustand spröde, gräulich und wenig attraktiv. Wird sie jedoch feucht, kann sie bis zu 500 Prozent ihres Trockengewichts an Wasser aufnehmen, wie alle Gallertflechten. Die verdanken diese Fähigkeit ihrem Fotobionten, dem Cyanobakterium *Nostoc*.

Bei Gallertflechten bewahren die *Nostoc*-Kolonien ihre umfangreiche gelartige Matrix, sodass die Flechten länger Wasser halten können. *E. tenax* ist Bestandteil biologischer Bodenkrusten in ariden Regionen. Wenn sie nur gerade genug Feuchtigkeit bekommen, bilden diese Biokrusten eine dünne Haut über dem Boden und schützen vor Erosion. Die Bedeutung dieser Krusten für die Landbewirtschaftung wurde folgerichtig überall erkannt, von Afrika über die Wüste Gobi bis in den Südwesten der USA. Dass die *Nostoc*-Bakterien in diesen Flechten außerdem Stickstoff fixieren, macht sie für nährstoffarme Ökosysteme noch wertvoller.

↓ *Enchylium tenax*, trocken

↓ *Enchylium tenax*, feucht

Superkraft ist für uns schwer nachvollziehbar und erlaubt es Lebewesen, die wir für tot halten würden, wieder zum Leben zu erwachen. Wie genau die Flechtensymbionten diese Eigenschaft zustande bringen, ist noch unbekannt; vermutlich aber sind es genau diese Fähigkeiten, die die Symbiose erst ermöglicht.

ZUCKERALKOHOLE MIT ZWEI GESICHTERN

Während er fleissig Fotosynthese betreibt, fixiert der Fotobiont Kohlenstoff und reichert Kohlenwasserstoffe an. Wie auf Seite 26 beschrieben, sind dies meist Zuckeralkohole (Polyole), die auch nach dem Transfer in den Pilz oft unverändert bleiben. Das ist nicht selbstverständlich; viele andere Lebensformen setzen ihre Kohlenwasserstoffe um. Die offensichtliche Neigung der Flechten, ihren Kohlenstoff in Form von Zuckeralkoholen zu bewahren, hat in der Wissenschaft so einiges infrage gestellt.

Zuckeralkohole können zur Energiegewinnung verbrannt werden, und die meisten Lehrbücher sehen noch heute genau darin ihren einzigen Nutzen für die Flechten. Doch in den 1970er-Jahren begannen Forschende, dies zu hinterfragen, unter anderem weil die meisten Flechtenpilze für einen derart gut «gefütterten» Organismus extrem langsam wachsen. Tatsächlich erfüllen Zuckeralkohole auch andere Aufgaben. Anders als nicht alkoholische Zucker sind sie chemisch nicht allzu reaktiv, aber wie alle Alkohole neigen sie dazu, Wasser zu entziehen und zu ersetzen.

Fernab der Welt der Flechten zieht eine Milliarden-Dollar-Industrie Nutzen aus ihren Eigenschaften. Zuckeralkohole dienen als Füllstoffe bei Nahrungsmitteln, und in der Biotechnologie sorgen sie dafür, dass Proteine die Trocknung überstehen. Hinter dieser Anwendung steckt die Vorstellung, dass Proteine – fragile Moleküle, die etwa in Arzneien oder Impfstoffen als aktive Bestandteile gebraucht werden – ihrer Endanwendung unbeschadet zugeführt werden können, indem man sie in einer konzentrierten Lösung von Zuckeralkoholen dehydriert, sodass sie vitrifizieren. Somit dienen Zuckeralkohole hier als pharmazeutische Hilfsstoffe.

NÄHRSTOFF ODER ÜBERLEBENSELIXIER?

Zuckeralkohole und andere «nicht reaktive» Zucker kommen nachweislich in sehr hohen Konzentrationen in Pflanzen und Tieren vor, die eine Vitrifizierung (und die ihr vorausgehenden Trocknungszustände) durchlaufen. In den 1970er-Jahren stellten sich Wissenschaftlerinnen und Wissenschaftler die Frage, ob das auch auf Flechten zutrifft. Möglicherweise verbrennen die Symbionten die per Fotosynthese fixierten Kohlenwasserstoffe gar nicht in erster Linie für ihr Wachstum, sondern lagern sie in ihren Zellen ein, um ihre Proteine

emperatur: 15,1 °C
elative Luftfeuchtigkeit: 60 %

Temperatur: 15,0 °C
Relative Luftfeuchtigkeit: 55 %

Temperatur: 14,5 °C
Relative Luftfeuchtigkeit: 52 %

Temperatur: 10,0 °C
Relative Luftfeuchtigkeit: 65 %

↖↗ Von Grün nach Grau: Ein Exemplar von *Peltigera aphthosa* (Warzige Apfelflechte) trocknet nach leichtem Regen wieder ein.

(und DNA und weitere Moleküle) bis zur Nacht schadlos durch den warmen, trockenen Tag zu bringen – als eine Art Elixier, um die Austrocknung zu überstehen.

Die Möglichkeit, dass Pilze und Algen hohe Konzentrationen von durch Algen gebildeten Zuckeralkoholen wahren, um ihren Trockenschlaf zu überstehen, wirft viele Fragen auf. Theoretisch könnte der Pilz seine Zuckeralkohole auch zur Energiegewinnung verbrennen, aber tut er das? Und wenn ja, wie wird ein zu hoher Verbrauch reguliert? Können manche Flechten die Zuckeralkohole nutzen und andere nicht? Wenn ein Flechtenpilz keine oder nur bestimmte Zuckeralkohole verbrennen kann, woher bezieht er dann seine Kohlenstoffverbindungen?

WEITERE KOHLENSTOFFQUELLEN

Die Pilze in Flechten, die auf Bäumen wachsen, könnten vermutlich zumindest einen Teil ihres Kohlenstoffs auf dieselbe Weise gewinnen wie andere Pilze – durch Abbau von pflanzlichen Kohlenwasserstoffen wie Cellulose. Interessanterweise haben Genomanalysen ergeben, dass die meisten Flechtenpilze nach wie vor imstande sind, die für die Umwandlung dieser Kohlenwasserstoffe in Nährstoffe nötigen Enzyme zu bilden. Viele Flechten aber wachsen in Felswüsten und an anderen Orten, wo Kohlenstoffquellen rar gesät sind. Woher können sie ihren Bedarf decken?

Die wohl naheliegendste alternative Kohlenstoffquelle (abgesehen von direkten Produkten der Fotosynthese) sind die Zellwände absterbender Algen, aber wie verfügbar dieser Kohlenstoff ist, hängt von der Lebensdauer der Flechtenalgenzellen ab, die unbekannt ist. Die Pilze könnten auch über die schwammige Rindenschicht der Flechte Kohlenstoff aufnehmen, die Wasser mit allem, was darin gelöst ist, aufsaugt. Überschlagsrechnungen legen nahe, dass die in Staub und Regenwasser enthaltene Kohlenstoffmenge gerade ausreichen könnte, um das Flechtenwachstum zu tragen. Möglich ist auch, dass verschiedene Flechten unterschiedliche Kombinationen von Kohlenstoffquellen nutzen. Jedenfalls wachsen die meisten Flechten sehr langsam und brauchen daher vermutlich nicht viel Kohlenstoff.

MARSHMALLOW-TEST FÜR PILZE?

Anfang der 1970er-Jahre führten Psychologen Tests zu kurz- und langfristigen Belohnungen durch. Teilnehmenden Kindern wurden eine kleine, aber sofortige Belohnung angeboten oder aber zwei, wenn sie eine Weile warteten. Die in Aussicht gestellten Belohnungen bei den ersten Tests waren Marshmallows. Blieb der Marshmallow 15 Minuten unangetastet, bekam das Kind zwei davon. Kinder, die auf den zweiten Marshmallow warteten, waren im späteren Leben erfolgreicher (wahrscheinlich sind sie heute unsere Chefs).

Die Doppelnutzung von Zuckeralkoholen stellen Flechten vor eine ähnliche Aufgabe. Verbrennen sie diese, können sie wachsen, und das vermutlich recht schnell; andere Pilze verbrennen sicherlich Zuckeralkohole und wachsen gut. Das ist das kurzfristige Ein-Marshmallow-Szenario. Verbrennen sie die Zuckeralkohole jedoch nicht, können sie sie nutzen, um immer längere und extremere Phasen der Austrocknung zu überstehen, und so Lebensräume erschließen, in denen sich nur wenige Pilze wohlfühlen: die raue, sonnenverbrannte Umwelt an der Luft.

Ein Modell zur Flechtensymbiose, nach dem die Alge den Pilz mit Zuckeralkoholen versorgt, um die tägliche Trockenphase zu überstehen, ist vor allem deshalb einleuchtend, weil es das extrem langsame Wachstum von Flechtenpilzen erklärt. Deren Pilz-Vorfahren waren höchstwahrscheinlich schnellwüchsiger, doch wurden schnellwüchsige Individuen offenbar nach und nach durch natürliche Selektion eliminiert. Das ist insofern paradox, als Flechtenpilze fast durchweg als Empfänger von «Nährstoffspenden» klassifiziert sind. Dass diese Spenden, die lange als reine Nährstoffe angesehen wurden, einen doppelten Nutzen haben (oder womöglich ausschließlich einem Zweck dienen, der gar nichts mit Ernährung zu tun hat), erklärt, wie kohlenstoffzehrende, schnellwüchsige Individuen durch extreme Wechselphasen von Feuchte und Trockenheit aus einer Population verschwinden konnten.

→ An *Ramalina celastri*, einer Astflechte, wird der Stoffwechsel der Flechten im trockenen und feuchten Zustand erforscht sowie die Rolle, die Zuckeralkohole dabei spielen.

Langsam und alt

Menschen, die alt genug sind, um sich an die letzten 30 Jahre zu erinnern, haben ein ungefähres Gefühl dafür, in welchem Zeitmaßstab sich Leben abspielt. Vielleicht wurde damals ein Neffe oder eine Nichte geboren, der/die heute selbst Kinder hat. Vielleicht ist ein damals gesetzter Apfelkern inzwischen zu einem Baum herangewachsen, der Schatten spendet und mehr Früchte trägt, als man essen kann. Oder man ist Jahr um Jahr zu immer demselben Stein gegangen und hat beobachtet, wie eine Flechte gesunde 8 Millimeter an Umfang zugenommen hat.

So ist das Flechtenleben. Nichts geschieht schnell. Das wissen wir, weil es seit Beginn der Lichenologie Menschen gibt, die herausfinden wollen, wie schnell diese seltsamen Wesen wachsen und welche Ereignisse der Vergangenheit man rekonstruieren kann, wenn man ihr Alter kennt. Diese Methode nennt man Lichenometrie.

FLECHTEN-ZEITMESSUNG

Das Heranziehen von Flechten zur Datierung früherer Ereignisse erfolgte erstmals in den 1950er-Jahren in den österreichischen Alpen, wo man das Tempo des Gletscherrückgangs danach bemaß, welche Größe die Flechtenlager näher an bzw. entfernter von der Gletscherkante hatten. Schon bald machten sich Geologen die neue Lichenometrie zunutze, und auch auf anderen Gebieten fand sie Anwendung, etwa bei der Datierung von Verwerfungen durch Erdbeben, Felsstürzen, Schuttströmen und Schneeereignisse.

Sogar die Archäologie datiert wichtige historische Ereignisse mittels Lichenometrie. Ein frühes und bekanntes Beispiel ist der Versuch deutscher Lichenologen, das Alter der berühmten Moai-Statuen auf der Osterinsel zu datieren. Sie kamen zu dem Schluss, dass die meisten Statuen um 1530 errichtet wurden.

Lichenometrische Kalibrierungen sind auch Grundlage des oft beschworenen hohen Alters von Flechten. So werden Landkartenflechten von der Brookskette im nördlichen Alaska auf ein Alter von mehr als 11 000 Jahren geschätzt.

Doch das überzeugt nicht jeden; die lichenometrische Methodik ist teils harscher Kritik ausgesetzt. Ein Schwachpunkt dieser Methode ist die Annahme, dass die größten Lager sich kurz nach dem Verfügbarwerden des Substrats niederließen und seitdem bestehen. Kritiker argumentieren, dass viele Lager absterben, auch innerhalb von beobachtbaren Zeitrahmen. Sie kritisieren auch den Transfer von kalibrierten «Wachstumskurven», die in einer Studie erstellt wurden, auf andere, unabhängige Studien.

→ *Buellia frigida*, die Kalte Schwarzpunktflechte, fristet ihrem Artnamen entsprechend tatsächlich ein «gefrorenes» Dasein. Die meiste Zeit ist sie komplett inaktiv. Sie kommt in den Antarktischen Trockentälern vor, einer der lebensfeindlichsten Umgebungen der Erde. Angesichts ihrer Wachstumsrate von nur rund 0,0036 mm pro Jahr, was ungefähr dem Durchmesser einer Pilzhyphe entspricht, schätzt man Individuen dieser Flechte auf ein Alter von mind. 6500 Jahren; diese haben somit bereits am Ende der Steinzeit gelebt. (Kleines Bild: Nahaufnahme)

Die Methoden der Lichenometrie mögen umstritten sein, doch das langsame Wachstum der Flechtenpilze im Vergleich zu anderen Pilzen ist es nicht. Flechtenpilzkulturen wachsen Schätzungen zufolge etwa 9000-mal langsamer als *Neurospora crassa,* der im Labor oft als Modellorganismus dient, und selbst die schnellsten in freier Natur gemessenen Zuwachsraten erreichen nur Bruchteile der Wachstumsraten anderer Pilze oder auch Pflanzen. Warum?

Forschungen ergeben Hinweise darauf, dass das langsame Wachstum im Genom der Flechtenpilze festgeschrieben ist, speziell in dem genetischen Code für die Translation von DNA in Proteine. Das könnte erklären, warum Flechtenpilze selbst dann langsam wachsen, wenn sie zusätzliche Nährstoffe erhalten, und hat sich vielleicht im Lauf der Evolution entwickelt, weil ein schneller Ressourcenverbrauch starke Nachteile mit sich bringt (siehe S. 78).

Zu den am schnellsten wachsenden Flechten zählen Bartflechten der Gattung *Usnea* sowie *Ramalina menziesii,* eine Astflechte. Bei diesen Flechten vergleicht man die Wachstumsrate anhand des prozentualen Zuwachses des Lagers in einer bestimmten Zeitspanne; einige *Usnea*-Flechten, etwa *U. longissima* (Engelshaar), können nachweislich ihre Lagerlänge in weniger als einem Jahr verdoppeln. Warum manche Flechten anders als die meisten anderen solches Wachstum zeigen können, ist nicht bekannt.

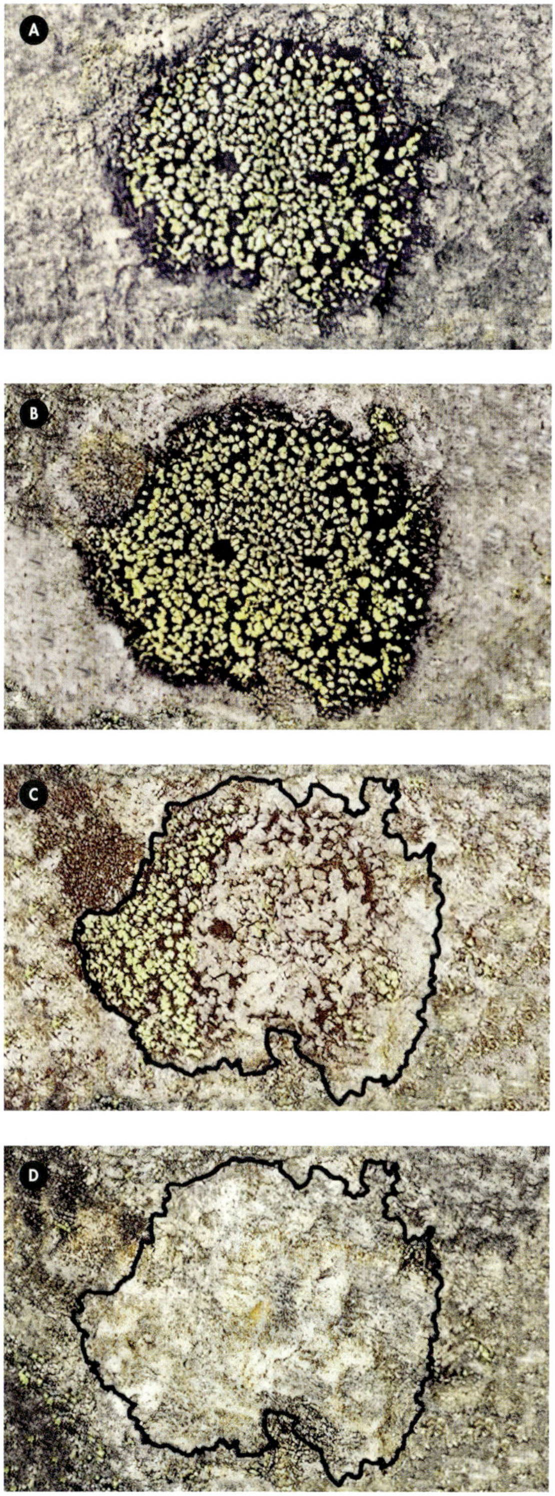

← *Rhizocarpon geographicum,* die Gewöhnliche Landkartenflechte, wird gern für lichenometrische Untersuchungen herangezogen. Die mit hellen Platten und dunklen Linien an einen Stadtplan erinnernde Struktur besteht aus gelben «Inseln», in denen transparente, mit gelben Sekundärstoffen überzogene Pilzhyphen mit Algenzellen assoziiert sind, und dunklen «Straßen», algenfreien Bündeln dunkel pigmentierter Hyphen desselben Pilzes (schwarze Apothecien bilden manchmal kleine «Plätze»). *R. geographicum* kann mehrere Tausend Jahre alt werden und in äußerst lebensfeindlichen Umgebungen überleben.

→ Für und Wider der Lichenometrie: Das langsame Wachstum dieser *Rhizocarpon*-Flechte wurde über eine längere Zeitspanne fotografisch dokumentiert (A–D). Irgendwann jedoch starb die Flechte ab; der frei werdende Untergrund erlaubte damit eine Nachfolgebesiedlung lange nach der Erstbesiedlung des nackten Gesteins.

Schützende Patina

Vielen Naturliebhabenden geläufige Flechten sind farbig – gelbe Flecke auf Gartenmauern und Bäumen, rotköpfige Becherchen, purpurne Kränze. All diese Farben sind reine Chemie.

Die Interaktionen zwischen Pilzen und Algen in einer Symbiose erzeugen bestimmte Moleküle, sogenannte Sekundärstoffe (Stoffwechsel-Zwischenprodukte) – «sekundär», weil sie für die lebenserhaltenden Prozesse des Primärstoffwechsels, wie Atmung und Zellreplikation, nicht benötigt werden. Sie können aber beeinflussen, wo die Flechte wächst, welches Licht ihre Alge aufnimmt und ob sie im Ökosystem Teil der Nahrungskette wird.

Kristalline Ablagerungen von Sekundärstoffen sind unter dem Mikroskop erkennbar und stellen meist 1–3 Prozent der Trockenmasse einer Flechte, bei manchen spezialisierten Arten sogar 30 Prozent. Das ist zum Beispiel bei *Ingaderia friabillima* der Fall, die auf Kakteen in der Atacama-Wüste wächst und Wasser aus Nebel bezieht. Aktuell sind mehr als 1000 Sekundärstoffe beschrieben und benannt.

EIN GANZ EIGENES SPEKTRUM

Manche dieser Substanzen sind im für Menschen sichtbaren Wellenlängenbereich (etwa 400–600 Nanometer) nicht wahrnehmbar, fluoreszieren aber in ultraviolettem Licht; sie konvertieren also das unsichtbare UV-Licht in sichtbares Licht verschiedener Farben. Unter UV-Licht kann man somit diese Farbstoffe erkennen; besonders auffällig ist das Hellgelb des Farbstoffs Lichexanthon. Manche Tiere (wie Vögel, Echsen und Insekten) können UV-Licht wahrnehmen, doch wissen wir nicht, was sie sehen, wenn sie eine Flechte anschauen, die diese Substanzen enthält.

Unter UV-Licht sichtbare Sekundärstoffe finden sich besonders oft bei Flechtengruppen, die mit vielen Arten in warmgemäßigten und tropischen Regionen vertreten sind, und weniger bei solchen der kaltgemäßigten und subpolaren Regionen. Darum ist es ein schönes Schauspiel, bei Dunkelheit durch einen subtropischen oder tropischen Wald zu streifen und mit einer UV-Lampe die flechtenbewachsenen Stämme anzuleuchten, die dann in vielerlei Farben erstrahlen.

CHEMISCHE ABWEHR

Bis zu 5 Prozent oder mehr des eigenen Gewichts einem Molekül vorzubehalten, ist kostspielig; somit ist zu vermuten, dass Sekundärstoffe für Flechten wichtig sind. Es gibt dazu verschiedene Theorien, von denen vielleicht keine auf alle zutrifft. Möglicherweise erfüllen viele Substanzen mehrere Aufgaben.

Klar ist jedoch, dass viele Sekundärstoffe verhindern, dass Flechten gefressen werden. Dieses «Abgrasen» kann viele Formen haben. Rentiere bzw. Karibus *(Rangifer tarandus)* ernähren sich im Winter von Flechten. Mikroskopisch kleine Tiere leben *in* den Flechten und fressen an deren Rinde und stärkereichen Fruchtkörpern (Apothecien); zu diesen kleinen Lichenivoren zählen vor allem Rindenläuse und Milben. In feuchten Wäldern in aller Welt raspeln Schnecken die Rinde und Algenschicht ab, sodass helle Fraßspuren zurückbleiben, an denen nur noch die Pilzhyphen geblieben sind.

Eine andere Flechten fressende Tiergruppe sind die Hornmilben (Oribatida). Bislang wurden in Flechten mehr als 80 Arten gefunden, doch ist die wahre Zahl wahrscheinlich deutlich höher. Zu Milben und Sekundärstoffen gibt es kaum, ja vielleicht gar keine wissenschaftlichen Studien, doch lassen Beobachtungen darauf schließen, dass der rote Farbstoff Rhodocladonsäure, der manchen *Cladonia*-Arten die rote «Lippenstiftfarbe» verleiht, gebildet wird, wenn Milben am und im Pilzmyzel fressen (siehe S. 28).

← Farbenpracht: Ein Baumstamm im Jardín Botánico Nacional in Havanna, Kuba. Die bei Tageslicht weiß erscheinenden Flechten fluoreszieren nachts unter UV-Licht in unterschiedlichen Farben.

↑ Flechten der Gattung *Pyxine* (hier *Pyxine cocoes*) sind mit ihrer durch den Farbstoff Lichexanthon, einen bei tropischen Flechten verbreiteten «Sonnenschirm», hervorgerufenen hellgelben Reaktion die «Stars» unter den fluoreszierenden Flechten (Fotos oben). Die verwandte Gattung *Dirinaria* schlug einen anderen Weg ein: Das Lager absorbiert das UV-Licht komplett, die Soredien aber fluoreszieren hellblau, verursacht durch den Sekundärstoff Divaricatsäure (Fotos unten).

→ Viele Flechtengemeinschaften bilden, besonders an exponierten Stellen auf Gestein, oft ein buntes Mosaik aus hellgelben Acarosporaceae und gelborange bis orangerot gefärbten Teloschistaceae.

SONNENSCHUTZ

Viele Sekundärstoffe, meist solche, die an der Oberseite (Rinde) der Flechte zu finden sind, dienen als natürlicher Sonnenschutz. Experimente an Flechten und mit gereinigten Extrakten von Flechten-Sekundärstoffen ergaben, dass diese Licht im UV-A-Bereich filtern, also jenem Teil des Spektrums, der für Menschen kanzerogen sein kann. Beispiele für solche «Sonnenschirme» sind natürlich die bereits erwähnten, unter UV-Licht fluoreszierenden Stoffe; verbreitet sind zudem gelb bis rot erscheinende Antrachinone und braun bis schwarz wirkende Melanine. In der Natur lässt sich beobachten, wie sie in Reaktion auf Sonnenbestrahlung gebildet werden: Flechten einer Art, die eher sonnenexponiert wachsen, bilden mehr dieser Pigmente als jene Artgenossen, die mehr im Schatten wachsen. So ist *Xanthoria parietina* (die Gewöhnliche Gelbflechte) bei voller Sonneneinstrahlung hellgelb, fast orange, im Schatten aber grau mit nur gelblichen Rändern.

Einige Sekundärstoffe von Flechten wurden auf die Möglichkeit einer pharmazeutischen Anwendung geprüft (siehe S. 242). Der Vorteil für die Flechte liegt aber nicht in der Verhinderung von Krebs, der bei Pilzen nicht bekannt ist, sondern im Filtern von Licht für die Alge. Deren Fotosynthese-Apparat kann durch UV-B-Strahlung (280–350 Nanometer Wellenlänge) und allgemein durch intensives Licht Schaden nehmen, doch wird dies durch den «Sonnenschirm» gefiltert, vor allem im trockenen Zustand. Ist die Flechte feucht, quillt die Rinde auf und es tritt mehr Licht hindurch; von außen erscheint die Flechte durch diesen «Fenstereffekt» dann grüner.

UNZERSTÖRBAR

Flechten wachsen an einigen der unwirtlichsten Orte dieser Welt, wo kaum etwas anderes gedeihen kann. Noch in den extremsten terrestrischen Lebensräumen unseres Planeten gibt es wahrscheinlich eine Flechte, die sich auf das Leben dort spezialisiert hat.

Mindestens 25 Flechtenarten leben auf Gestein in den Antarktischen Trockentälern, einem der kältesten und trockensten Orte überhaupt, wo die Temperaturen regelmäßig unter –50 °C fallen und es nur 50 Millimeter Niederschlag pro Jahr gibt. Man findet Flechten oberhalb der Höhengrenze für Gefäßpflanzen und Moose im Himalaja. Sie bedecken Felsen in der Atacama- und der Namib-Wüste, wo ihre Lager auf Oberflächen gedeihen, die über 70 °C heiß werden – genug, um ein Ei zu braten. Das bisschen Wasser, das die Flechten zum Leben brauchen, beziehen sie dort aus dem Morgennebel, der vom nahen Ozean herüberkommt; regnen tut es so gut wie nie.

Extreme im Experiment

Als wären diese natürlichen Bedingungen nicht genug, unterwarf man Flechten im Namen der Wissenschaft immer größeren Extremen. Manche dieser Experimente muten an wie ein Mittelding aus Kandidat für den Anti-Nobelpreis und Eintrag in das Guinness-Buch der Rekorde. So hat ein getrocknetes Exemplar der Gewöhnlichen Gelbflechte (siehe S. 36) das Eintauchen in flüssigen Stickstoff bei Temperaturen unter –182 °C überstanden; es wurde überdies mit Gold- und Palladiumpartikeln beschossen und in einer Vakuumkammer mit einem gezielten Elektronenstrahl untersucht. Den Algen-Symbionten einer Flechte erweckte man nach Jahrzehnten der Aufbewahrung im getrockneten Zustand in einer Museumssammlung (wo er mit dem Pestizid Brommethan benebelt worden war) wieder zum Leben.

Da Flechten so viel ertragen, zogen sie das Interesse von Astrobiologen auf sich, die sich für die Möglichkeit von Leben außerhalb unseres Planeten interessieren. Am 31. Mai 2005 schickte man einige Flechten an Bord einer Sojus-Raumkapsel vom kasachischen Weltraumbahnhof Baikonur ins Weltall. Sie verbrachten als Teil eines BIOPAN-5 genannten Experiments der European Space Agency (ESA) 15 Tage auf dem Außenschild eines russischen Satelliten und überlebten das volle, von keiner Atmosphäre gefilterte UV-Strahlenspektrum im All, Gammastrahlen und den luftleeren Raum. Zwischen 70 und 90 Prozent der Flechten dieser Mission zeigten auch nach der Rückkehr auf die Erde noch Lebenszeichen.

Viele weitere Experimente widmeten sich der Fähigkeit von Flechten, mit den Bedingungen im Weltraum zurechtzukommen. Bei einem anderen ESA-Forschungsprojekt, Expose-E, platzierte man 2008/2009 für 18 Monate Exemplare der Landkartenflechte (siehe S. 82) außen auf Experimentierpanels der Internationalen Raumstation (ISS). Erstaunlicherweise überlebten 10 bis 15 Prozent der Proben. Von 2014 bis 2016 wurden Flechten an ISS-Panels ähnlich lange exponiert. Weitere Studien führte man in Einrichtungen durch, die Bedingungen wie im Weltraum oder auf dem Mars simulieren.

Der Trockenzustand ist entscheidend

All diese Eigenschaften kommen nur zustande, wenn eine Flechte trocken ist. Befeuchtet man sie, ist alles möglich. Die einzigartige Fähigkeit von Flechtenzellen, nach dem Dornröschenschlaf im vitrifizierten, «gläsernen» Zustand (siehe S. 72) wieder zum Leben zu erwachen, scheint der entscheidende Punkt hinter allem Natürlichen und Übernatürlichen zu sein, das ihnen nachgesagt wird. Was auch immer Hollywood sich noch ausdenken mag – die Fähigkeit zur Vitrifizierung wie eine Flechte scheint das beste Rezept, um die Apokalypse zu überstehen.

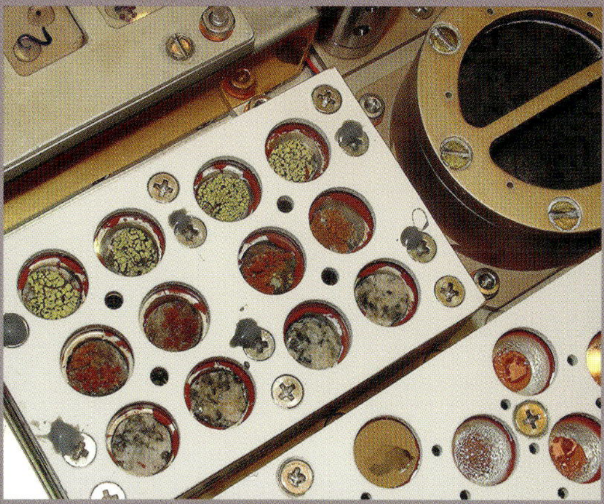

↖↗ Das Biology and Mars Experiment (BIOMEX), das auch Flechten umfasste, war 2014–2016 für 469 Tage auf dem EXPOSE-R2-Panel der ISS platziert, wo es Temperaturen zwischen −28 °C und +58 °C sowie starker Gammastrahlung ausgesetzt war. Die Fotos zeigen den Aufbau im All und die Vorbereitungen dazu sowie die Kapsel nach der Landung.

Umweltmonitoring und -schutz

Flechten erwarben im Lauf ihrer Evolution die Fähigkeit, mit härtesten Bedingungen in terrestrischen Ökosystemen zurechtzukommen, unter anderem weil sie lange Phasen der Austrocknung überstehen. Dennoch reagieren viele Flechtensymbiosen empfindlich auf Umweltveränderungen, wie Luftverschmutzung, veränderte Landnutzung und Klimaerwärmung.

Selbst außerhalb der Stadt, auf den umgebenden Feldern, lag starker Nebel, aber dort war der Nebel grau, wogegen er in London, und zwar auf der Grenze, dunkelgelb, weiter hinein braun war, und allmählig brauner und dunkelbraun wurde, bis seine Farbe im Herzen der City, in der Gegend von St. Mary Axe, rußig schwarz wurde.

Charles Dickens, *Our Mutual Friend* (1865; dt. *Unser gemeinsamer Freund*)

Die Industrielle Revolution brachte eine bessere Infrastruktur und Mechanisierung mit sich, aber auch starke Luftverschmutzung, unter der nicht nur die Figuren in Charles Dickens' Romanen litten. Die erste Dokumentation eines Rückgangs von Flechten im städtischen Raum stammt von 1859 und bezieht sich, was keine Überraschung ist, auf die englische Industriestadt Manchester. Schon bald beobachteten Lichenologen dasselbe Phänomen in vielen Städten Europas. Ab den 1860er-Jahren wurde ein Rückgang der Flechten in Paris, London, Newcastle-upon-Tyne, Glasgow, Augsburg und München beschrieben; seit Beginn des 20. Jahrhunderts ist er für ganz Europa dokumentiert.

LUFT FÜR FLECHTEN

Forschende verschiedener europäischer Länder und der USA erkannten die politische Dimension dieses bedenklichen Zustandes und begannen deshalb mit Experimenten, bei denen Flechten als Bioindikatoren für Luftqualität und somit Frühwarnsystem für eine Gefährdung der menschlichen Gesundheit dienten. So entwickelte die schwedische Lichenologin Greta Sernander in den 1920er-Jahren ein Klassifikationssystem für städtische Viertel mit drei Kategorien: «Flechtenwüste», «problematische Zone» und «normale Zone».

Zu einer Zeit, da automatisierte Geräte zur Messung von Partikeln oder Verunreinigungen wie Stickstoffoxiden oder Schwefeldioxid kaum verfügbar waren, boten Flechten eine preiswerte und leicht auszuwertende Möglichkeit, die Luftqualität zu beurteilen. Heute gelten sie allgemein als Umweltindikatoren. «Gute Luft für Flechten, gutes Wasser für Forellen» war ein früher Slogan im Umweltschutz, der dem Ökologen Kenneth Mellanby zugeschrieben wird.

Die Gründe für den Rückgang der Flechten wurden lange debattiert, doch zweifelten die wenigsten Lichenologen daran, dass chemische Luftverschmutzung eine Rolle spielte. Es gab auch Hinweise auf ein größeres Flechtensterben im Zusammenhang mit Luftfeuchtigkeit, und tatsächlich deuten Belege darauf hin, dass die Folgen schlechter Luftqualität durch Feuchtigkeit verschlimmert werden, vermutlich weil die Flechten dann aktiv sind. Forschungen in den 1970er- und 1980er-Jahren bestätigten, dass Schwefeldioxid das Chlorophyll in der Alge (und in Pflanzen allgemein) angreift; vermutlich ist also der Fotobiont der Schwachpunkt der Flechtensymbiosen bei dieser Art von Luftverschmutzung.

SAURER REGEN UND EUTROPHIERUNG

Das Industriezeitalter ist keine gute Zeit für Flechten. Kaum hatte sich der rußige Nebel des viktorianischen London verzogen, setzte über großen Teilen der industrialisierten Welt der saure Regen ein. Dieses Phänomen erreichte in der Frühzeit des Kalten Krieges seinen Höhepunkt und ließ nicht nur massenhaft Wälder sterben, sondern auch Flechten. Auch hier war es Schwefeldioxid, das eine toxische Wirkung auf die Fotosynthese der Algen entfaltete.

Dem sauren Regen kam man schließlich durch Filter in der Industrie und Katalysatoren bei, doch trat schon bald ein anderes Übel für die Flechten auf den Plan, nämlich die massive Zunahme industrieller Dünger in der Landwirtschaft. Die Luftdüngung durch Stickstoff- und Phosphat-Aerosole und dadurch bewirkte Eutrophierung (Nährstoffüberschuss) hat ein in der Geschichte unseres Planeten nie dagewesenes Maß erreicht.

Verschiedene Flechtensymbiosen reagieren sehr unterschiedlich auf Eutrophierung, wobei einige (wie die Gewöhnliche Gelbflechte) profitieren, während die meisten anderen verschwinden. Belastbare Daten sind schwer zu bekommen, und es dürfte schwierig werden zu ermitteln, ob die Rückgänge der letzten Zeit auf Luftdüngung oder auf Schwefeldioxidablagerungen zurückzuführen sind. Wie auch immer, die Flechten haben einen hohen Preis bezahlt. Im deutschen Bundesland Niedersachsen etwa sind rund 40 Prozent der historisch dort vorkommenden Flechten seit Ende des 19. Jahrhunderts verschwunden. Bestimmte Symbiosetypen wurden besonders hart getroffen, etwa die sogenannten Cyanoflechten, bei denen Pilze mit Cyanobakterien verpartnert sind.

→ Bei ihrer Erstbeschreibung im Epping Forest im Nordosten Londons hieß es über *Lecanora conizaeoides*, die Staubige Kuchenflechte, sie sei «die einzige gut entwickelte Flechte» in einer ansonsten nur noch kleinen dortigen Flechtengesellschaft. Viel später erkannte man, dass die Flechte offenbar von Luftverschmutzung profitiert, und sie wurde zur Indikatorflechte für verschmutzte Stadtgebiete. Kurios: Mit der Verbesserung der Luftqualität ist sie nun stark im Rückgang begriffen und gilt ihrerseits als selten.

STUMME ZEUGEN

Manchmal verschwinden Flechten nicht, sondern legen stummes Zeugnis vom menschlichen Fehlverhalten ab. Sie zählten zu den Organismen in der nordamerikanischen Arktis, die nach sowjetischen und chinesischen Atomwaffentests erhöhte Werte des radioaktiven Caesium-137 aufwiesen, obwohl sie dadurch keinen erkennbaren Schaden genommen hatten. Biomonitoringprojekte wie das United States Forest Service Air Quality Monitoring Program machen sich die Neigung von Flechten (und der oft mit ihnen vergesellschafteten Moose) zunutze, Elemente anzureichern; so kamen umfassende geografische Daten über öffentliches Land zusammen, die kleinste Veränderungen in der Zusammensetzung, aber auch der Ablagerung von Elementen zeigen, auch solchen, die den Flechten selbst nicht unmittelbar schaden. Diese Daten geben Behörden wichtigen Aufschluss.

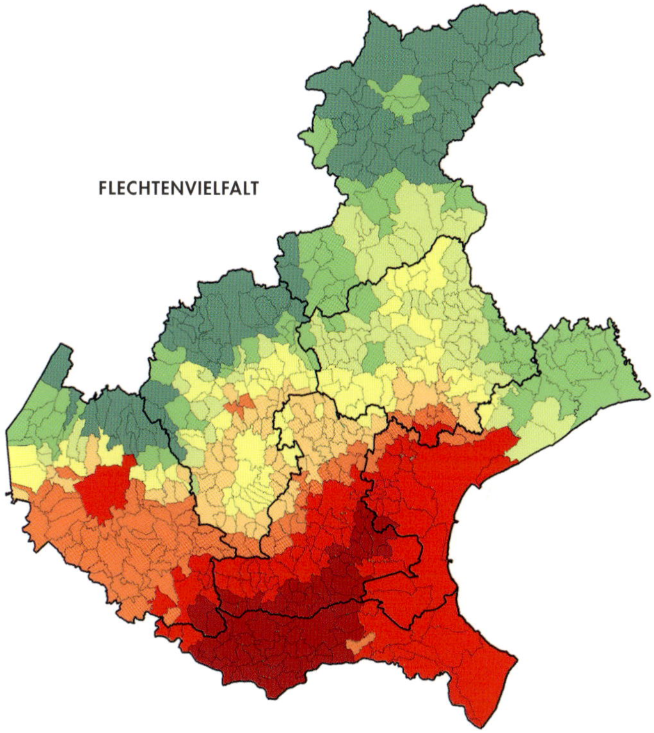

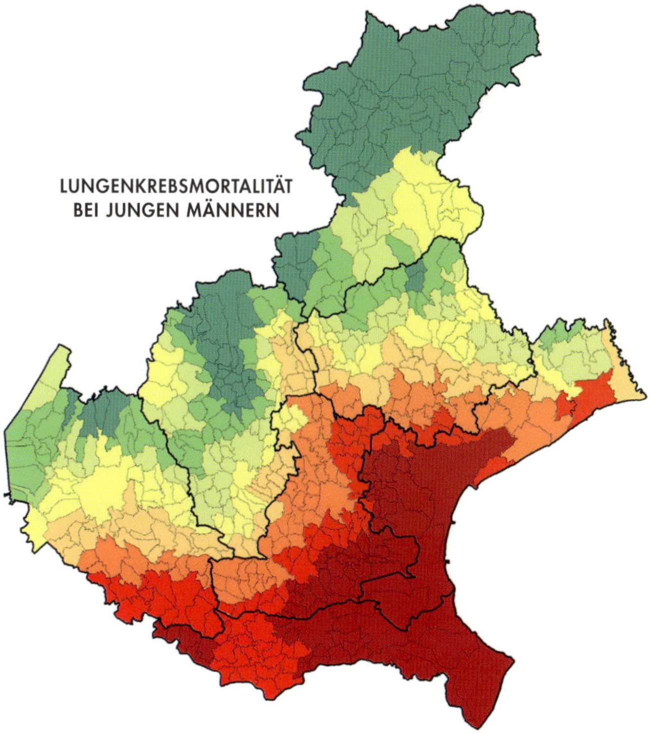

Schlechte Luft für Flechten und für Menschen

Der italienische Lichenologe Pier Luigi Nimis und der Medizinstatistiker Cesare Cislaghi berichteten 1997 über auffällige Korrelationen zwischen Flechtenvielfalt und Lungenkrebshäufigkeit bei jungen Männern in Norditalien; beides korrelierte mit starker Luftverschmutzung etwa durch Ozon (O_3), Schwefel- und Stickstoffoxide (SO_x, NO_x), Kohlenmonoxid (CO) sowie flüchtige organische Verbindungen (VOC). Die Karten zeigen die Provinzen und Gemeinden in der Region Venetien; der Farbgradient geht von Grün (hohe Flechtenvielfalt, geringe Lungenkrebsinzidenz) über Gelb zu Rot (geringe Flechtenvielfalt, hohe Lungenkrebsinzidenz).

← Auch *Polyozosia dispersa* (Zerstreutfrüchtige Kuchenflechte) ist gegenüber Luftverschmutzung tolerant und wächst oft in Städten auf Betonwänden und Steinplatten.

Flechten und Klimawandel

Flechten sind empfindlich gegenüber Umweltveränderungen wie saurem Regen, an die sie nicht evolutionär angepasst sind. Und sie können solchen Widrigkeiten nicht entkommen, indem sie sich etwa in einen Ruhezustand begeben. Sie werden mit überschüssigen Nährstoffen oder sonstigen Substanzen durchtränkt und verschwinden daraufhin meist aus der Landschaft. Eine große Veränderung aber – vielleicht die größte von allen – betrifft alles Leben auf der Erde gleichermaßen. Was bedeutet die Klimaerwärmung für Flechten?

Flechten gelten allgemein als sehr empfindlich gegenüber Umweltveränderungen, doch gibt es kaum Studien dazu, wie sie auf den Klimawandel reagieren. Aufgrund ihrer im Trockenzustand bemerkenswerten Unempfindlichkeit gegenüber Extrembedingungen sind sie, anders als andere Organismen, nicht unbedingt vom Hitzetod bedroht. Andere Bedingungen aber können für sie tödlich sein.

Aufschlussreich sind Experimente, bei denen die Klimaerwärmung imitiert wird. Dies geschieht beispielsweise bei einem Waldexperiment namens SPRUCE im nördlichen Minnesota (USA). In einem acht Hektar großen, ein Torfmoor umgebenden Bestand der Schwarz-Fichte *(Picea mariana)* wurden etliche Plexiglas-Verkleidungen errichtet, in denen die Temperatur um 9 °C gegenüber der Umgebung erhöht und die Kohlendioxidkonzentration verdoppelt werden kann. Es sollen Bedingungen geschaffen werden, die zu Lebzeiten unserer Kinder bestehen werden. Und hier beobachten Abigail Meyer, Daniel Stanton und weitere Teammitglieder von der University of Minnesota, was mit der Flechte *Evernia mesomorpha* (Mittlere Pflaumenflechte) geschieht.

WÄRMERE TEMPERATUREN INDUZIEREN LAGERBLEICHE

Meyer und ihr Team fanden heraus, dass der CO_2-Gehalt kaum Auswirkungen auf zwei wichtige Stoffwechselvorgänge der Flechten hat, nämlich Fotosynthese und Freisetzung von Kohlenstoff. Steigende Temperaturen aber wirken tödlich. Schon ein Anstieg um mehr als 2 °C, der bei der derzeitigen Erwärmung Mitte des 21. Jahrhunderts weltweit zu erwarten ist, lässt den Algen-Symbionten absterben; mit etwas Verzögerung nimmt auch der Pilz erheblichen Schaden. Die Folge ist eine Lagerbleiche: Die Lager verlieren ihre natürliche Farbe und werden immer weißer. Am Ende sterben sie ab und fallen zu Boden.

Es ist unklar, was die Algen sterben lässt, aber Meyer und Stanton haben eine Hypothese. Auch Menschen spüren, wie sich ihr Stoffwechsel bei derselben Temperatur je nach Luftfeuchtigkeit verändert («schwüles» Wetter etwa empfinden wir als unangenehm). Auch Fotosynthese treibende Organismen reagieren auf den Wassergehalt der Luft, und warme Luft kann mehr Wasser aufnehmen. Somit entzieht sie Flechten schneller Wasser als kalte Luft, und dieses schnellere Austrocknen bedeutet weniger Zeit für Fotosynthese. Wie bereits beschrieben, können Flechten Austrocknung an

↑→ Das SPRUCE-Experiment in einem Wald im nördlichen Minnesota ermöglicht es, die Wirkung der Klimaerwärmung auf Flechten und andere Organismen zu erforschen.

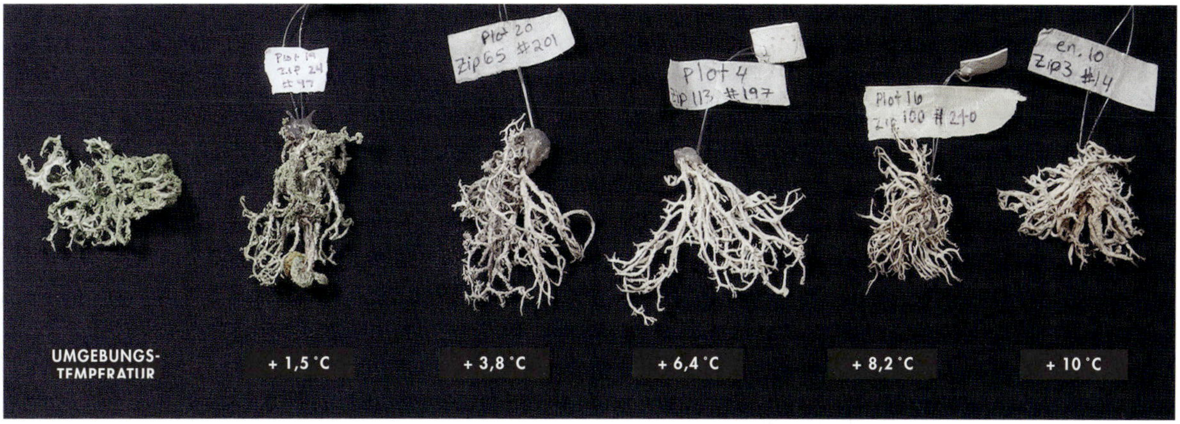

←↑ Flechtenbleiche bei experimentell erhöhten Temperaturen im SPRUCE-Versuchsgelände im Norden von Minnesota. Forschungsobjekt ist *Evernia mesomorpha* (Mittlere Pflaumenflechte). Links eine gesunde Flechte im natürlichen Lebensraum.

sich überstehen, aber ihre «Essenszeit» im täglichen Zyklus von Trockenheit und Feuchte (siehe S. 76) wird immer kürzer.

Dieser Austrocknungseffekt wird noch durch eine weitere Auswirkung der Temperatur verstärkt. Die Respirationsrate (Abgabe von Kohlenstoff) nimmt zwar mit der Temperatur zu, aber die Fotosynthese geht nach einem Maximum (oft zwischen 15 und 25 °C) wieder zurück. Somit verbraucht der Stoffwechsel mehr Ressourcen, aber die Aufnahme von Kohlenstoff und die Zeit, die zu seiner Verarbeitung bleibt, gehen zurück. Das wirkt sich fatal auf die Menge an Kohlendioxid aus, die täglich in Zuckeralkohole umgewandelt werden kann.

LERNEN VON KORALLENRIFFS?

Was Meyer und ihr Team in Minnesota dokumentierten, erinnert an die Korallenbleiche, die durch die Erwärmung der Weltmeere in den letzten 20 Jahren immer häufiger auftritt. Auch sie wird durch den Tod eines Fotosynthese treibenden Symbionten (Zooflagellaten, die häufig auch «Algen» genannt werden) ausgelöst. Dem Korallentier bleibt nur begrenzt Zeit, um neue Symbionten aufzunehmen und sich zu erholen, bevor es ebenfalls stirbt. Forscherinnen und Forscher suchen nach Möglichkeiten, Korallen mit neuen, wärmetoleranteren Algen zu versorgen und so am Leben zu halten.

Bislang wissen wir zu wenig über die Flechtenbleiche, um zu sagen, ob Erfahrungen mit Korallenriffs hier weiterhelfen. Wie das Team aus Minnesota entdeckte, zeigten Flechten zu Beginn der Bleiche, also vor dem Absterben, eine größere genetische Vielfalt der Algen als gesunde Flechten; die notleidende Flechte beherbergte somit nach dem Zusammenbruch der Symbiose mehr unterschiedliche Algen.

Welche Umweltbedingungen auch immer zum Rückgang führen, die Wissenschaft ist sich darin einig, dass Flechten auf die Klimaerwärmung reagieren werden. Arten, die sich rasch genug ausbreiten können, werden in höhere Breiten oder größere Höhen wandern. Andere könnten ganz verschwinden, wenn ihnen kein Lebensraum bleibt. Aber wer wird das bemerken? Wir müssen die Entwicklung noch viel genauer beobachten und brauchen viele Beobachter, die Jahr um Jahr an immer denselben Bäumen oder Felsen die tatsächlichen Veränderungen im Artenspektrum ermitteln. Dies ist ein aussichtsreiches Gebiet für die Zusammenarbeit von Lichenologie und Citizen Science.

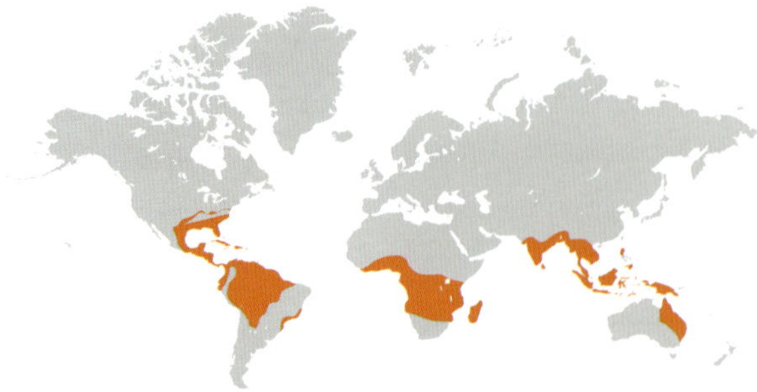

HAEMATOMMA ACCOLENS

Gewöhnliches Blutauge

Knallbunter UV-Schutz

WISSENSCHAFTLICHER NAME	*Haematomma accolens* (Stirt.) Hillmann
STAMM, FAMILIE	Ascomycota, Haematommataceae
WUCHSFORM	Kleine Krustenflechte mit scheibenförmigen Apothecien
ARTEN IN DER GATTUNG	50
LEBENSRAUM	Baumrinde und Zaunpfähle in tropischen bis subtropischen Wäldern
BESONDERHEITEN	Apothecienform (rote Scheiben mit weißem Rand) ist unverkennbar.

Flechten der Gattung *Haematomma* heißen nicht umsonst im Englischen *bloodspot lichens,* «Blutfleckenflechten»: Ihre knallroten Fruchtkörper sind schon von Weitem erkennbar, weshalb die Flechten auch oft gesammelt und fotografiert werden. Die genaue Funktion des Farbstoffs ist nicht bekannt, vermutlich aber schützt er das Hymenium darunter, in dem die Ascosporen gebildet werden, denn rote Pigmente absorbieren schädliche UV-Strahlen.

Die Gattung ist einzigartig unter den Flechten und unverwechselbar, denn nur sie hat ein krustiges, weißes Lager und Fruchtkörper (Apothecien), die eine rote Scheibe mit weißem Rand bilden. Die langen, fast fadenförmigen Ascosporen mit zahlreichen Septen sind ebenfalls typisch.

Die Artunterscheidung ist da schon komplizierter und gelingt nur anhand kleinster Unterschiede in der Zusammensetzung sekundärer chemischer Substanzen, wozu es ausgefeilte Methoden wie die Chromatografie braucht. Eine kleine Menge fein zermahlener Flechten wird mit Aceton versetzt, was die Substanzen herauslöst. Der Extrakt wird auf eine mit feinstem Kieselgur überzogene Glasplatte getüpfelt. Wird die Platte in einen Behälter mit einem organischen Lösungsmittel gesetzt, wandern die Substanzen an ihr nach oben; wie schnell sie in einem bestimmten Zeitraum wandern, hängt davon ab, wie hydrophil oder hydrophob (wasserliebend oder wasserabweisend) sie sind. Ihre Endposition und die Eigenschaften, die sie dort zeigen (etwa die Farbe), dienen dann der Identifizierung der Stoffe.

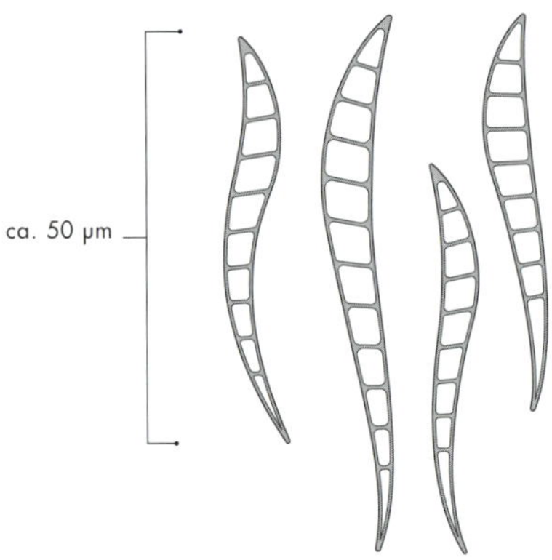

Mittel zur Ausbreitung

Haematomma accolens pflanzt sich durch charakteristische Sporen (Ascosporen) fort, die in den hellroten Fruchtkörpern (Apothecien) gebildet werden. Jede Spore besteht aus mehreren in einem Strang angeordneten Zellen.

→ Lager von *Haematomma accolens,* aufgenommen in einem tropischen Regenwald im Südosten Brasiliens. Nach Regen saugt sich die Flechte voll Wasser und ist dann bereit zur Fotosynthese.

STELLARANGIA ELEGANTISSIMA

Elegante Sonnenflechte

Fraktalmuster unter der Wüstensonne

WISSENSCHAFTLICHER NAME	*Stellarangia elegantissima* (Nyl.) Frödén et al.
STAMM, FAMILIE	Ascomycota, Teloschistaceae
WUCHSFORM	Krustenflechte mit dicht aneinanderliegenden, strahlenförmigen Lappen
ARTEN IN DER GATTUNG	4
LEBENSRAUM	Küstenwüsten im südlichen Afrika (Namib)
BESONDERHEITEN	Die Lappen heben sich manchmal vom Substrat ab und wachsen aufrecht.

In einer Wüste würde man Flechten nicht unbedingt vermuten, und doch leben in Küstenwüsten in Südamerika, dem südlichen Afrika und Westaustralien einige der spektakulärsten Flechtengesellschaften unseres Planeten. Typisch sind farbenfrohe Vertreter der Teloschistaceae. Die Gattung *Stellarangia* ist die wohl auffälligste unter ihnen und verwandelt Kieselsteine in kleine Juwelen.

Die Entwicklung einer ähnlichen äußeren Gestalt unter extremem Selektionsdruck ist ein evolutionäres Phänomen, das nicht nur bei Flechten zu finden ist. Bei ihnen ist es jedoch besonders augenfällig, insbesondere innerhalb der Familie Teloschistaceae. Mehr als ein Dutzend Gattungen dieser Familie, die oft nur entfernt miteinander verwandt sind, sehen fast exakt so aus wie die hier abgebildete Art, wenn auch nur wenige so spektakulär daherkommen.

Früher fasste man diese alle in einer Gattung zusammen, *Caloplaca;* diese umfasste alle Krustenflechtenarten der Familie. Abgesehen von der krustigen Wuchsform zeigen *Caloplaca*-Arten jedoch große äußerliche Unterschiede, weshalb die Gattung schon lange als künstlich konstruiert galt. DNA-Sequenzierungen bestätigten, dass *Caloplaca* keine konsistente Einheit bildet und äußerlich ähnliche Flechten nicht unbedingt auch nahe verwandt sind. Besonders trifft dies auf plakodioide Flechten zu, also Krustenflechten, die in Rosettenform wachsen. Eine davon, *Stellarangia,* ist in Küstenflechten des südlichen Afrika zu Hause. Die ähnliche, verwandte Gattung *Follmannia* kommt in der südamerikanischen Atacama-Wüste vor.

→ Die spektakuläre *Stellarangia elegantissima* ziert Felsen und Steine in Namibia.

DERMATISCUM THUNBERGII

Afrikanische Goldnabelflechte

Überzug auf Felskliffen im südlichen Afrika

WISSENSCHAFTLICHER NAME	*Dermatiscum thunbergii* (Ach.) Nyl.
STAMM, FAMILIE	Ascomycota, Caliciaceae
WUCHSFORM	Große umbilicate Blattflechte mit kanariengelber Ober- und schwarzbrauner Unterseite
ARTEN IN DER GATTUNG	3
LEBENSRAUM	Auf blankem Gestein
BESONDERHEITEN	Eine der wenigen Nabelflechten in dieser Familie

Eine besonders leicht zu erkennende Wuchsform ist die der Nabelflechten, bei denen das Lager wie ein Napf geformt ist und nur an einem Punkt in der Mitte dem Substrat aufsitzt, der eben an einen Nabel erinnert. Diese «umbilicate» Wuchsform hat sich mehrfach unabhängig voneinander entwickelt, fast immer auf Gestein.

Große, senkrecht aufragende Felsenkliffe bilden spezielle Lebensräume für vielerlei Flechtenarten. Warum sich auf großen Kliffen andere Arten finden als auf kleinen, ist nicht ganz nachvollziehbar, aber manche Arten sind eindeutig auf diesen Lebensraum spezialisiert. Vielleicht benötigen sie ein bestimmtes Feuchtigkeitsregime, das eine konstante Belüftung garantiert. Oder sie brauchen die massiven thermischen Aufwinde an großen vertikalen Kliffs für ihre Ausbreitung.

Ein solcher Spezialist ist die südafrikanische Flechte *Dermatiscum thunbergii*. Ihre Oberfläche ist reich an Rhizocarpsäure, einem Sekundärstoff, der auch die Landkartenflechte gelb färbt (siehe S. 82). *Dermatiscum thunbergii* überzieht ganze Kliffe mit Farbe. Sowohl ihre chemischen Eigenschaften als auch ihre Wuchsform sind sehr ungewöhnlich für die Gruppe der Flechtenpilze, der sie angehört, den Caliciaceae. Diese umfasst hauptsächlich Krusten- und Stecknadelflechten, während Nabelflechten meist Pilzpartner aus der Familie mit dem passenden Namen Umbilicariaceae (lat. *umbilicus,* Nabel) haben.

→ *Dermatiscum thunbergii* kann Felskliffe wie dieses so massiv bedecken, dass sie aus kilometerweiter Entfernung gesehen und auch bestimmt werden kann.

RUSAVSKIA ELEGANS

Zierliche Sonnenstrahlflechte

Modellorganismus der Astrobiologie

WISSENSCHAFTLICHER NAME	*Rusavskia elegans* (Link) S. Y. Kondr. & Kärnefeldt
STAMM, FAMILIE	Ascomycota, Teloschistaceae
WUCHSFORM	Blattflechte mit strahlenförmig angeordneten Lappen
ARTEN IN DER GATTUNG	18
LEBENSRAUM	Auf stark basischem Gestein wie Kalkstein und auf Beton
BESONDERHEITEN	Überlebte einen Flug ins All ohne Raumanzug.

Flechten in sonnenexponierten Lebensräumen sind wegen ihrer vor Sonne schützenden Pigmente oft leuchtend gefärbt, und die Zierliche Sonnenstrahlflechte bildet da keine Ausnahme. Sie wird am häufigsten von Wanderern in den Alpen und Rocky Mountains auf zerklüftetem Kalkstein fotografiert, kommt aber von der Arktis bis in die Antarktis in geeigneten Habitaten vor.

Vor Sonnenstrahlen schützende Pigmente gibt es in verschiedenen Farben, etwa Hellgelb, aber auch in Farben, die außerhalb des für uns sichtbaren Spektrums liegen. Zahlreiche Flechten, darunter auch *Rusavskia elegans,* zeigen Orange in verschiedenen Schattierungen. Dahinter stecken oft Antrachinone, in der Natur weit verbreitete Farbstoffe, die vielfach in der Industrie eingesetzt werden. Sie kommen beispielsweise auch in Rhabarberwurzel und Aloe vor.

Ihr typischer orangefarbener «Sonnenschirm» bewirkte, dass *Rusavskia elegans* 2008 als ein Modellorganismus für das Expose-E-Forschungsprojekt auf der Internationalen Raumstation ISS ausgewählt wurde (siehe S. 88). Stückchen lebender Exemplare dieser und anderer Arten flogen mit dem Space Shuttle Atlantis ins All und kehrten mit der Discovery wieder zur Erde zurück. *R. elegans* zählte zu den «am besten Überlebenden». Wie vielen Flechten verleiht ihre Fähigkeit, geschützt durch kristalline Sekundärstoffe inaktiv auf bessere Zeiten zu warten, ihr geradezu überirdische Fähigkeiten.

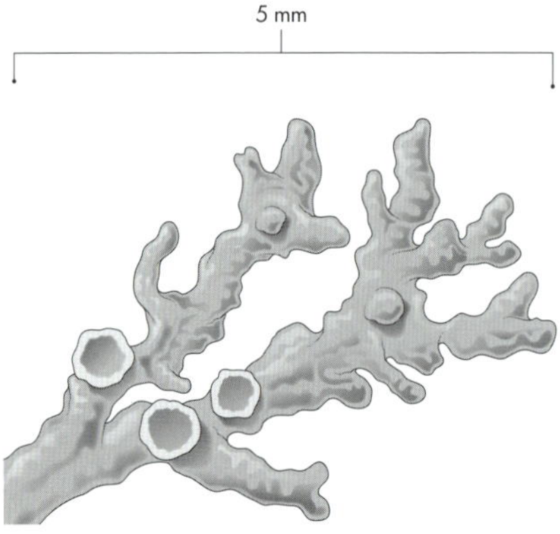

Unter der Lupe

Vergrößertes Detail der Lappen von *Rusavskia elegans* mit Apothecien

→ *Rusavskia elegans* mit typisch strahlenförmiger Wuchsform, hier auf einer Kanalmauer mitten in Berlin. Das Lager teilt sich in wie Strahlen angeordnete Lappen; die Fruchtkörper (Apothecien) bilden die älteren, zentralen Lageranteile.

HYPOGYMNIA PHYSODES

Gewöhnliche Blasenflechte

Nicht nachtragend

WISSENSCHAFTLICHER NAME	*Hypogymnia physodes* (L.) Nyl.
STAMM, FAMILIE	Ascomycota, Parmeliaceae
WUCHSFORM	Blattflechte mit hohlen Lappen und offenen, haubenartigen Lappenenden
ARTEN IN DER GATTUNG	ca. 90
LEBENSRAUM	An Bäumen, Sträuchern und Zaunpfählen, gelegentlich an vertikalen Felsen
BESONDERHEITEN	Extrem verbreitete und anpassungsfähige Flechte, Vorkommen in der gesamten nördlichen Hemisphäre

Die Blasenflechte verdankt ihren Namen den hohlen, scheinbar aufgeblasenen Lappen, die sich an den Enden anheben. Dort sitzen die Soredien.

Die Gewöhnliche Blasenflechte ist eine der häufigsten Flechten an Bäumen der nördlichen Hemisphäre. Sie ist Teil einer größeren Gruppe von Flechten, an denen Pilze der Familie Parmeliaceae beteiligt sind. Diese Gruppe umfasst viele der bekannten breitlappigen Blattflechten mit unterschiedlich gefärbter Ober- und Unterseite. Die meisten Flechten findet man, ob nun auf Gestein oder an Bäumen, an nährstoffarmen Orten. Historisch gesehen waren das viele – die meisten Naturwälder sind eher nährstoffarm, da verfügbarer Stickstoff und Phosphor größtenteils von den Bäumen beansprucht werden.

Als Wälder im großen Stil gefällt wurden, um Ackerland zu gewinnen (etwa im Osten Chinas, in Europa und dem Mittleren Westen der USA), entstand ein Flickenteppich aus Waldgebieten, die von stark gedüngten Feldern umgeben waren. Das bewirkte einen starken Rückgang der Parmeliaceae-Flechten.

Hypogymnia physodes gilt als empfindlich gegen starke Luftverschmutzung, doch wenn sich die Bedingungen verbessern, ist sie eine der ersten Arten, die zurückkehren. Der Grund dafür ist unbekannt, doch könnte der Fotobiont dahinterstecken. Die Gewöhnliche Blasenflechte ist eine Symbiose des Pilzes *Hypogymnia physodes* und der eher ungewöhnlichen Alge *Trebouxia suecica*.

→ Die Gewöhnliche Blasenflechte *(Hypogymnia physodes)* mag leicht saures Substrat, ist aber dennoch empfindlich gegen Luftverschmutzung.

FLECHTEN-ARCHITEKTUR

Pilze im Dienst der Fotosynthese

Flechten sind die einzigen Pilzsymbiosen, in denen sich die Form im Zusammenhang mit Fotosynthese entwickelt hat. Keiner der Symbiosepartner vermag diese Form alleine hervorzubringen; die Architektur einer jeden Flechte kommt nur dann zustande, wenn der Pilz mit seinem Fotosynthesepartner zusammen ist. Wir beginnen erst allmählich zu verstehen, weshalb es genau die Formen gibt, die wir heute sehen, doch höchstwahrscheinlich stellt jede dreidimensionale Flechtenstruktur einen optimalen Kompromiss zwischen der besten Lichtausbeute einerseits und optimaler Lagerdurchlüftung andererseits dar.

SCHÖNHEIT DER NATUR

Zu Beginn des 20. Jahrhunderts veröffentlichte der Naturforscher und Künstler Ernst Haeckel eine Zusammenstellung von Lithografien mit dem Titel *Kunstformen der Natur.* Von den insgesamt 100 Drucken, die Organismen vom Einzeller über Blütenpflanzen bis hin zu Wirbeltieren zeigten, widmete sich eine Tafel, Tafel 83, den Flechten. Haeckel beschrieb sie als «eine der merkwürdigsten Klassen des Pflanzenreichs». Er wusste um ihre symbiotische Natur und hob hervor, dass äußere Gestalt wie innerer Aufbau gleichermaßen auf einem innigen Konsortium von Algenzellen und Pilzfäden beruhen, das unter allen bekannten Lebensformen einzigartig ist. Besonders faszinierten ihn die *Cladonia*-Flechten und ihre Verwandtschaft. Die *Cladonia*-Wuchsform ist immer noch eine der bekanntesten Flechten-Architekturen, mit ihrem schuppigen Basallager und den aufrecht stehenden, oft trompetenförmigen Podetien.

Bis heute werden Haeckels Lithografien als Poster reproduziert und schmücken Schlafzimmerwände ebenso wie die virtuellen Räume von Social Media. Was viele nicht wissen, die von Haeckel dargestellte Schönheit stand in scharfem Kontrast zu seinen Ansichten bezüglich Rassenlehre und Eugenik. Kann man die Kunst wirklich vom Künstler getrennt betrachten?

→ Haeckels Flechtentafel aus dem Jahr 1904 zeigt die Echte Lungenflechte *(Lobaria pulmonaria)* in der Mitte, umgeben von verschiedenen *Cladonia*-Arten, *Pulchrocladia retipora* (oben Mitte) sowie stark stilisierten Lagern von *Anaptychia* (unten rechts), *Flavoparmelia* (unten links), *Melanohalea* (oben rechts) und *Physcia* (oben links). Für Äquivalentes aus dem 21. Jh. bitte umblättern.

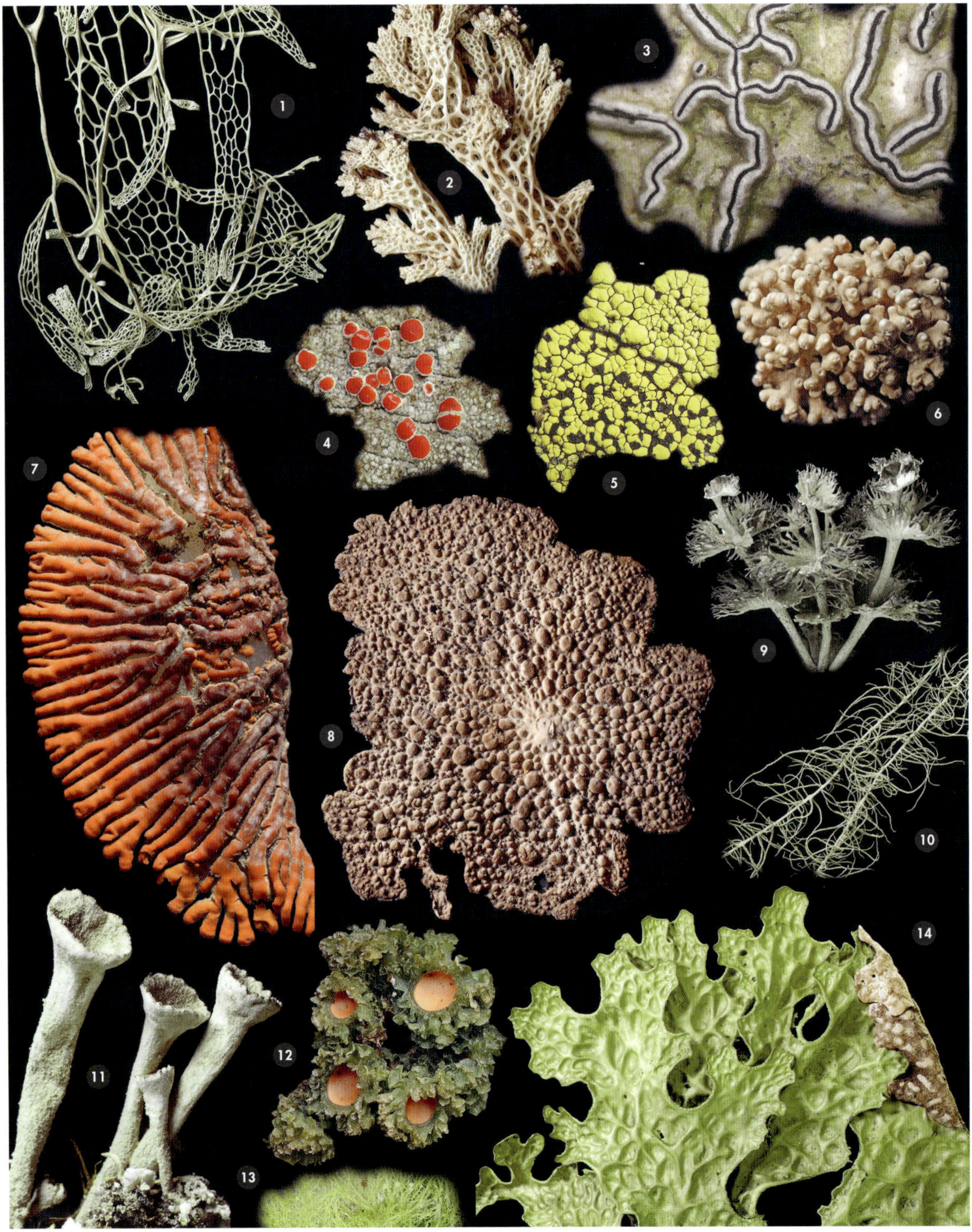
1
2
3
4
5
6
7
8
9
10
11
12
13
14

WUCHSFORM GESTEUERT DURCH SYMBIOSE

Bei den meisten Flechten besteht der «Körper» oder das Lager vor allem aus dem Pilzpartner, er bildet sozusagen das Grundgerüst für die Gesamtarchitektur. Algen oder Cyanobakterien befinden sich in einer Schicht im Inneren. Ausnahmen stellen fadenförmige oder gallertige Flechten dar, bei denen die Form des Lagers offenbar vom fotosynthetisierenden Partner bestimmt wird.

Die vielzelligen Strukturen, die die Flechtensymbionten herstellen, sind nicht mit denen von Tieren zu vergleichen. Sie füllen den Raum nicht über Zellteilungen, vielmehr lagern sich die einzelnen Pilzhyphen zu einem Geflecht zusammen, etwa vergleichbar einem Gartenstuhl aus Rattan. Wie bei einem solchen Gartenstuhl hängt die spezifische Form davon ab, wie und in welchen Winkeln die fadenförmigen Pilzhyphen aneinanderhaften. Doch der Pilz tut das nie ohne einen Fotosynthesepartner, und ohne einen solchen Partner wurde auch noch nie eine sexuelle Vermehrung von Flechtenpilzen beobachtet.

Wie Algen oder Cyanobakterien bei einem Pilz diese Form der Selbstorganisation durch Verkleben von Zellen auslösen, ist immer noch weitgehend unverstanden. Möglicherweise verhilft der fotosynthetisierende Partner dem Pilz zu einem besseren Reproduktionserfolg, und das umso mehr, je besser es als Team klappt. Vielleicht ist das der Schlüssel zu einem uralten Kreislauf der natürlichen Selektion, der uns die heutige Flechtenvielfalt beschert hat.

↑ Diese Landkartenflechte *(Rhizocarpon geographicum)* wächst auf einem Stück Glas und gewährt so einen einzigartigen Blick auf die Architektur dieser Flechte.

← Ein Versuch, Haeckels Idee (s. S. 111) mithilfe von Fotografien ins 21. Jh. zu übertragen. Die moderne Tafel zeigt die wichtigsten Wuchstypen von Flechten, z. B. Krustenflechten (3, 4, 5, 7), Blattflechten (14), Nabelflechten (8), Gallertflechten (12), Strauch- und Bartflechten (1, 2, 6, 9, 10), zweigestaltige Flechten mit trompetenförmigen Podetien (11) und Fadenflechten (13).

EIN SPIEGEL DER PFLANZENMORPHOLOGIE?

Die meisten Pflanzen folgen einem einfachen Grundbauplan: Wurzel, Stängel, Blätter. Flechten dagegen haben keinen einheitlichen Bauplan und nehmen eine Vielzahl unterschiedlicher Wuchsformen an.
Die grundsätzliche Wuchsform einer Flechte lässt sich anhand einiger weniger einfacher Fragen ermitteln:

- Ist der Wuchs zwei- oder dreidimensional?
- Ist die Flechte (fest oder lose) auf einer Oberfläche befestigt, oder hat sie nur einen einzigen Anhaftungspunkt?
- Ragen vertikale Strukturen von einem horizontalen Lager, das unterschiedlich gestaltet sein kann, nach oben?
- Ist der Pilz das dominante Element oder wird die Wuchsform vom Fotobionten bestimmt?
- Quillt die Flechte, wenn sie befeuchtet wird?

Strauchartig
Keine Ober- und Unterseite zu erkennen, kann buschig, bart- oder haarähnlich sein *(Ramalina)*

Blattartig
Wie ein Laubblatt, mit klar erkennbarer Ober- und Unterseite *(Coccocarpia)*

Krustenartig
So eng mit dem Substrat verbunden, dass die Flechte nicht entfernt werden kann, ohne sie zu zerstören *(Graphis)*

Gallertartig
Blattartig, nur dass die Flechte bei Feuchtigkeit anschwillt und gallertig aussieht *(Enchylium)*

Schuppig

Blattartig, aber aus kleinen, nicht zusammenhängenden Schuppen bestehend *(Flakea)*

Umbilicat

Blattartig, aber mit nur einem zentralen Anhaftungspunkt, dem Nabel *(Umbilicaria)*

Fadenartig

Strauchartig, doch die Form wird von Fäden aus Grünalgen oder Cyanobakterien bestimmt *(Dictyonema, Coenogonium)*

Zweigestaltig

Vertikale Strukturen (Podetien) erheben sich über ein krustiges oder schuppiges Basal- oder Horizontallager *(Dibaeis)*

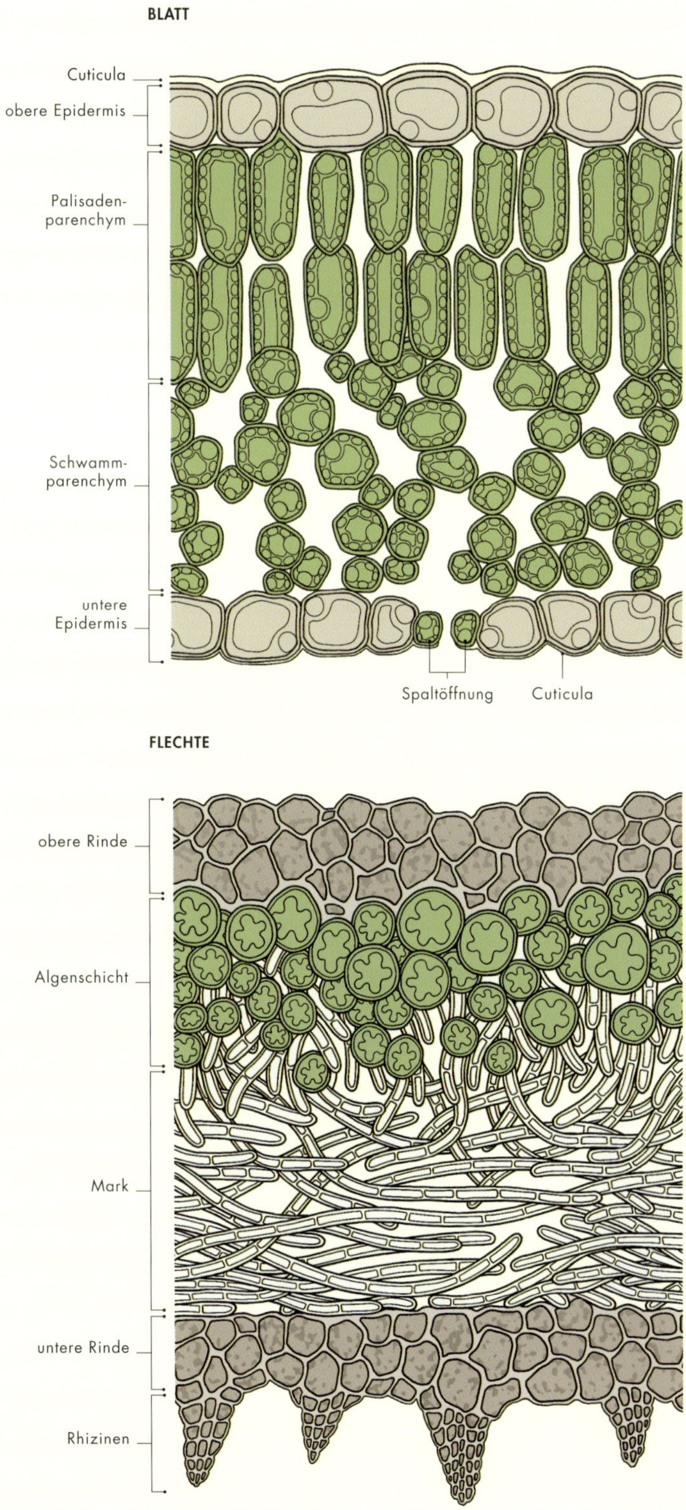

Flechten und Pflanzen weisen unabhängig voneinander bemerkenswert ähnliche Lösungen für schwierige Umweltbedingungen auf (Konvergenz), etwa die Optimierung der Fotosynthese. Ein Schnitt durch eine in Schichten aufgebaute Flechte ähnelt einem Schnitt durch ein Blatt, obwohl es in einigen Details auch beträchtliche Unterschiede gibt. Sonst gingen Flechten und Pflanzen in vielerlei Hinsicht unterschiedliche Wege. Flechten nehmen Wasser und Nährstoffe normalerweise über ihre gesamte Oberfläche auf, während Gefäßpflanzen (Tracheophyten), darunter Samenpflanzen, Farne und farnähnliche Pflanzen, Wurzeln und spezialisierte Gefäße für den Wassertransport nutzen (obwohl über die Blattoberflächen ebenfalls in gewissem Umfang Wasser und Nährstoffe aufgenommen und abgegeben werden können). Außerdem sind Flechten tolerant gegenüber Austrocknung auf Zellebene. Das können nur wenige Gefäßpflanzen, zum Beispiel die sogenannten Auferstehungspflanzen aus der Gattung *Selaginella* (Moosfarne), die in vielen Wüstenregionen vorkommen.

Umgekehrt haben auch manche Pflanzen im Zuge ihrer Evolution an spezielle Lebensbereiche dreidimensionale Wuchsformen entwickelt, die denen von Flechten bemerkenswert ähnlich sind. Bromelien der Gattung *Tillandsia* etwa, zu deren Verwandten auch die Ananas zählt, sehen aus wie Bartflechten und nehmen Wasser und Nährstoffe über die Blattoberfläche auf, und zwar mithilfe spezieller, als Saugschuppen bezeichneter Haare. Diese «luftlebenden» Bromelien konkurrieren mit Flechten an Stellen, an denen andere Pflanzen Probleme hätten zu wachsen: auf Ästen und sogar auf Telefon-

↖← **Funktionelle Konvergenz?**

Schnitt durch ein Blatt im Vergleich zu einem Schnitt durch ein in Schichten aufgebautes Flechtenlager

← Pflanze oder Flechte? «Spanisches Moos» *(Tillandsia usneoides)* – kein Moos, sondern eine Blütenpflanze (links) – wird oft fälschlicherweise für eine Bartflechte der Gattungen *Usnea* oder *Ramalina* gehalten (unten).

↓ Diese *Ramalina anceps* wurde auf den Galapagosinseln fotografiert.

drähten. Oft findet man sie Seite an Seite mit Strauch- oder Bartflechten wie *Ramalina* oder *Usnea*.

Zu den beeindruckendsten Beispielen für eine Pflanzen-Flechten-Konvergenz gehört *Tillandsia usneoides* (übersetzt: die «Usnea-ähnliche Tillandsie»), die im ganzen Südosten der USA vorkommt und dort als «Spanish Moss», also «Spanisches Moos», bezeichnet wird (siehe Fotos gegenüber).

HOMOLOGIEN MIT PILZEN?

Die Ähnlichkeiten zwischen Flechten und Pflanzen beruhen auf Analogien, das heißt, sie verdanken die ähnlich aussehenden Strukturen nicht einem gemeinsamen Vorfahren. Beim Vergleich von Flechten und anderen Pilzen dagegen beruhen die Ähnlichkeiten auf Homo-

↑ Ähnliche Hyphen, unterschiedliches Ergebnis. Bei Großpilzen bildet der vegetative Körper, das Myzel, ein Netz aus Pilzfäden (Hyphen) und lebt im oder auf dem Substrat.

↗ Bei Flechten hingegen – hier die beeindruckende, in Brasilien heimische *Cladonia imperialis* – ist das gesamte Myzel am Aufbau einer komplexen, oberirdischen Lager-Architektur beteiligt.

logien. Der größte Teil der Biomasse von Flechten sind miteinander verwobene Pilzhyphen, die gleiche Art mikroskopisch kleiner Zellfäden, aus denen auch die Groß- und die Schimmelpilze bestehen. Bei nicht lichenisierten Pilzen – Großpilzen, Porlingen und Becherlingen – dienen die komplex aufgebauten Strukturen der Reproduktion. Doch wie genau Flechten zu ihrer komplexen Architektur kommen, ist immer noch nicht wirklich verstanden, weshalb dieses Phänomen manchmal als der «Heilige Gral der Pflanzen-Mikroben-Interaktion» bezeichnet wird.

Bei Großpilzen werden Gene, die mit der sexuellen Fortpflanzung zu tun haben, in den frühen Stadien der Fruchtkörperbildung hochgeregelt. Einer Theorie zufolge leitet sich das Flechtenlager ebenfalls von modifizierten Fruchtkörpern her. In den 1960er-Jahren wies die französische Flechtenforscherin Marie-Agnès Letrouit-Galinou die auffallende Ähnlichkeit zwischen den gebündelten Pilzhyphen in *Cladonia*-Podetien und den gebündelten Hyphen in nicht lichenisierten Pilzen wie *Heyderia* nach, die ihre Sporen am oberen Ende von kleinen Keulchen bilden. Erst vor Kurzem wurde entdeckt, dass manche Pilze aus der Keulchenverwandtschaft wie die Erdzunge *(Geoglossum)* und manche Flechtenpilze einen gemeinsamen Vorfahren haben und die Aufspaltung der Linien noch nicht allzu lange zurückliegt. Die Ergebnisse weiterer Studien werden sehnsüchtig erwartet.

Von der Selektion geformt

Evolution durch natürliche Selektion ist ein Prozess, der nie zu Ende kommt. Für jeden Organismus, den wir heute sehen, gilt: Er ist das Ergebnis, nachdem sich alle anderen Versuche als weniger fit, weniger erfolgreich dabei herausgestellt haben, ihre Gene an die nächste Generation weiterzugeben. Mit Blick auf Flechten bedeutet das, wenn wir heute eine Abstammungslinie von Blattflechten betrachten, dann sind diese Flechten blattartig, weil jeder ihrer Vorgänger, der eine andere Form annahm – vielleicht eine als Krustenflechte –, in den Lebensräumen, in denen diese Linie vorkommt, weniger erfolgreich war und am Ende schließlich aus dem Genpool verschwand. Wie funktioniert das?

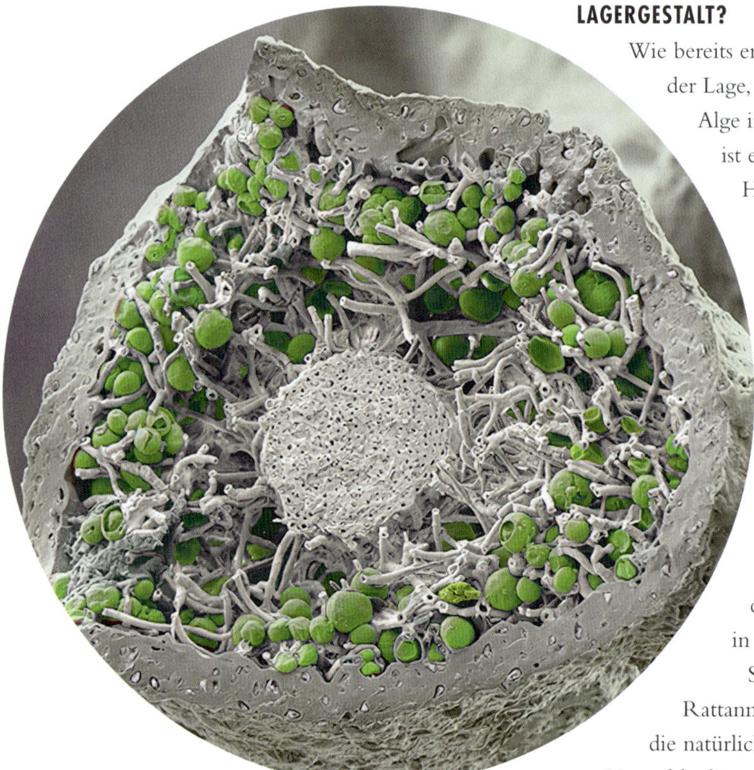

WELCHE SELEKTIONSFAKTOREN BEEINFLUSSEN DIE LAGERGESTALT?

Wie bereits erwähnt, sind Flechtenpilze alleine nicht in der Lage, Flechten zu bilden, doch wenn Pilz und Alge interagieren und eine Flechte entsteht, dann ist es der Pilz, der durch die Anordnung seiner Hyphen das Grundgerüst stellt. Nehmen wir noch einmal die Analogie vom Gartenstuhl, in der das Geflecht des Möbelstücks (sei es nun aus Rattan oder Weide) von verwobenen Pilzfäden gebildet wird. Doch das Pilzgeflecht ist lebendig und nimmt wie von Zauberhand Gestalt an, sobald es merkt, dass Algen- oder Cyanobakterienzellen da sind, die wie Tennisbälle in dem Möbelstück liegen. Außerdem, auch das war schon angesprochen, kann sich der Pilz nur dann sexuell fortpflanzen, wenn diese Mitbewohner vorhanden, lebendig und in guter Verfassung sind.

Stellen Sie sich eine große Population solcher Rattanmöbel bildender Pilze vor. Jetzt bringen wir die natürliche Selektion ins Spiel: Unter bestimmten Umweltbedingungen, zum Beispiel auf einem Ast an einem

Baum im tropischen Regenwald, werden sich nur die Pilzindividuen fortpflanzen können, die ein Möbel produzieren, in dem sich Algen wohlfühlen. Wer das nicht ordentlich hinbekommt, wird weniger Nachwuchs haben.

Gleich wie die ideale Gestalt aussieht, die Pilzindividuen, denen es gelingt, sie anzunehmen, werden einen Fitnessvorteil haben. Diejenigen, die eine leicht davon abweichende Form annehmen, werden Fitnesskosten zu tragen haben, weniger Nachwuchs produzieren und am Ende von der natürlichen Selektion ausgeschieden werden. Was wir heute sehen, ist das Lager, das diese Herausforderung am besten gemeistert hat.

Wie sehen Fitnesskosten aus, die bei der Gestaltung von Flechtenlagern eine Rolle spielen? Ein relativ gut untersuchtes Beispiel ist die Empfindlichkeit gegenüber Wassersättigung. Wir wissen, dass die meisten Flechten mit Trockenheit zurechtkommen, doch wenn sie wasserdurchtränkt sind, sieht die Sache ganz anders aus. Genauer gesagt, sind die meisten Flechten im nassen Zustand viel empfindlicher gegenüber Hitze als im trockenen. Darum vermuten Evolutionsbiologen, dass es in einer Umgebung mit hoher Luftfeuchtigkeit teuer kommt, wenn jemand nicht in der Lage ist, das Wasser loszuwerden.

← In der Mitte von *Usnea perplexans* ist ein Strang aus dicht gepackten Pilzhyphen zu erkennen, die alle in die gleiche Richtung verlaufen, was ihm eine höhere Zugfestigkeit verleiht als der äußeren «Schale» des Lagers. Das Bild zeigt einen Querschnitt von *U. perplexans* in Falschfarben. Diese Flechte stammt aus Alberta, Kanada.

→ Die Lager von *Lecanora sphaerospora* (oben) und *Psora crystallifera* (unten), die in küstennahen Wüsten von Südafrika bzw. Westaustralien zu Hause sind, ähneln Quarzkristallen; ihr innerer Bau ist analog zu dem von «lebenden Steinen», Pflanzen der Gattung *Lithops*. Die Algen liegen dicht gepackt zwischen vertikalen Säulen aus Pilzhyphen und eingestreuten großen Kristallen aus Calciumoxalat. Diese Anordnung scheint den Lichteinfall zu optimieren, während die Verdunstung verringert wird.

SELEKTION HIN ZU OBERFLÄCHENVERGRÖSSERUNG

Die blattartige Wuchsform ermöglicht es Flechten, auf einfache Weise Luft an die Unterseite des Lagers zu bekommen und es von völlig durchnässten Dingen wie Rinde oder Moos fernzuhalten. Der kanadische Flechtenforscher Trevor Goward ist sogar der Auffassung, dass die Rhizinen, die wurzelähnlichen Anhänge, die auf der Unterseite zahlloser Blattflechten zu finden sind, nicht der Anhaftung dienen, wie meist behauptet wird, sondern Ergebnis einer Selektion auf «Stelzen» in einem miniaturen Überschwemmungsbereich sind – Abstandhalter, die dafür sorgen, dass das Lager immer auch von unten belüftet wird. Bislang wurden noch keine Daten erhoben, um diese Hypothese zu testen, aber sie passt zu einer ganzen Reihe von Anforderungen, die man nach der Evolutionstheorie erwarten würde. Massige Lager ohne ausreichende Belüftung würden sich sehr rasch mit Wasser vollsaugen. Bemerkenswerterweise zeichnen sich Flechten an sehr nassen Lebensräumen oft dadurch aus, dass sie ihre Oberfläche zu maximieren suchen, mit langen, dünnen Lagern, langen fransigen Fortsätzen oder Wimpern (Cilien) und sogar haarähnlichen Strukturen. In all diesen Fällen waren die Alternativen offenbar mit höheren Kosten behaftet.

Heißt das nun, dass alle Flechten mit einer vergrößerten Oberfläche diese Eigenschaft in der Evolution entwickelten, um Wasser loszuwerden? Nicht unbedingt. Die evolutionäre Kosten-Nutzen-Rechnung muss im Zusammenhang mit der Umgebung beurteilt werden, in der sie leben. Lagerformen mit maximierten Oberflächen sind auch in einigen der trockensten Lebensräume der Erde entstanden. In der Atacama-Wüste im Norden Chiles beispielsweise fällt manchmal jahrelang kein messbarer Niederschlag, und trotzdem gibt es dort häufig Flechten-

↗ Wasser aus Nebel und Wolken kondensiert als Tröpfchen auf den haarähnlichen Wimpern von *Leucodermia lutescens,* einer Flechte des Bergregenwalds (links). An stark verzweigten Strauchflechten wie *Cladia aggregata* lässt sich dasselbe Phänomen beobachten (rechts).

→ Blattflechten – hier *Sticta aongstroemii,* die im Südosten Brasiliens heimisch ist – können unter günstigen Bedingungen eine beeindruckende Größe erreichen, sodass sie sogar mit Pflanzen, wie etwa Farnen, zu konkurrieren vermögen. Ihre pflanzenähnliche Gestalt sorgt in dieser extrem feuchten Umgebung für eine wesentlich bessere Belüftung.

lager mit stark vergrößerter Oberfläche. Grund dafür ist hier vermutlich, dass die Selektion solche Lagerformen begünstigte, die in der Lage waren, Wasser aus dem vom nahen Ozean hereinwehenden Nebel aufzufangen, also quasi herauszufiltern. Wasser loszuwerden, war hier nicht das Problem, doch zu wenig davon kann ebenfalls Kosten verursachen.

WEITERE SELEKTIONSFAKTOREN

Die Kosten, die mit zu viel oder zu wenig Wasser einhergehen und wie sie möglicherweise die Ausformung der Oberfläche des Flechtenlagers beeinflusst haben, sind nur Beispiele für die äußeren Bedingungen, die die uns heute bekannten Flechtengestalten haben entstehen lassen. Andere Faktoren, wie etwa das Licht, hatten vermutlich ebenfalls Einfluss auf die Lagerformen und machten im Lauf der Evolution aus ihnen so etwas wie natürliche Sonnenkollektoren. Nährstoffknappheit in extrem nährstoffarmen Lebensräumen oder die Notwendigkeit, ein Zuviel an Nährstoffen loszuwerden, wie beispielsweise in Brutkolonien von Vögeln, stellen zweifellos weitere Selektionsfilter dar. Mit unserem Verständnis für die Evolution der Wuchsformen von Flechten stehen wir noch ganz am Anfang, und die Evolutionsbiologie der Flechten ist ein vielversprechendes Feld für weitere Forschungen.

→ Der Bauplan ist nur ein Aspekt, der von der natürlichen Selektion gestaltet wird. Farbe ist ein anderer, und Flechten sind unglaublich farbenprächtig. In lichtexponierten Lebensräumen statten Flechten ihr Lager oder ihre Fruchtkörper oft mit einer Pigmentschicht aus, die sie gegen die UV-Strahlung abschirmt. Bei der unverwechselbaren *Ramboldia russula* sind die Fruchtkörper leuchtend rot; dieses Bild wurde in North Carolina aufgenommen.

KONVERGENZ ZUM GLEICHEN ERSCHEINUNGSBILD

Derselbe Umweltstress, der als Selektionsfaktor auftritt, führt auch zu bestimmten Wuchsformen und ähnlichen Bauplänen bei Organismen, die zwar nicht näher miteinander verwandt sind, aber in der gleichen Umgebung vorkommen. Dieses Phänomen wird als Konvergenz bezeichnet. *Candelina mexicana* und *Wetmoreana variegata* sehen auffallend ähnlich aus. Beide wachsen auf exponiertem Fels, und beide besitzen gelbe bis orangefarbene Pigmente, die sie vor UV-Strahlung schützen, die aber chemisch verschieden sind. Die Aufspaltung der beiden Linien, die zu den Pilzpartnern dieser Flechten geführt haben, erfolgte bereits vor 300 Millionen Jahren.

Gallertflechten der Gattungen *Gabura* (hier *G. fascicularis*) und *Collema* (hier *C. curtisporum*) zeigen ebenfalls konvergente Evolution. Einige ihrer Vertreter sind seit 1780 als jeweils engste Verwandte klassifiziert, und erst vor Kurzem enthüllte ein DNA-Vergleich, dass sie zu völlig verschiedenen Abstammungslinien gehören.

↓ A: *Candelina mexicana*
B: *Wetmoreana variegata*
C: *Gabura fascicularis*
D: *Collema leptaleum*

KONVERGENZ UND DIVERGENZ

Die Ascomycetenflechte *Peltigera (P. canina)* und die Basidiomycetenflechte *Cora (C. paraciferrii)* entwickelten durch natürliche Selektion eine konvergente Architektur und Ökologie. Im Inneren offenbaren diese Flechten anatomische Unterschiede, die zeigen, dass sie ihre Ähnlichkeiten nicht einem gemeinsamen Vorfahren verdanken. Der gleiche evolutionäre Prozess führte innerhalb der Stammeslinien, zu denen diese Flechten gehören, in anderen Fällen zu Divergenz in Morphologie und Lebensweise. Eine Verwandte von *Peltigera, Porpidia flavocaerulescens,* sieht ganz anders aus. Die engsten, heute noch existierenden Verwandten der *Cora*-Linie dagegen sind die mit Moosen vergesellschafteten *Arrhenia*-Pilze (hier *A. chlorocyanea*) mit dem schönen deutschen Namen Adermooslinge.

↓ A: *Peltigera canina*
B: *Cora paraciferrii*
C: *Porpidia flavocaerulescens*
D: *Arrhenia chlorocyanea*

DIVERGENZ

Morphologische Divergenz findet sich oft in artenreichen Gruppen; sie entsteht gelegentlich nach evolutionären Neuerungen, die das Erschließen neuer Lebensräume ermöglichen. Als beispielhaft kann die beeindruckende Vielfalt der Fruchtkörper in der Familie Graphidaceae angesehen werden, deren Vertreter sich alle auf einen gemeinsamen Vorfahren zurückführen lassen, der vermutlich eine einfache Pore hatte, wie in Abbildung A.

→ A: *Myriotrema microporum;* B: *Phaeographis lobata;* C: *Stegobolus subwrightii;* D: *Gintarasia lamellifera;* E: *Stegobolus radians;* F: *Glyphis cicatricosa;* G: *Dyplolabia afzelii;* H: *Platygramme caesiopruinosa;* I: *Allographa chrysocarpa;* J: *Platythecium grammitis;* K: *Sarcographa heteroclita*

F

G

H

I

J

K

SPRUNGHAFTE VERÄNDERUNGEN DER GESTALT

Zur natürlichen Selektion gehört «sehr langsame Veränderung, auf die wir uns verlassen können», so ein sehr bekannter Gedanke Darwins. Tierische Baupläne sind unglaublich konservativ, gesteuert von einer das Schicksal der Zellen determinierenden Schaltzentrale, die bis in die Frühzeit der Evolution zurückreicht. Nichtsdestoweniger gibt es Flechten, bei denen sich die Gestalt in evolutionär kurzer Zeit völlig verändert hat. Das Phänomen bezeichnen Biologen als sprunghafte Veränderung (Saltation).

Zu sprunghaften Veränderungen kommt es bei Flechten vermutlich aufgrund einer Störung der Signalübertragung mit dem Symbiosepartner, im Unterschied zu langsamen Veränderungen in der Art und Weise, wie die Pilzhyphen zueinander angeordnet werden. Eines haben alle sprunghaften Veränderungen gemeinsam: Sie treiben Systematiker und Taxonomen in den Wahnsinn.

↗ Wäre da nicht die Ähnlichkeit der Fruchtkörper (und der DNA-Nachweis), würde die Fadenflechte *Coenogonium interpositum* (links) sicher nicht zur näheren Verwandtschaft der Krustenflechte *C. strigosum* (rechts) gerechnet.

→ Die Pilze der *Punctelia*-Flechten (links, hier *P. subrudecta*, Gefleckte Punktschüsselflechte) und ihre Verwandten bilden Blattflechten. Mit Ausnahme einer Linie, nämlich derjenigen, die *Punctelia* selbst am nächsten steht. Das Interessante an ihr ist nicht etwa, dass sie einen anderen Bauplan hat – sie hat gar keinen Flechten«körper»! Der *Nesolechia*-Pilz (hier *N. oxyspora*) hat nur den Bruchteil der Größe von *Punctelia*-Flechten und bildet rötlich braune, warzenähnliche Strukturen auf anderen Blattflechten, die in Wirklichkeit seine Fruchtkörper sind (rechts).

Ein Pilz, zwei Flechten

Obwohl es sich um eine Symbiose von mehreren Partnern handelt, wird eine Flechte als ein einziger Organismus wahrgenommen, wobei die beteiligten Partner Formen entstehen lassen, die man von den einzelnen Beteiligten nicht kennt. Es scheint daher logisch, dass unterschiedlich aussehende Flechten auch unterschiedliche Organismen sind. Die Entdeckung, dass sie unter Umständen mit ein und demselben Pilz gebildet werden, hat die Flechtenkundler schon lange irritiert, und sie führt sehr anschaulich vor Augen, dass in einer Symbiose der Chor die Musik macht.

Vor 200 Jahren beschrieb der französische Flechtenkundler Dominique-François Delise eine Grünalgenflechte von den Kanarischen Inseln. Sie pflanzt sich sexuell mit Apothecien fort, und er gab ihr den Namen *Sticta canariensis.* Aus der gleichen Region stammt eine weitere, von ihm beschriebene Flechte mit Cyanobakterien als Partner, die sich asexuell mit Isidien fortpflanzt und die er *Sticta dufourii* nannte. Kaum jemand bezweifelte, dass es sich bei diesen beiden Flechten um zwei unterschiedliche Spezies handelt, bis der britische Flechtenkundler Peter James (1930–2014) Mitte der 1970er-Jahre eine mögliche Verbindung postulierte. Und dann, 1991, setzten Daniele Armaleo und Philippe Clerc von der Duke University DNA-Sequenzierungsmethoden ein und bewiesen, dass beide Flechten vom selben Pilz, aber mit unterschiedlichen Fotobionten gebildet werden. Dieses Phänomen wird als Fotosymbiodem bezeichnet, ein Verbund, der aus verschiedenen Fotomorphen oder Morphotypen besteht.

Weitgehend unbemerkt hatte Alexander Zahlbruckner bereits zu Beginn des 20. Jahrhunderts eine ähnliche Verbindung hergestellt: zwischen der Grünalgenflechte *Ricasolia amplissima* und ihrem als *Dendriscocaulon* beschriebenen Cyanobakterien-Gegenstück, einem winzigen strauchartigen Morphotyp, wie man ihn auch von Grünalgenflechten der Gattung *Sticta* kennt. Welche Signale und Mechanismen dazu führen, dass so unterschiedliche Wuchsformen entstehen, ist immer noch unbekannt, doch sie zeigen ganz klar: Wenn es um die Selbstorganisation der Flechten geht, spielt der Fotobiont eine wesentliche Rolle.

Nicht alle Fotosymbiodeme bilden unterschiedlich aussehende Flechten aus. In einigen Fällen haben die grünen Algen- und die dunkler gefärbten, oft grauen Cyanobakterien-Morphen mehr oder weniger die gleiche Gestalt. Auch führt die Vergesellschaftung desselben Pilzes

← Die Fotomorphen der neuseeländischen Flechte *Pseudocyphellaria rufovirescens* unterscheiden sich nicht allzu sehr in der Gesamtmorphologie: Beide besitzen große, blattartige Lager. Die grünen Algen- und grauen Cyanobakterienlappen wachsen oft durcheinander; Letztere waren früher als *Pseudocyphellaria murrayi* bezeichnet worden.

↑ Die paläotropische Gattung *Gibbosporina* (hier *Gibbosporina nitida*) gehört zu den tripartiten Flechten; bei ihnen befinden sich die Grünalgen im ganzen Primärlager, die Cyanobakterien aber nur in kleinen Läppchen oder verzweigten Cephalodien.

→ Tripartite Flechten, bei denen derselbe Pilz sowohl mit einer Grünalge als auch mit einem Cyanobakterium vergesellschaftet ist, tragen die Cyanobakterien typischerweise separiert in Cephalodien, die entweder außen als Flecke zu erkennen sind, wie bei *Peltigera britannica* (fotografiert auf Cortes Island in British Columbia), oder im Inneren des Lagers liegen, wie bei der Echten Lungenflechte *(Lobaria pulmonaria)*. Das runde Bild zeigt eine Falschfarben-Darstellung der rasterelektronenmikroskopischen Aufnahme einer kompakten Cyanobakterien-Kolonie in einem Lager-Querschnitt von *Lobaria pulmonaria*.

←↓ Die beiden Flechten werden vom gleichen Pilz gebildet: *Sticta latifrons* (die in Neuseeland endemisch ist), eine große Blattflechte mit einer Grünalge, und eine winzige Strauchflechte mit einem Cyanobakterium. Die Cyanobakterien-Form sieht so anders aus, dass sie ursprünglich in die Gattung *Dendriscocaulon* eingruppiert wurden.

mit Grünalgen und Cyanobakterien nicht immer zu Fotosymbiodemen. Häufiger und weiter verbreitet ist das gemeinsame Vorkommen einer Alge und eines Cyanobakteriums in derselben Flechte, vielleicht eine archetypische Form solcher Vergesellschaftungen.

Bei diesen sogenannten tripartiten Flechten besteht der größte Teil des Lagers aus Pilz und Alge, während sich die Cyanobakterien in Cephalodien befinden, die als warzenartige oder kugelige Auswüchse (siehe S. 201), als Flecke oder aus konzentrischen Ringen bestehende Rosetten (siehe S. 149) auf der Lageroberfläche erscheinen. Sie können sogar im Lagerinneren liegen, wie bei der Echten Lungenflechte (runde Einfügung gegenüber).

Manche Fotosymbiodeme bestehen aus zwei Grünalgen statt aus dem «klassischen» Grünalgen-Cyanobakterien-Duo. Die sterile Flechte *Buellia violaceofusca* (mit einer *Trebouxia*-Alge) beispielsweise hat denselben Pilzpartner wie die fertile *Lecanographa amylacea,* in der der Pilz mit einer *Trentepohlia*-Alge verbunden ist. In allen Fotosymbiodemen, ganz gleich wie sie zusammengesetzt sind, versetzt die Fähigkeit, sich mit mehreren Fotobionten zusammenzutun, den Flechtenpilz in die Lage, ein breiteres Spektrum ökologischer Nischen zu besetzen und sich über ein größeres Gebiet auszubreiten.

Ausgestaltung der gemeinsamen Ausbreitung

Etwa ein Viertel aller Flechten pflanzt sich mit Partikeln fort, die sich bei entsprechender Vergrößerung als Fotobionten in Pilzverpackung entpuppen. Wie wir bereits wissen, setzen sie den Lebenszyklus der Flechten fort, indem sie die Symbionten gleichzeitig und zusammen ausbreiten. Doch sie sind außerdem architekturale Komponenten des Lagers, die Öffnungen in sein Inneres bereitstellen oder seine Oberfläche vergrößern.

Jedes dieser Partikel funktioniert nach dem Motto: Einfach nur Wasser zugeben und los geht's mit der Flechte! Sie existieren in einer Vielzahl von Formen, aber zwei sind besonders häufig. Winzige Kugeln aus Pilzhyphen, die sich um Klümpchen von Fotobiontenzellen schlingen und eher von weicher Konsistenz sind, werden als Soredien bezeichnet. Zylindrische Auswüchse mit einer harten «Schale» aus Lagerrinde heißen Isidien.

Soredien werden meist in speziellen Strukturen an der Lageroberfläche gebildet, den sogenannten Soralen; diese kommen aus der Algenschicht und dem Mark im Inneren und sehen daher ganz anders aus als das restliche Lager. Lepröse oder Staubflechten zerfallen vollständig in Soredien-ähnliche Körnchen. Isidien bedecken oft weite Teile der Flechtenoberfläche und nehmen mehr oder weniger die Farbe des Lagers an; da sie noch am Lager befestigt sind, vergrößern sie dessen Fläche beträchtlich.

Doch die normalen, «üblichen» Soredien oder Isidien sind bei Weitem nicht die einzigen Varianten der gemeinschaftlichen Ausbreitung; beide Typen gibt es in mehr als einer Größe und Ausführung. Bei manchen Flechten werden die Isidien so lang und verzweigen sich so reichlich, dass die Flechte die Gestalt eines winzigen Strauchs annimmt. Andere Flechten kommen ohne Isidien oder Soredien aus, ihr Lager wird so brüchig, dass er bei Berührung in 1000 Teile zerfällt; die so entstehenden Krümel werden von Säugetieren ausgebreitet. Isidien wiederum können auch ganz flach sein oder Miniausgaben von Lagerlappen bilden, zum Teil sogar mit kleinen Rhizinen, die sich vom Lager ablösen und ihr eigenes Flechtenleben beginnen. Einige Flechten bilden sogenannte Schizidien, Isidien-ähnliche Strukturen in Scheiben- oder Schuppenform, die manchmal so zahlreich sind, dass sich die Lageroberfläche wie eine schorfige Borke aufzulösen scheint.

→ *Pseudocyphellaria citrina* (A) kommt auf allen Kontinenten mit Ausnahme der Antarktis vor. Ihre leuchtend gelben Sorale stehen in starkem Kontrast zu ihrem bräunlichen Lager. Die tropische Krustenflechte *Acanthotrema brasilianum* (B) besitzt ziemlich kräftige Isidien, die aus dem Lager emporragen. Die flachen Isidien der Cyanoflechte *Coccocarpia prolificans* (C) ähneln winzigen Schuppen.

A
B
C

↑ Soredien der Helm-Schwielenflechte *(Physcia adscendens)*. Jedes «Kügelchen» besteht aus Pilzhyphen, die sich um ein paar Algenzellen herumwickeln; die Algenzellen sind von außen nicht zu sehen. (Falschfarben-Darstellung einer rasterelektronenmikroskopischen Aufnahme)

↗ Isidien auf der Oberseite von *Melanohalea exasperatula*. Die Isidien gehen nahtlos in das sie umgebende Lager über, aber sie brechen leicht ab und dienen als Ausbreitungseinheiten, die alles Notwendige für die neue Flechte enthalten (man bemerke die hinterlassenen Grübchen im Bild). (Falschfarben-Darstellung einer rasterelektronenmikroskopischen Aufnahme)

DIE FRAGE DER ARTEN-PAARE

In der Frühzeit der Flechtenforschung interpretierten Taxonomen Unterschiede in der Fortpflanzungsweise bei ansonsten gleich aussehenden Flechten als Hinweis, dass es sich um verschiedene Spezies handelt. Ein klassisches Beispiel ist die Anerkennung von zwei fast identischen Arten, von denen eine Fruchtkörper wie Apothecien besitzt, aber keine Soredien, und die andere besitzt Soredien, aber nur selten Fruchtkörper. Solche Doppelgänger werden als Arten-Paare bezeichnet, und man vermutet, dass sie durch den Verlust der sexuellen Fortpflanzung und der späteren Entstehung von asexueller Fortpflanzung in einer Pilz-Abstammungslinie entstanden sind. Das Phänomen weckt viele Fragen. Sind Arten-Paare wirklich das Ergebnis der Aufspaltung in zwei Linien, die unterschiedliche evolutionäre Wege einschlagen? Ergeben sich aus dem Verlust der sexuellen Fortpflanzung negative Konsequenzen? Kann eine asexuelle Art zur Sexualität zurückkehren?

Wie so oft vermochte die Sequenzierung der DNA des Flechtenpilzes Licht ins Dunkel zu bringen, aber allem Anschein nach gibt es keine einfache Antwort. In einigen Fällen stellte sich heraus, dass es sich bei den sich sexuell fortpflanzenden und den sich asexuell zusammen ausbreitenden Einheiten um verschiedene Arten handelt, die manchmal eng und manchmal nur weitläufig miteinander verwandt sind. In anderen Fällen zeigte sich, dass ein und dieselbe Pilzspezies beides kann, was nahelegt, dass die Flechte je nach Bedarf diese oder jene Fortpflanzungsweise entwickelt. In vielen Fällen jedoch sind mehr als zwei Arten beteiligt, und die genetischen Artgrenzen korrelieren mit keiner bestimmten Fortpflanzungsstrategie. Ein Beispiel dafür sind die Flechten der Gattung *Letharia* (siehe S. 274). Anfänglich gab es zwei anerkannte Arten, eine mit Apothecien und eine mit Isidien, mittlerweile unterscheiden die Taxonomen sechs Spezies, die Apothecien, Isidien oder beides haben.

→ Die weit verbreiteten Flechten *Candelaria fibrosa* (rechts, mit Apothecien) und *Candelaria concolor* (ganz rechts, mit Soredien) sind ein bekanntes Arten-Paar, sie sehen sehr ähnlich aus, unterscheiden sich aber in ihrer Fortpflanzungsstrategie. Dank DNA-Sequenzierung wissen wir nun, dass in Flechten mit dieser Morphologie mehr als zwei Pilzspezies vorkommen, die sich entweder vegetativ oder sexuell fortpflanzen oder beides.

PULCHROCLADIA RETIPORA

Netzporige Schöngitterflechte

Natürliche Fachwerkkonstruktionen

WISSENSCHAFTLICHER NAME	*Pulchrocladia retipora* (Labill.) S. Stenroos, Pino-Bodas & Ahti
STAMM, FAMILIE	Ascomycota, Cladoniaceae
WUCHSFORM	Mittelgroß, strauchartig, von vielen Poren durchbrochene Äste
ARTEN IN DER GATTUNG	3
LEBENSRAUM	Heiden in den Bergen und an der Küste
BESONDERHEITEN	Die Arten dieser Gattung sind herausragende Beispiele für Fachwerk in der Natur.

In Architektur und Bauwesen werden Fachwerkkonstruktionen für Hochspannungsmasten, Brücken und Gewächshäuser verwendet, aber auch in so berühmten Bauwerken wie dem Eiffelturm. In der Natur sind sie auf mikroskopischer Ebene in Diatomeen (Kieselalgen) zu finden – und in einem etwas größeren Maßstab bei Flechten, die im Englischen als *net-coral lichens* («Netz-Korallenflechten») bezeichnet werden.

Wenn man nach treffenden Beispielen für den Begriff «Flechtenarchitektur» sucht, muss man sich nur die «Netz-Korallenflechten» der Gattungen *Pulchrocladia* und *Rexiella* ansehen. Sie führen uns in einzigartiger Weise die Verwendung von Fachwerk in der Natur vor Augen, um Stabilität mit einem minimalen Aufwand an Biomasse zu erreichen.

Die «Netz-Korallenflechten» wurden lange der Gattung *Cladia* zugerechnet. Aus DNA-Sequenzierungsdaten ergab sich jedoch, dass *Cladia* in drei evolutionäre Linien unterteilt werden kann, von denen zwei die spezifische Fachwerkstruktur aufweisen, während die dritte große, über die Ästchen verstreute Poren besitzt. Letztere sind die echten *Cladia*-Spezies, das heißt, die beiden anderen brauchten neue Namen: *Pulchrocladia* kommt nur in Australasien vor, *Rexiella* dagegen auch in den Anden Südamerikas.

Volkstümliche Namen sind oft nicht eindeutig. Der Name «Korallenflechte» wurde an verschiedene Gruppen von strauchartigen, weißlichen Flechten vergeben – wegen ihrer Ähnlichkeit mit sich verzweigenden Korallen –, meist an *Pulchrocladia*- und *Sphaerophorus*-Arten (siehe S. 236). Kurioserweise war die erste als «Korallenflechte» bezeichnete Art die von Linné als *Lichen corallinus* benannte Spezies, die heute als *Lepra corallina* bekannt ist, eine Krustenflechte, die weder mit *Pulchrocladia* noch mit *Sphaerophorus* verwandt ist.

→ *Pulchrocladia retipora* gehört wohl zu den schönsten Flechten überhaupt. Sie kommt in ganz Australasien vor, das hier gezeigte Exemplar stammt aus Südostaustralien.

CHRYSOTHRIX CANDELARIS

Borken-Schwefelflechte

Wie eine Explosion von Goldstaub

WISSENSCHAFTLICHER NAME	*Chrysothrix candelaris* (L.) J. R. Laundon
STAMM, FAMILIE	Ascomycota, Chrysothricaceae
WUCHSFORM	Vollständig in Soredien aufgelöstes Lager
ARTEN IN DER GATTUNG	17
LEBENSRAUM	Feuchte Wälder und geschützte Gesteinsaufschlüsse
BESONDERHEITEN	Versieht das Substrat mit einem leuchtend gelben Überzug und wurde früher zum Färben genutzt.

Rein ökologisch betrachtet gehört diese häufig geringgeschätzte Wuchsform zu den erfolgreichsten Modellen. Staubflechten, manchmal auch als «lepröse Flechten» bezeichnet (das griech. Wort *leprós* bedeutet «schuppig, rau»), sind Flechten, denen jede Komplexität der Architektur abhandengekommen ist; sie bestehen ausschließlich aus Unmengen von Soredien.

Soredien sind mikroskopisch kleine Päckchen aus Pilzfäden mit ein paar Algen mittendrin, aber sie enthalten alles, was nötig ist, um an einem anderen Ort eine Flechte entstehen zu lassen. Sie können sich das Ganze vorstellen wie ein Flechten-Fertigprodukt: einfach nur Wasser zugeben!

Das Lager so weit zu reduzieren, dass gerade noch staubkorngroße Pilz-Algen-Partikel übrig bleiben, ist eine fantastische Methode, um überallhin zu kommen, und erspart einem das Vabanque-Spiel, einen neuen Symbiosepartner finden zu müssen, wenn man als – sagen wir – Spore auf einem neuen Baum landet. Doch vermutlich sind damit auch Nachteile verbunden. Pilze, wie der in der Borken-Schwefelflechte, sind obligat asexuell, das heißt, sie produzieren keine Fruchtkörper oder Sporen. Da ihnen die üblicherweise mit der sexuellen Fortpflanzung verbundenen Mechanismen zur DNA-Reparatur fehlen, häufen sie wahrscheinlich im Lauf der Zeit schädliche DNA-Mutationen an. Es sind noch weitere Anstrengungen erforderlich, um diese Flechten-Lebensweise zu erforschen, erst dann wird man sagen können, ob es sich um eine letzte erfolgreiche evolutionäre Blüte an einem im Grunde genommen toten Ast handelt.

→ Kiefernstämme und -äste in einem Wald der Region East Kootenay in British Columbia, Kanada, mit einem Überzug aus *Chrysothrix candelaris*. Wo die Flechte auftritt, hat man nicht selten den Eindruck, jemand sei mit einer Dose gelber Sprühfarbe Amok gelaufen.

SAGENIDIOPSIS UNDULATA

Gewelltfrüchtige Filzflechte

Alles andere als harter Stoff

WISSENSCHAFTLICHER NAME	*Sagenidiopsis undulata* (Fée) Egea, Tehler, Torrente & Sipman
STAMM, FAMILIE	Ascomycota, Roccellaceae
WUCHSFORM	Krustenflechte mit filzartigem Lager und einer schwarz-weißen Begrenzungslinie
ARTEN IN DER GATTUNG	5
LEBENSRAUM	Tropischer Regenwald
BESONDERHEITEN	Das fein verwobene Lager ist hydrophob, das heißt, das Wasser perlt an ihm ab.

Krustenflechten gibt es in vielen verschiedenen Formen, manche sind dünn und bilden einen kaum sichtbaren Film über dem Substrat, andere wiederum sind dick mit auffälligen Rissen. Die «Byssus-Flechten» sind ein spezieller Typ: Ihr Lager besteht aus zahlreichen, locker miteinander verwobenen Pilzfäden und erscheint so «byssoid». Das griechische Wort *byssos* bezeichnete ursprünglich Muschelseide (Stoff aus den Haftfäden von Muscheln), später allgemein aus feinsten Fasern hergestelltes Gewebe.

Aufgrund dieser Struktur sind «Byssus-Flechten» wasserabweisend, sodass das Lager auch bei hoher Luftfeuchtigkeit nicht ständig feucht ist, was den Gasaustausch erleichtert. Außerdem können sie andere Flechten leicht überwachsen.

«Byssus-Flechten» finden wir in verschiedenen Gattungen: außer in *Sagenidiopsis* auch in *Chiodecton, Crypthonia, Dichosporidium* und *Herpothallon*. Alle sind relativ eng verwandte Mitglieder der Arthoniales, einer sehr diversen Gruppe von Ascomyceten, zu der auch Flechten und Pilze mit anderer Lebensweise gehören.

Heimisch sind diese Flechten vor allem in den Tropen, wo es warm und dauerhaft feucht ist. *Sagenidiopsis undulata* kommt in Mittel- und Südamerika vor, sie kann auf Bäumen große Flächen bedecken, wobei die einzelnen Lager dicht nebeneinander wachsen und mit ihren schwarz-weißen Begrenzungslinien interessante Muster entstehen lassen. Während sich diese Art sexuell mit Apothecien fortpflanzt, reproduziert sich *Sagenidiopsis isidiata,* eine nahe Verwandte, mit fluffigen vegetativen Ausbreitungseinheiten. Diese beiden Spezies bilden ein sogenanntes Arten-Paar (siehe S. 140), das heißt, es handelt sich um zwei Flechten mit der gleichen Morphologie, aber unterschiedlichen Fortpflanzungsstrategien.

→ Zahlreiche Lager von *Sagenidiopsis undulata* auf der Rinde eines Baumes in Südostbrasilien. Dieser Teil des Baumes wurde offenkundig gleichzeitig von vielen Sporen eines einzigen Ausbreitungsereignisses besiedelt; einige davon konnten erfolgreich neue Flechten hervorbringen und wuchsen immer weiter, bis dieses beeindruckende Muster einer Flechtenkolonie entstanden war.

PLACOPSIS RHODOCARPA

Rosa Zielscheibenflechte

Volltreffer! Gleich zwei Fotobionten

WISSENSCHAFTLICHER NAME	*Placopsis rhodocarpa* (Nyl.) Nyl
STAMM, FAMILIE	Ascomycota, Trapeliaceae
WUCHSFORM	Mittelgroße Krustenflechte mit in konzentrischen Ringen wachsenden Lappen und Cephalodien
ARTEN IN DER GATTUNG	60
LEBENSRAUM	Kühlgemäßigte bis boreale und subantarktische Zonen, tropische Berge
BESONDERHEITEN	Auffällige Cephalodien, die Stickstoff fixierende Cyanobakterien enthalten.

Die Bildung von zwei morphologisch verschiedenen Symbiosen zwischen dem gleichen Pilz und einer Grünalge oder einem Cyanobakterium gehört zu den bemerkenswertesten Phänomenen bei Flechten. Manchmal sind die beiden Fotobionten in dasselbe Lager integriert, dann befinden sich die Algen in der Algenschicht und die Bakterien beschränken sich auf bestimmte Bereiche des Lagers, die sogenannten Cephalodien.

Cephalodien können im Lagerinneren entstehen und mit dem bloßen Auge nicht zu erkennen sein, doch bei einigen Flechten bilden sie auffällige äußere Strukturen. In der Gattung *Placopsis* sehen die kleinen, sauber abgegrenzten, radiär gelappten Cephalodien in der Mitte des Lagers fast wie andere Organismen aus, die in eine Flechte eindringen.

Flechten, die gleichzeitig zwei verschiedene Fotobionten enthalten (eine Grünalge und ein Cyanobakterium), werden auch als «tripartit» bezeichnet, salopp gesagt: eine Drei-Komponenten-Flechte. Beide Fotobionten sind in der Lage, Fotosynthese zu betreiben, doch die Cyanobakterien können noch weit mehr, nämlich Luftstickstoff (N_2) fixieren und in Ammoniak (NH_3) und Derivate umwandeln. In nährstoffarmen Lebensräumen mangelt es oft an Stickstoff in verwertbarer Form, darum hängen die dort lebenden Organismen von Stickstoff fixierenden Bakterien oder Archaebakterien ab. So ein Cyanobakterien-Fotobiont ist da ganz praktisch, weil er die Flechte in die Lage versetzt, Lebensräume zu erobern, die für andere schwierig zu besetzen sind. Aber warum ist ein Cyanobakterium als Fotobiont nicht genug? Mit zwei Fotobionten, einer Grünalge und einem Cyanobakterium, hat die Flechte einen weiteren Vorteil, denn die beiden stellen dem Pilz unterschiedliche Produkte zur Verfügung und arbeiten unter verschiedenen mikroklimatischen Bedingungen; das verleiht der Flechte mehr Flexibilität bei schwankenden Umweltbedingungen.

Fixierung von Luftstickstoff (N_2)

Die Fixierung findet in speziellen Zellen statt, den Heterozysten. In ihnen wird im Fotosystem I mithilfe von Lichtenergie ATP gebildet, die «Energiewährung» der Zelle; zusammen mit NADH und dem Enzym Nitrogenase (das es nur in Bakterien gibt) wandelt das ATP Stickstoff (N_2) in Ammonium (NH_4^+) um. Ammonium wird dann für den Aufbau von Aminosäuren und anderen Stickstoffverbindungen (N-Verbindungen) verwendet.

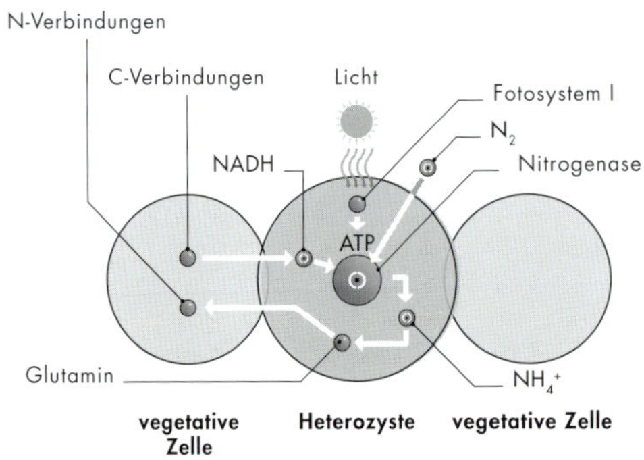

→ Lager von *Placopsis rhodocarpa* auf einem Felsaufschluss im kolumbianischen Páramo. Bei den dunklen, kreisförmig gelappten Flecken handelt es sich um die Cephalodien mit den Cyanobakterien, das restliche Lager ist mit Grünalgen vergesellschaftet. Die rosafarbenen Scheibchen sind die Apothecien, und die blassgrünen Strukturen bilden die vegetativen Ausbreitungseinheiten.

BADIMIA VEZDANA

Vězdas Blattstäbchenflechte

Halbmonde verborgen im Regenwald

WISSENSCHAFTLICHER NAME	*Badimia vezdana* Lücking, Farkas & V. Wirth
STAMM, FAMILIE	Ascomycota, Ramalinaceae
WUCHSFORM	Kleine Krustenflechte mit scheibenförmigen Apothecien
ARTEN IN DER GATTUNG	19
LEBENSRAUM	Neotropischer Regenwald
BESONDERHEITEN	Spezielle halbmondförmige Strukturen, die Konidien bilden, die sogenannten Campylidien.

Blätter haben nur ein kurzes Leben, selbst im tropischen Regenwald währt es selten länger als drei Jahre. Flechten, die sie besiedeln, müssen ihren Lebenszyklus deshalb rasch vollenden. Dabei hilft ihnen eine schnelle und effektive Ausbreitungsmethode mit einzigartigen Strukturen für die Reproduktion.

Dazu zählen beispielsweise die oft halbmondförmigen Campylidien; diese bilden Pilzkonidien, die über einen Spritz-Mechanismus ausgebreitet werden.

Campylidien haben sich in der Evolution mehrfach unabhängig bei ansonsten nicht miteinander verwandten Ascomycetenflechten entwickelt. Eine Gattung, *Badimia*, gehört zu den spektakulärsten Elementen der Lebensgemeinschaften der tropischen Blätterwelt (Phyllosphäre). Ihre großen Lager tragen auffällige Apothecien und Campylidien in leuchtenden Farben. Die Konidien, die in diesen Campylidien gebildet werden, bestehen aus einem fadenförmigen, gebogenen Hauptteil, dessen Zellen kleine seitliche Fortsätze haben; das ermöglicht es ihnen, auf Wasser zu treiben, und sorgt für eine effektive Ausbreitung durch Spritzer sowie für eine gute Anhaftung an neuen Blattoberflächen, wenn das Wasser abgelaufen oder verdunstet ist.

Die fast 20 bekannten *Badimia*-Spezies sind nur in abgelegenen oder gut erhaltenen Regenwald-Lebensräumen anzutreffen und stellen deshalb ausgezeichnete Indikatoren für den Zustand der Umwelt dar, das heißt für den biologischen Erhaltungszustand eines tropischen Regenwaldgebiets.

Seitenschwimmer

Die asexuelle Fortpflanzung wird bei *Badimia vezdana* mit speziellen Sporen bewerkstelligt, gebildet von Campylidien, halbmondförmigen Strukturen, die etwas größer sind als die gelben Apothecien. Die Sporen heißen Konidien und sind gerade einmal einen Mikrometer dick; die kleinen Fortsätze sorgen dafür, dass sie auf der Blattoberfläche hängen bleiben, nachdem sie mit dem Regenwasser ausgebreitet wurden.

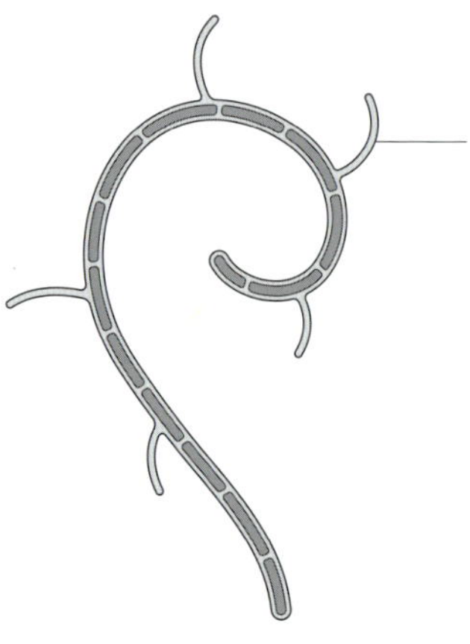

→ Blatt im costa-ricanischen Regenwald, das zum Teil mit *Badimia vezdana* bedeckt ist. Die runden Strukturen sind die Apothecien, die sexuelle Ascosporen produzieren.

EVOLUTION UND SYSTEMATIK

Nadeln im Heuhaufen: fossile Flechtenfunde

Die Erforschung des Lebens in der Urzeit und die Rekonstruktion ausgestorbener Lebenswelten gehören zu den faszinierendsten Bereichen der Biologie. Jedes Jahr strömen Hunderttausende von Besuchern in die Museen, um Dinosaurierskelette zu bestaunen. Schon lange vor den Dinosauriern könnten allerdings Flechten in der Evolution der frühen terrestrischen Ökosysteme bereits eine wichtige Rolle gespielt haben. Leider existieren von ihnen und anderen Pilzen nur wenige Fossilfunde, da ihnen die chemischen Eigenschaften fehlen, die eine Fossilisation erleichtern.

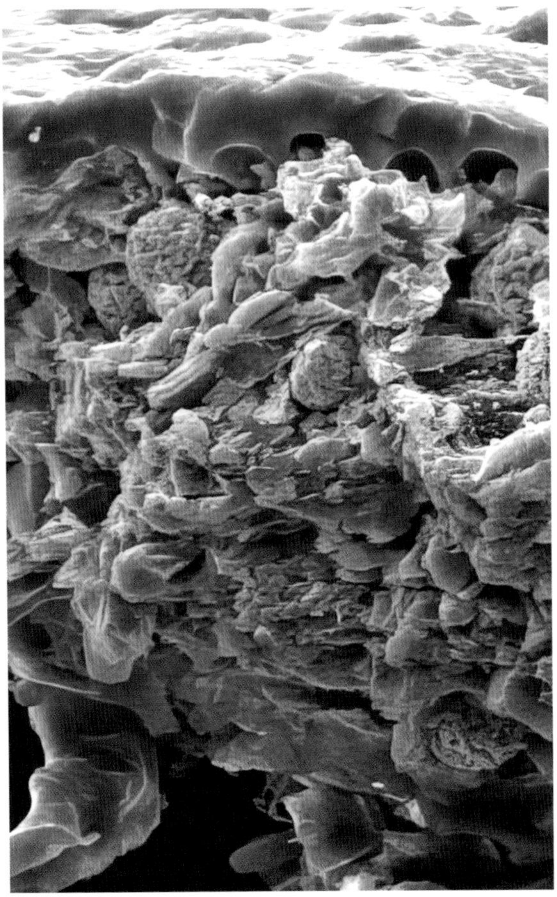

Jahrmillionen der Evolution sind in Form von Fossilien in Sedimenten festgehalten. Fossilien sind unverzichtbare Elemente, wenn wir eine Zeitachse erstellen wollen, die zeigt, wie sich das Leben entwickelt hat. Nicht zuletzt vermitteln sie uns einen Eindruck, wie ausgestorbene Kreaturen ausgesehen haben – ihre Größe, ihre Proportionen und andere Merkmale sind in Stein dokumentiert. Einen großen Teil unseres Wissens verdanken wir der Ablagerung versteinerter Gewebe, wie zum Beispiel Knochen und Knorpel, oder den Abdrücken von Blättern in Lehm und Schlamm. Im Gegensatz dazu haben sich Flechten (und andere Pilze) in altem Gestein nur schlecht erhalten. Während es Zehntausende von Tier- und Pflanzenfossilien gibt, sind aktuell nicht einmal 200 zuverlässig datierte und zweifelsfrei zugeordnete Flechtenfossilien bekannt.

← Von Rosmarie Honegger, einer Schweizer Flechtenforscherin, stammt die Beschreibung von *Chlorolichenomycites salopensis*, dem ältesten bekannten Fossil, das nach allgemeiner Überzeugung als Flechte anzusehen ist.

↗→ *Daohugouthallus ciliiferus* aus der Jura-Zeit ist das älteste bekannte Flechten-Makrofossil (oben). Die künstlerische Darstellung (unten) zeigt sie als epiphytische Flechte zusammen mit zwei mesozoischen Florfliegen der Gattung *Lichenipolystoechotes*, die dank ihrer Tarntracht völlig mit der Flechte zu verschmelzen scheinen.

WIE ERKENNT MAN EINE FOSSILE FLECHTE?

Flechten haben keinen einheitlichen, immer gleichen Bauplan, und ihre Fossilien sind nicht leicht zu erkennen. Es gibt nur zwei Wege, ein Fossil zuverlässig als Flechte zu identifizieren: Entweder es ähnelt einer heutigen Flechte so stark, dass an seiner Identität kein Zweifel besteht, oder sein innerer Aufbau weist die Struktur auf, die wir von einer Flechte erwarten würden, insbesondere die enge Vergesellschaftung von Elementen, die als Pilzhyphen und Algen- oder Cyanobakterienzellen angesprochen werden können. Bei Kompressionsfossilien ist es schwierig, den inneren Aufbau abzuleiten, ebenso wenn man nur den fossilierten Abdruck eines Organismus findet und nicht den Organismus selbst.

Viele frühe Fossilien, bis zurück in die Zeit vor mehr als 2 Milliarden Jahren, wurden als mutmaßliche Flechten angesprochen. Doch alle vermeintlichen Flechtenfossilien bis zum Präkambrium, der Zeit vor mehr als 539 Millionen Jahren, gelten mittlerweile als widerlegt oder als höchst zweifelhaft, die «Ediacara-Flechten» eingeschlossen, auf die wir gleich zu sprechen

↖↗ Das Ediacara-Makrofossil *Dickinsonia costata*, einmal als Fossil (links, Sammlungsnummer P40135, South Australia Museum) und einmal in einer künstlerischen Darstellung des Paläokünstlers Nobu Tamura (rechts), gehört zu den am häufigsten als mutmaßliche Flechte genannten Organismen der Ediacara-Zeit. Doch ihr Bauplan und andere Merkmale unterstützen eher die Hypothese, dass es sich um ein ausgestorbenes Tier handelt.

kommen. Die ältesten Fossilien, die allgemein als Flechten anerkannt sind, stammen aus dem Unterdevon (einem als Lochkovium bezeichneten Zeitintervall vor 419–411 Mio. Jahren): eine mit Grünalgen *(Chlorolichenomycites salopensis)* und eine mit Cyanobakterien *(Cyanolichenomycites devonicus)*. Danach klafft eine Lücke von 200 Millionen Jahren bis zur beeindruckenden fossilierten Großflechte *Daohugouthallus ciliiferus* (168–152 Mio. Jahre vor heute) und *Honeggeriella complexa* aus der frühen Kreidezeit (etwa 133 Mio. Jahre vor heute). Letztere ehrt Rosmarie Honegger, eine der weltweit führenden Expertinnen für Flechtenfossilien. Die überwiegende Zahl der als Flechten anerkannten Fossilien ist weit jünger, sie stammen häufig aus oligozänem und eozänem Bernstein und sind zwischen 20 und 40 Millionen Jahre alt.

FRÜHE FLECHTENKANDIDATEN

Unter den Ediacara-Makrofossilien der präkambrischen Zeit (vor 635–539 Mio. Jahren) gibt es nicht nur erstaunlich viele, die als Flechten interpretiert wurden, sondern auch eine große Formenvielfalt. Die meisten dieser Fossilien werden aber als frühe evolutionäre Aufspaltungen der Entwicklungslinien tierischer Organismen angesehen. Die Idee, dass es sich bei einigen möglicherweise um Flechten handelt, stammt von Gregory Retallack, einem Experten für fossile Böden. Er argumentiert damit, dass die Ediacara-Organismen einen hohen Kompaktionswiderstand aufweisen, was der Interpretation, es handele sich um Tiere mit einem weichen Körper, widerspräche. Die Flechten lieferten eine überzeugende Erklärung, da sie chitinhaltige Zellwände besitzen.

Allerdings kennen wir nicht nur härtere Substanzen, die die Fossilisation erleichtern, wie z. B. Sporopollenin in Pflanzen, Chitin ist auch der Hauptbestandteil des Exoskeletts von Arthropoden (Gliederfüßern) – und in den Zellwänden der Flechtenpilze macht es nur einen geringen Anteil aus. Wenn Flechten (und andere Pilze) tatsächlich so hart waren, warum findet man dann nur so wenige Fossilien? Zudem weisen die Ediacara-Organismen – anders als Flechten – typischerweise eine bilaterale Symmetrie auf, und es fehlt ihnen eine innere Struktur, die als symbiotisches Wechselspiel zwischen Pilzhyphen und Algen oder Cyanobakterien interpretiert werden könnte.

Das muss jedoch noch nicht das letzte Wort in Sachen Ediacara gewesen sein. Die faszinierenden Makrofossilien können wir zwar ausschließen, aber das heißt nicht zwangsläufig, dass es in dieser Zeit keine flechtenähnlichen Organismen gab. Verschiedene Pilzfossilien aus der Ediacara-Zeit sind bekannt, und es war Retallack, der für das Fossil *Petalostroma kuibis* einen flechtenähnlichen Aufbau beschrieben hat. Ein paar erst in jüngerer Zeit entdeckte Fossilien weisen die Morphologie eines strahlenförmigen Flechtenlagers auf. *Nilpenia rossi* beispielsweise sieht Vertretern der in Südafrika endemischen Gattung *Stellarangia* bemerkenswert ähnlich. Doch flechtenähnliches Aussehen muss in der fossilen Welt nicht viel heißen.

→ Das Ediacara-Makrofossil *Nilpenia rossi* weist eine bemerkenswerte Ähnlichkeit mit der heutigen Flechte *Stellarangia namibiensis* auf.

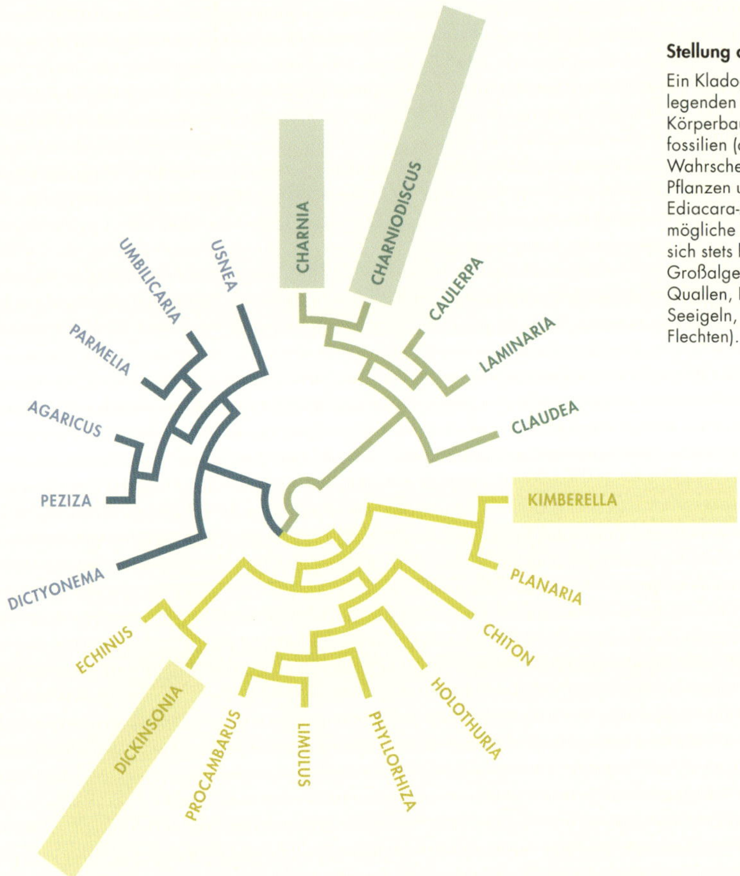

Stellung der Ediacara-Makrofossilien

Ein Kladogramm, beruhend auf grundlegenden Eigenschaften wie Symmetrie im Körperbau, zeigt, wo die Ediacara-Makrofossilien (durch Kästen hervorgehoben) aller Wahrscheinlichkeit nach zwischen Tieren, Pflanzen und Pilzen einzuordnen sind. Ediacara-Makrofossilien, die gern als mögliche Flechten genannt werden, häufen sich stets bei grünen, braunen oder roten Großalgen, bei wirbellosen Tieren wie Quallen, Plattwürmern, Krebstieren oder Seeigeln, aber nicht bei Pilzen (inklusive Flechten).

JURASSIC PARK 2.0

Die meisten Fossilien lassen sich einteilen in solche, die die äußere Form wiedergeben (sogenannte Körperfossilien wie etwa Abdrücke oder Steinkerne), solche, bei denen die organischen Überreste umgewandelt bzw. umkristallisiert vorliegen («Versteinerungen», der Prozess heißt Diagenese) und noch die Analyse innerer Strukturen erlauben, oder solche, die in Bernstein eingeschlossen sind. Der außergewöhnlich gute Erhaltungszustand von Bernstein-Fossilien, vor allem von Insekten, ließ die Idee aufkommen, dass es eventuell möglich sein könnte, daraus die uralte DNA dieser Organismen zu gewinnen und sie im Labor wiederauferstehen zu lassen. Bislang ist es der Forschung noch nicht gelungen, Millionen Jahre alte DNA aus Bernstein zu isolieren, doch die Grenzen der Wissenschaft werden ständig weiter verschoben. Die älteste DNA, die bis jetzt isoliert wurde, stammt aus einem 2 Millionen Jahre alten pleistozänen grönländischen Ökosystem: Sie zeigt, dass damals Mastodons und

→ Die am besten erhaltenen Fossilien wurden in Bitterfelder und in Dominikanischem Bernstein aus dem Oligozän (20–30 Mio. Jahre alt) und in Baltischem Bernstein aus dem Eozän (34–40 Mio. Jahre alt) gefunden, wie z. B. diese exquisite, noch unbeschriebene *Cladia*.

Rentiere zwischen Pappeln und Birken weideten, während Pfeilschwanzkrebse die Küsten bevölkerten.

Selbst wenn die Geschehnisse im Film *Jurassic Park* mehr auf Fantasy als auf Fakten beruhen, ist Bernstein eine reichhaltige Quelle für Flechtenfossilien aus der Zeit vor 40–22 Millionen Jahre. Viele Fossilien wurden in Studien der finnischen Flechtenforscherin Ulla Kaasalainen und ihrer Kollegen in wunderschönen Bildern dargestellt. Die als Flechten bestätigten Organismen gehörten zu Gattungen, die sogar heute noch existieren, wenn auch die betreffenden Arten ausgestorben sind. Die meisten sind Großflechten, und die Bernsteinfossilien-Befunde stimmen mit Studien überein, die eine Radiation (Auffächerung) der Makroflechten rekonstruiert haben, nachdem ein Asteroid vor 66 Millionen Jahren viele Lebensformen ausgelöscht hatte.

Bernstein selbst gibt es schon sehr viel länger, seit dem Karbon vor 320 Millionen Jahren, und die ältesten bekannten Bernsteinfossilien, kleine Arthropoden, lassen sich auf die späte Triaszeit, vor 230 Millionen Jahren, datieren. Fossilien von Arthropoden tauchen in Bernstein aus der Kreidezeit (vor 135–125 Mio. Jahren) häufiger auf, und kreidezeitlicher Bernstein enthält sogar Überreste von Eidechsen. Man könnte daher annehmen, dass es in Bernstein, der älter ist als 40 Millionen Jahre, auch fossile Flechten geben müsste, doch bislang wurde noch keine entdeckt. Die Suche geht weiter.

Wie alt sind Flechten?

Wenn Forschende keine guten Fossilienbefunde haben, nutzen sie eine Methode, die als molekulare Uhr bezeichnet wird und die aus den DNA-Sequenzen von noch existierenden Arten deren evolutionäres Alter ableitet. Was verrät uns das über die frühesten Flechten?

ÄLTER ALS DIE DINOSAURIER

Heutige Flechten enthalten bekanntermaßen Vertreter vieler Gruppen der höheren Pilze, Ascomycota und Basidiomycota, daher kann ihr mutmaßlicher Ursprung auf der geologischen Zeitleiste mithilfe der molekularen Uhr bestimmt werden. Überraschend reicht die größte und wichtigste Klade von Flechtenpilzen, die Klasse Lecanoromycetes innerhalb der Ascomycota, mindestens bis in die Trias zurück, nach manchen Rechnungen sogar bis ins Perm vor etwa 300 Millionen Jahren. Damit liegt der Ursprung heutiger Flechten-Kladen bis 60 Millionen Jahre weiter in der Vergangenheit als der der ältesten Dinosaurier vor etwa 245–233 Millionen Jahren. Bemerkenswert: Das älteste bekannte Flechtenfossil ist noch einmal 100 Jahre älter als diese Schätzungen, was die Frage aufwirft, welche Pilze an diesen frühen Flechten beteiligt waren. Einige Forschende

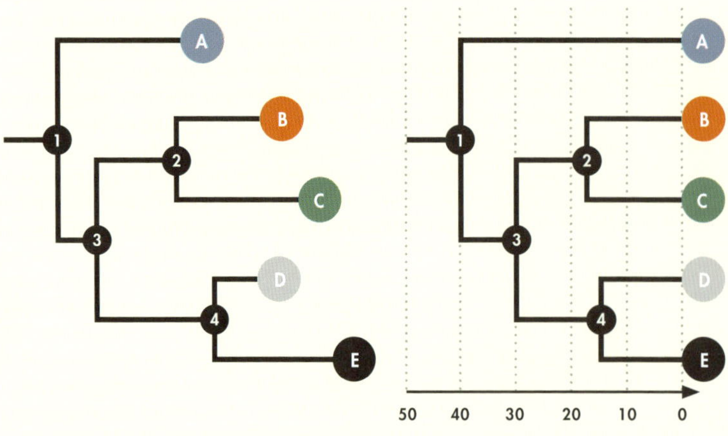

Wie tickt eine molekulare Uhr?

Links ist ein evolutionärer Stammbaum zu sehen, der aus DNA-Sequenzen rekonstruiert wurde, der Stammbaum rechts ist ein mit der Methode der molekularen Uhr errechneter «Zeit-Stammbaum». Den Zeit-Stammbaum erhält man, wenn man die Länge der Stammbaumäste angleicht, die ursprünglich die Zahl der Unterschiede widerspiegelten, die im Lauf der Evolution in den zugrunde liegenden DNA-Sequenzen entstanden sind. Unter der Annahme, dass sich manche Äste schneller, andere langsamer entwickelt haben, werden die Enden der Äste (die Punkte A bis E) alle auf eine Linie, die Jetztzeit, gelegt. Bei D und E zum Beispiel handelt es sich um Schwesterarten mit unterschiedlichen Astlängen (was heißt, dass sie sich seit der Trennung voneinander unterschiedlich schnell entwickelt haben), doch weil beide auch heute noch vorkommen, müssen die Astlängen im Zeit-Stammbaum gleich lang dargestellt werden. Um eine Zeitskala zu erhalten, ist es erforderlich, wenigstens einen der Aufteilungspunkte (1 bis 4) mit einem Fossil oder einem anderen zeitlich datierbaren Befund zu kalibrieren. Wenn der Zeit-Stammbaum am Aufteilungspunkt 1 auf die Zeit vor 40 Mio. Jahre «geeicht» werden kann, dann liegen die Aufteilungspunkte 2 bis 4 entsprechend bei etwa 30, 17 und 15 Mio. Jahre vor heute.

FLECHTENSYMBIONTEN IM ZEIT-STAMMBAUM DES LEBENS

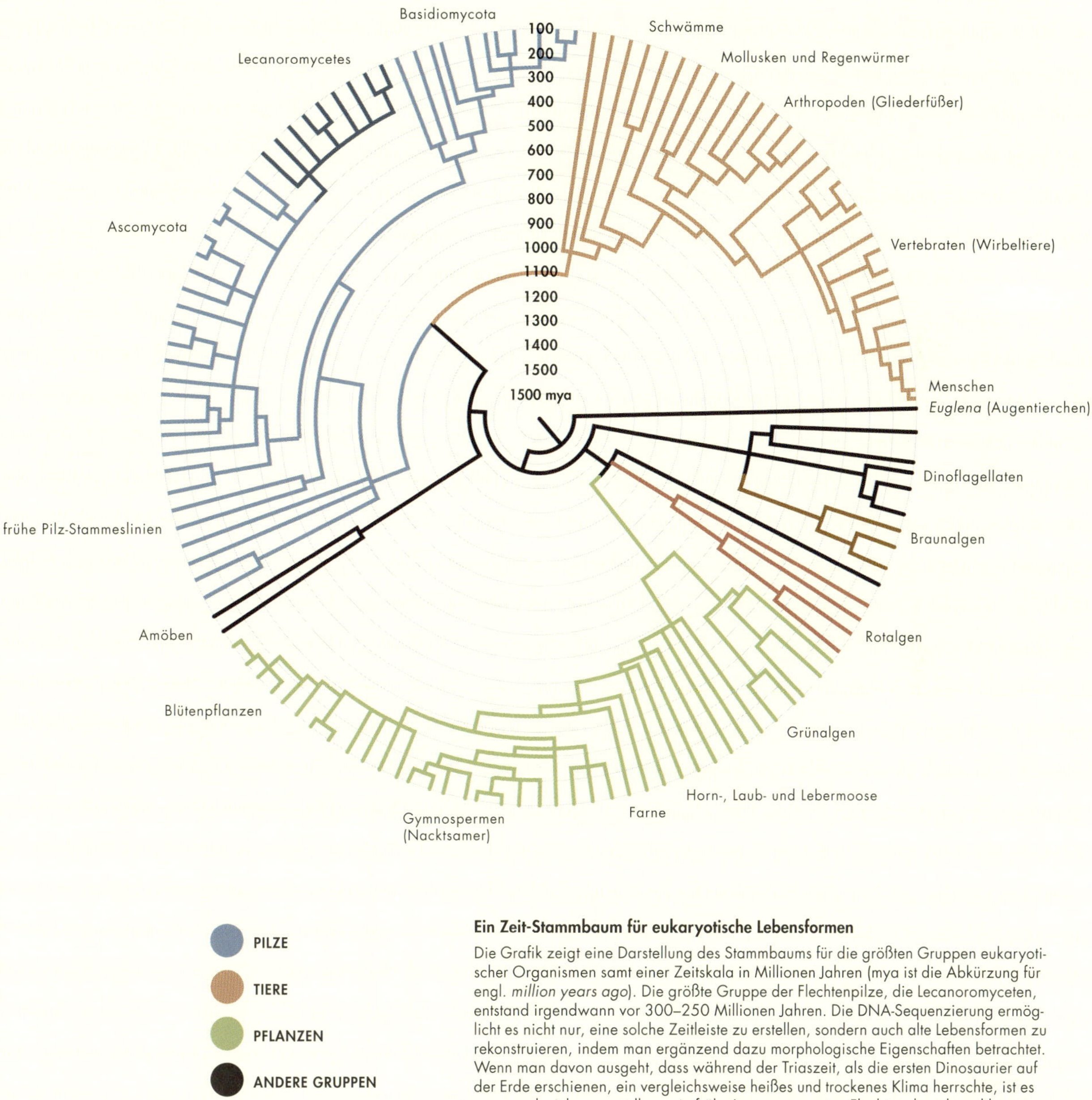

Ein Zeit-Stammbaum für eukaryotische Lebensformen

Die Grafik zeigt eine Darstellung des Stammbaums für die größten Gruppen eukaryotischer Organismen samt einer Zeitskala in Millionen Jahren (mya ist die Abkürzung für engl. *million years ago*). Die größte Gruppe der Flechtenpilze, die Lecanoromyceten, entstand irgendwann vor 300–250 Millionen Jahren. Die DNA-Sequenzierung ermöglicht es nicht nur, eine solche Zeitleiste zu erstellen, sondern auch alte Lebensformen zu rekonstruieren, indem man ergänzend dazu morphologische Eigenschaften betrachtet. Wenn man davon ausgeht, dass während der Triaszeit, als die ersten Dinosaurier auf der Erde erschienen, ein vergleichsweise heißes und trockenes Klima herrschte, ist es spannend, sich vorzustellen, wie frühe Lecanoromyceten-Flechten damals wohl ausgesehen haben könnten. Ein Musterbeispiel für solche frühen Flechten ist die Gattung *Umbilicaria,* die Nabelflechten, das sind die ältesten bekannten, noch heute existierenden Großflechten, die bis in eine Zeit vor 150 Millionen Jahre zurück nachgewiesen werden können. Es erscheint nicht zu weit hergeholt, sich vorzustellen, dass frühe, heute ausgestorbene Flechten aus der Klasse der Lecanoromyceten den ersten Dinosauriern als Nahrung gedient haben könnten.

nehmen an, dass sie an frühen terrestrischen Biokrusten mitgewirkt haben, und betrachten sie als «Protolichenen» oder «Urflechten».

DIE DIE DINOS ÜBERLEBTEN

Die in den heutigen Landschaften dominierenden Flechten (die etwa ein Fünftel aller bekannten Flechten ausmachen) haben als Pilzpartner vor allem Vertreter aus drei Familien der Klasse Lecanoromycetes: Parmeliaceae, Peltigeraceae und Cladoniaceae.

Mithilfe der molekularen Uhr erstellte Stammbäume legen nahe, dass sich diese Makroflechten in die heute bekannten Arten diversifizierten, als die Nicht-Vogel-Dinosaurier vor 66 Millionen Jahren nach einem Asteroideneinschlag auf der Erde ausgestorben waren. Flechten erschienen also nicht nur lange vor den Dinosauriern auf der Bildfläche, sondern sie setzten ihre erfolgreiche Evolution fort, lange nachdem die Nicht-Vogel-Dinosaurier verschwunden waren.

↖ *Umbilicaria*-Arten (hier *U. calvescens*, aufgenommen in Peru) könnten die ältesten bekannten Makroflechten sein; die Gattung reicht etwa 130 Mio. Jahre zurück. Ob die ersten Vertreter dieser Großflechten aussahen wie die heutigen Nabelflechten, ist unbekannt.

↗ Makroflechten wie diese beeindruckende Echte Lungenflechte *(Lobaria pulmonaria)* aus Norwegen haben die Nicht-Vogel-Dinosaurier überlebt und entwickelten sich in den vergangenen 66 Mio. Jahren zu einem dominierenden Bestandteil der Flechtengemeinschaften.

Einmal hin und zurück? Eine Pilzgeschichte

Nachdem Biologen die symbiotische Natur der Flechten erst einmal erkannt hatten, dauerte es nicht lange, bis sie merkten, dass diese keine Abstammungslinie, sondern eine Lebensweise repräsentieren, die auf verschiedenen Ästen des Pilz- (und Algen-) Stammbaums zu finden ist. Einige Äste haben sich in Tausende Arten diversifiziert. Andere blieben klein oder wurden Opfer von Massenaussterben, und ihre heutigen Vertreter stellen lediglich Überreste einer früher größeren Vielfalt dar. Wieder andere gaben die Symbiose im Lauf der Evolution auf und gingen zu anderen Lebensweisen über. Wie oft ein solches Hin und Her stattfand, ist noch nicht vollständig geklärt.

ENTSTANDEN FLECHTEN MEHR ALS EINMAL IN DER EVOLUTION?

Diese Frage ist noch am einfachsten zu beantworten: Ja. Obwohl heute keine Flechten bekannt sind, die mit anderen Partnern zusammenleben als Vertretern aus den beiden größten Pilzphyla, den Ascomycota (Schlauchpilzen) und den Basidiomycota (Ständerpilze und Verwandte), verlief die Evolution innerhalb dieser beiden Stämme unabhängig. In beiden Gruppen gibt es Linien, die sich schon früh abgespalten haben und die alles Mögliche tun, aber niemals Flechten bilden, zum Beispiel die Hefen bei den Ascomycota und die Rost- und Brandpilze bei den Basidiomycota.

Die Basidiomycota stellen nur etwa 200 aller in Flechten vorkommenden Pilzarten. Doch die stammen aus drei verschiedenen, großen Gruppen innerhalb der Basidiomycota – Verwandte von Pfifferlingen, Steinpilzen und Champignons –, weshalb es höchst unwahrscheinlich erscheint, dass sie alle auf einen einzigen Ursprung der Flechtenlebensweise zurückgehen. Das bedeutet, dass sich diese Lebensweise bei den Basidiomycota mindestens dreimal entwickelt hat. Bei den Ascomycota ist die Sache nicht ganz so einfach.

IST *PENICILLIUM* AUS FLECHTEN HERVORGEGANGEN?

Die Pilze, die die überwältigende Mehrheit der Flechtenpartner stellen, 99 Prozent, gehören zu den Ascomycota. Das ist der größte Stamm (Phylum) innerhalb der Echten oder Höheren Pilze (Eumycota), mit annähernd 100 000 bekannten Arten, von denen 20 000 Flechtenbildner sind. Die enorme Vielfalt innerhalb dieses Phylums ist in mehrere Klassen unterteilt, von denen sich ein Dutzend durch auffällige sporentragende Strukturen auszeichnet. Die drei am besten bekannten sind die Pezizomycetes, zu denen die Becherlingsverwandten, die Morcheln und die Trüffel gehören, die Eurotiomycetes mit den allgegenwärtigen Schimmelpilzen wie zum Beispiel *Aspergillus* und *Penicillium* und die Lecanoromycetes, zu denen mehr als drei Viertel aller flechtenbildenden Pilze gerechnet werden.

→ Bei den Basidiomycota kam es vielfach unabhängig zu Lichenisierungen: (A) *Multiclavula mucida* gehört zu den Pfifferlingsverwandten; (B) *Lepidostroma calocerum* steht irgendwo zwischen Rinden- und Röhrenpilz (wie z. B. Steinpilz); (C) *Cora benitoana*, (D) *Lichenomphalia lobata* und (E) *Dictyonema sericeum* sind nah mit den Lamellenpilzen (wie z. B. Champignons) verwandt.

A
B
C
D
E

Die beiden letztgenannten Klassen sind eng miteinander verwandt, und beide verfügen über ein reichhaltiges biochemisches Arsenal. Der charmante Gedanke, dass Schimmelpilze evolutionär vielleicht aus Flechtensymbionten hervorgegangen sind, ist gar nicht so weit hergeholt. Eine 2001 veröffentlichte Studie stellte erstmals die Idee vor, dass sich die Eurotiomycetes aus der Gruppe Lecanoromycetes heraus entwickelt haben könnten und dass *Penicillium* vielleicht irgendwann einen Flechtenvorfahren hatte.

Neuere Studien legen nahe, dass Eurotiomycetes und Lecanoromycetes nahe mit den Lichinomycetes verwandt sind, einer Gruppe, zu der sowohl Flechtenpilze als auch nichtflechtenbildende Pilze gehören, wie beispielsweise die Erdzungen *(Geoglossum).* Nach ihren Anfangsbuchstaben werden diese drei Klassen zusammen auch als LLE-Gruppe bezeichnet. Die LLE-Gruppe ist mit einer anderen, aus zwei Klassen bestehenden Gruppe verwandt, den Arthoniomycetes und den Dothideomycetes; Erstere besteht hauptsächlich, Letztere teilweise aus Flechtenpilzen. Diese fünf Klassen zusammen enthalten mindestens 11 Linien, die zum überwiegenden Teil aus Flechtenpilzen bestehen.

Unklar ist, ob sich diese Flechtenbildner unabhängig voneinander entwickelt haben oder ob einige oder alle aus einem einzigen Lichenisierungsereignis hervorgegangen sind, das möglicherweise bereits im Karbon stattgefunden hat, also vor mehr als 300 Millionen Jahren; in der Folgezeit könnte die Flechtensymbiose bei einigen wieder verlorengegangen sein und zur Entstehung wichtiger nichtflechtenbildender Pilze geführt haben. Das wäre ein verrücktes Szenario. Selbst wenn sich nur die Eurotiomycetes aus Flechtenvorfahren entwickelt hätten, würde das bedeuten, dass aus Flechten so unangenehme Pilze wie der Fußpilz *(Trichophyton rubrum)* hervorgegangen sind und so vielfältige und nützliche wie Schimmelpilze der Gattungen *Aspergillus* und *Penicillium;* der letztgenannten verdanken wir das wichtigste Antibiotikum des 20. Jahrhunderts, das Penizillin.

ANDERE PILZE MIT EINEM FLECHTEN-HINTERGRUND

Dass sich nichtflechtenbildende Pilze evolutionär aus Flechten entwickelt haben, ist kein rein theoretisches Szenario. Eine Gruppe innerhalb der Lecanoromyceten ist berühmt und berüchtigt dafür, lang gehegte Überzeugungen zur Beziehung zwischen Flechtenpilzen und ihren nichtflechtenbildenden Verwandten infrage zu stellen. Diese Gruppe – es handelt sich um eine Reihe von verwandten Pilzfamilien, die in der taxonomischen Rangordnung als Unterklassen geführt werden – sind die Ostropomycetidae, kurz Ostropos genannt. Zu ihnen zählen mehr als 4000 Arten von Flechtensymbionten, außerdem verschiedene Saprophyten, Flechtenparasiten, Pflanzenparasiten und sogar ein paar Spezies, die gleichzeitig Flechtensymbionten und Saprophyten zu sein scheinen. Die Ostropos beeindrucken nicht nur mit dieser Vielfalt an Lebensweisen, sie setzen sich auch über althergebrachte Paradigmen der auf morphologischen Eigenschaften beruhenden Pilzsystematik hinweg, denn ihre Vertreter produzieren eine unglaubliche Vielfalt an Fruchtkörpern und sind auch bei den Fotobiontenpartnern alles andere als wählerisch.

Ein bedeutsamer Unterschied zwischen den Ostropos und den weiter oben angeführten Beispielen: Hier gibt es wenig Zweifel daran, dass sich aus flechtenbildenden Pilzvorfahren nichtflechtenbildende Pilze entwickelt haben. Und die nichtflechtenbildenden Pilze dieser Gruppe legen oft Eigenschaften an den Tag, die sich von denen ihrer flechtenbewohnenden Verwandten so stark unterscheiden, dass man ohne die Daten aus DNA-Sequenzierungen nicht gewusst hätte, dass sie miteinander verwandt sind. Wenn sich saprotrophe, Blattoberflächen besiedelnde Pilze, wie Vertreter der Gattung *Rubikia,* aus Flechten entwickelt haben, dann erscheint es gar nicht mehr so weit hergeholt, sich vorzustellen, dass das auch auf *Penicillium* zutrifft.

→ Viele Pilze, Flechtensymbionten eingeschlossen, wurden wegen der großen Unterschiede in der äußeren Erscheinung einst in sehr weit voneinander entfernte Gruppen eingeordnet, doch die aus DNA-Sequenzierungen gewonnenen Daten zeigen, dass sie eng verwandt sind. Beispiele hierfür sind *Graphis myrtacea* (A), überraschenderweise auch der auf Blattoberflächen siedelnde Pilz *Rubikia* evansii (B) mit seinen besonderen asexuellen Sporen (C) und *Gyalecta ulmi* (D).

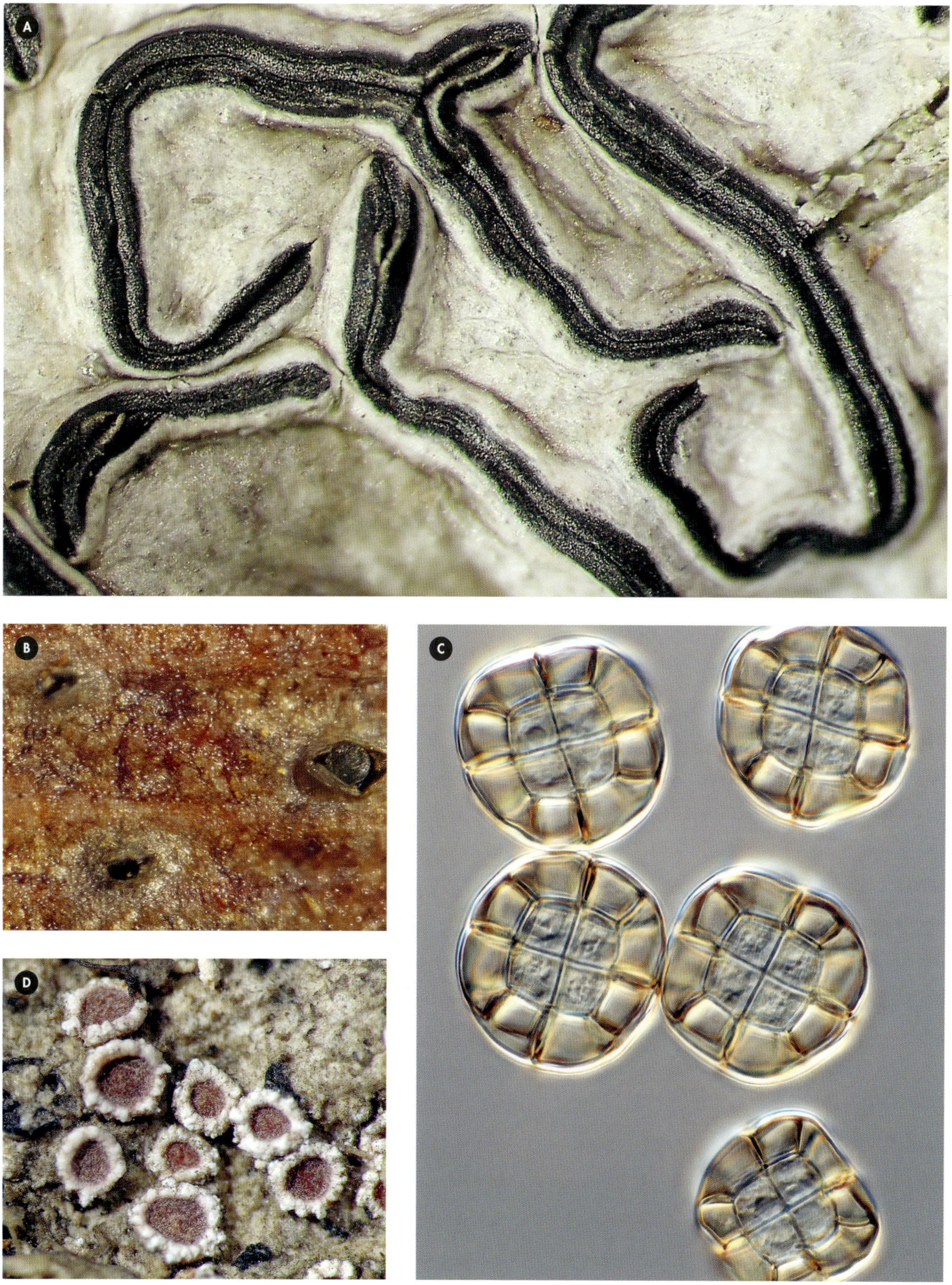
A
B
C
D

FLECHTENPILZE UND IHRE NICHTFLECHTENBILDENDE VERWANDTSCHAFT

Die engsten Verwandten der Flechtenpilze sind oft gar nicht in Flechten zu finden. Die LLE-Stammeslinie (Lichinomycetes, Lecanoromycetes, Eurotiomycetes) deckt 80 Prozent aller Flechtenpilze ab, doch zu ihr gehören auch so verschiedene Pilztypen wie die Erdzungen und die Schimmelpilze. Pilze der Ordnung Eurotiales spielen eine wichtige Rolle in der Biotechnologie, doch unter Eurotiales und Chaetothyriales gibt es auch viele Humanpathogene.

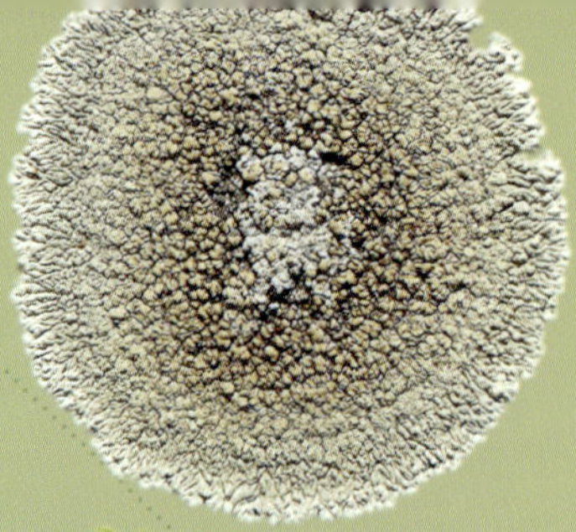

Lecanorales
Mauerflechte
(Protoparmeliopsis muralis)

Teloschistales
Gewöhnliche Gelbflechte
(Xanthoria parietina)

Peltigerales
Echte Lungenflechte
(Lobaria pulmonaria)

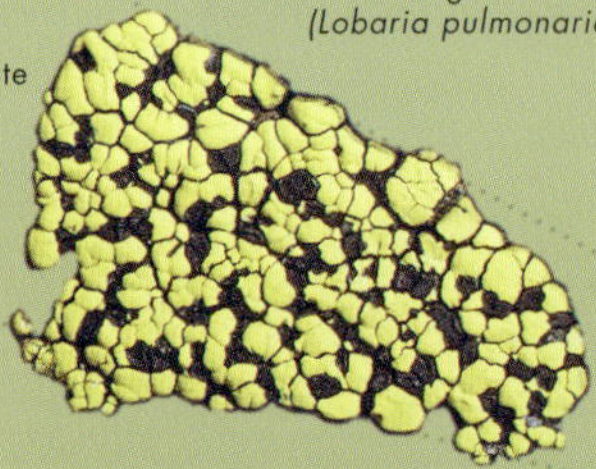

Rhizocarpales
Gewöhnliche Landkartenflechte
(Rhizocarpon geographicum)

Graphidales
Labyrinth-Fleischschriftflechte
(Sarcographa labyrintha)

• GRÜNE FLÄCHEN: FLECHTENPILZE

LECANOROMYCETES

Ostropales
Weißlappiges Lochbecherchen
(Stictis radiata)

Trebouxia, ein häufiger Fotobiont von Flechten

Pertusariales
Backenzahnflechte
(Ochrolechia subplicans)

Baeomycetales
Rosa Zielscheibenflechte
(Placopsis rhodocarpa)

Umbilicariales
Kahle Nabelflechte
(Umbilicaria calvescens)

Acarosporales
Gewöhnliche Kleinsporflechte
(Acarospora fuscata)

Candelariales
Gewöhnliche Leuchterflechte
(Candelaria concolor)
Symbiotaphrinales
Kleinfrüchtiger Käferpilz
(Symbiotaphrina microtheca)
Geoglossales
Behaarte Erdzunge
(Trichoglossum hirsutum)
Coniocybales
Liebenswerter Staubkopf
(Sclerophora amabilis)
RAUNE FLÄCHEN: NICHTFLECHTENBILDENDE PILZE
LICHINOMYCETES
Lichinales
Zungen-Schleimflechte
(Lempholemma lingulatum)
EUROTIOMYCETES
Verruciales
Schönes Muschelschüppchen
(Normandina pulchella)
Chaetothyreales
Mauerförmiger Schwarzschimmel
(Exophiala phaeomuriformis)
Eurotiales
Gold-Pinselschimmel
(Penicillium chrysogenum)
Onygenales
Fußpilz
(Trichophyton rubrum)
Pyrenulales
Klumpige Pockenflechte
(Pyrenula anomala)

Die Vielfalt ordnen

Bevor man erkannte, dass Flechten aus Pilzen und Fotobionten bestehen, war ihre Benennung ganz einfach: Alle Merkmale, die zusammengenommen für eine bestimmte Flechte typisch waren, dienten ihrer Beschreibung, und sie bekam einen wissenschaftlichen Namen – den Namen einer Flechten-Spezies. Mit der Entdeckung, dass es sich um eine Symbiose handelt, entstand ein Dilemma: Wenn eine Flechte in Wirklichkeit aus zwei oder mehr Organismen besteht, worauf bezieht sich dann der Name?

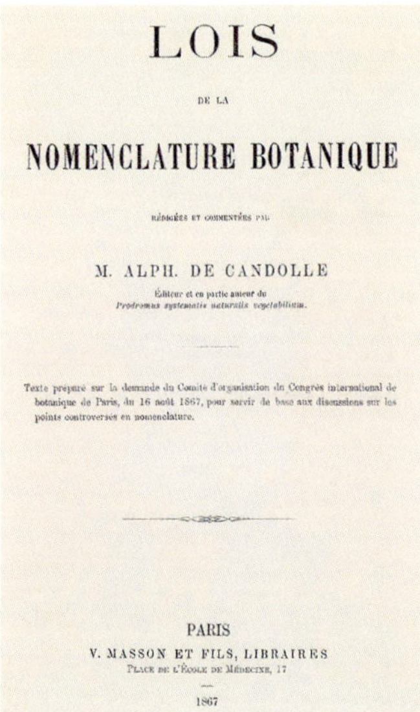
LOIS
DE LA
NOMENCLATURE BOTANIQUE
RÉDIGÉES ET COMMENTÉES PAR
M. ALPH. DE CANDOLLE
Éditeur et en partie auteur du
Prodromus systematis naturalis vegetabilium.

Texte préparé sur la demande du Comité d'organisation du Congrès international de botanique de Paris, du 16 août 1867, pour servir de base aux discussions sur les points controversés en nomenclature.

PARIS
V. MASSON ET FILS, LIBRAIRES
PLACE DE L'ÉCOLE DE MÉDECINE, 17
1867

↑ Der erste Code, der die Namensvergabe (Nomenklatur) bei Pflanzen, Algen und Pilzen regelt, erschien 1867, im selben Jahr, als Schwendener seine Theorie der Flechtensymbiose vorstellte.

→ Diese beiden Flechten sehen ziemlich unterschiedlich aus, und ihre Pilzpartner haben verschiedene Namen (*Cladonia bellidiflora* bzw. *Cladonia polydactyla*), doch die DNA-Analyse beweist, dass es sich um ein und dieselbe Pilzspezies handelt.

SCHWIERIGE NAMENSVERGABE

Die Namensvergabe für Pflanzen, Algen und Pilze ist seit 1867 in einem Regelwerk, dem sogenannten Code, festgelegt. Eine der Regeln, die 1906 aufgenommen und 1935 nachjustiert wurde, war die scheinbar selbstverständliche Vorschrift, dass ein Name sich nur auf einen einzigen Organismus beziehen kann. Die Entdeckung der Flechtensymbiose im selben Jahr komplizierte die Dinge.

Flechten waren schon vor Linné wie Einzelorganismen benannt worden, und nun war es auf einmal unklar, auf welchen Bestandteil sich der Name bezog. Ohne ausdrückliche Vereinbarung wandten die meisten Bearbeiter den wissenschaftlichen Namen der Flechte auf den Pilzpartner an und gaben den Fotobionten eigene Namen. Diesen Ansatz wählte auch Alexander Zahlbruckner in seinem umfangreichen Flechtenwerk von 1907, nur ein Jahr nach Einführung der neuen Regel.

Damit kehrte aber noch keine Ruhe ein. Ende der 1940er-Jahre wies ein am Botanischen Garten von New York beschäftigter Mykologe darauf hin, dass eine strikte Anwendung des «Mischverbots» es eigentlich erforderlich machen würde, die Namen aller Flechten abzulehnen, bei denen der Fotobiont in die Beschreibung einfloss. Als Lösung, um diese Namen beizubehalten, ohne dass man noch einmal bei null anfangen und alle neu benennen musste, wurde ein Addendum zum Code gezimmert, das den existierenden Namen der Flechten-«Spezies» Bestandsschutz gewährte. Der Artikel, der 1952 in den Code aufgenommen wurde, besagt: «Zu nomenklatorischen Zwecken sollen die Namen, die Flechten gegeben wurden, so behandelt werden, als bezögen sie sich auf deren Pilzpartner.» Das heißt, aus einer Flechten-«Spezies» wurde eine Pilzspezies. Schluss, fertig, aus.

Der Vorteil dieser Lösung ist die Stabilität des taxonomischen Benennungssystems, was sicher wünschenswert ist. Aber handelt es sich dabei wirklich um eine informierte Entscheidung, die alle Gesichtspunkte berücksichtigte? Hatten die Wissenschaftler jener Zeit überprüft, ob tatsächlich jede Flechten-«Spezies» mit einem einzigen Pilz gleichgesetzt werden kann? Konnte ein und dieselbe Pilzspezies an mehr als einer Flechtensymbiose beteiligt sein? Was, wenn sich herausstellt, dass der Bauplan einer Flechte das Ergebnis des Wechselspiels mehrerer Partner ist? Das ist zum Beispiel bei sogenannten Fotosymbiodemen der Fall, die manchmal völlig verschieden aussehen, obwohl ihre Pilzpartner – und damit ihre wissenschaftlichen Namen – dieselben sind. Der Name *Sticta latifrons* kann sich sowohl auf die auffällige grüne Laubflechte als auch auf die winzig kleine, leicht zu übersehende, mit Cyanobakterien verpartnerte Strauchflechte beziehen (siehe S. 134).

DNA-Analysen enthüllten noch mehr Fälle, in denen ein und dieselbe Pilzspezies an verschiedenen, unterschiedlich aussehenden Flechtensymbiosen beteiligt ist. Ein Beispiel sind die sogenannten Phantom-Phänotypen, Flechten mit derselben Pilzspezies, aber unterschiedlicher Wuchsform, in denen sich die Fotobionten *nicht* unterscheiden. Noch verwirrender sind Flechten, die immer die gleichen morphologischen Merkmale aufweisen – was manche Flechtenforscher als «gute Art» bezeichnen würden –, bei denen jedoch verschiedene Lager verschiedene (wenngleich verwandte) Pilzarten beherbergen. In diesen Fällen spricht man von «kryptischen» Arten, weil die Pilzspezies nicht allein anhand des Aussehens der Flechte vorhergesagt werden kann. Dummerweise lassen sich diese Arten ohne DNA-Sequenzierung nicht zuverlässig identifizieren. Durch die oben angeführten Beispiele zieht sich ein roter Faden: Das Aussehen einer Flechtensymbiose entspricht keineswegs eins zu eins dem Eine-Flechte-ein-Pilz-Paradigma.

→ Der Pilz der wahrlich weltweit verbreiteten Echten Würmchenflechte *(Thamnolia vermicularis)* galt als eine einzige Spezies, bis die rumänisch-schwedische Flechtenforscherin Ioana Brännström und ihr Team herausfanden, dass es noch zwei weitere Spezies gibt: eine im hohen Norden *(Thamnolia tundrae)* und eine in den Alpen *(Thamnolia taurica)*. Bei den Flechten, an denen diese drei Pilzspezies beteiligt sind, handelt es sich um buchstäblich nicht unterscheidbare, kryptische Arten.

↑ Zur Alpha-Taxonomie gehört die korrekte Bestimmung der Art und die Einordnung in die richtige Gattung. Was die Taxonomie der Flechtenpilze angeht, haben technologische Durchbrüche zu großen Fortschritten geführt. Das Mikroskop ermöglichte es Bearbeitern, die Bedeutung von Sporen zu erkennen. Die Untersuchung sekundärer Pflanzenstoffe als Methode, um Gattungen und Arten zu charakterisieren, wurde von Chicita und Bill Culberson, zwei führenden Flechtenchemikern, zur Perfektion gebracht. Die DNA-Sequenzierung veränderte unser Verständnis von Gattungen und Arten vollkommen. Die Flechte, die heute *Polycauliona candelaria* heißt, war zuvor in nicht weniger als 15 verschiedene Gattungen eingeordnet worden, unter anderem anhand morphologischer Merkmale als *Lichen candelarius* (von Linné) bzw. *Lecanora candelaria* (von Acharius), anhand von Sporen als *Callopisma candelaria* (von Trevisan) oder anhand der Morphologie und Farbchemie als *Xanthoria candelaria* (von Theodor Magnus Fries), ehe sie mithilfe von DNA-Sequenzierungsdaten ihren heutigen Platz im Pilzstammbaum fand.

↑ Lange hielt man die häufige und weit verbreitete Felsen-Schüsselflechte *(Parmelia saxatilis)* für eine einfach zu bestimmende Art, die in der Regel auf Felsen in den gemäßigten Breiten beider Hemisphären wächst. Die DNA-Sequenzierung enthüllte mindestens vier «verborgene» Arten innerhalb eines relativ kleinen Bereichs ihres weltweiten Verbreitungsgebiets. In vielen weiteren Fällen stellte sich heraus, dass Arten, von denen wir dachten, wir kennen sie, noch unerkannte Arten miteinschließen, manchmal sogar in ziemlich großer Zahl. Den Rekord hält derzeit die Basidiomyceten-Flechtengattung *Cora;* vor 30 Jahren glaubte man noch, es handle sich um einen einzigen Flechtenpilz, doch heute weiß man, dass es sich um mindestens 250 Arten handelt (siehe S. 188).

FLECHTEN HABEN KEINE NAMEN

Nun, nach gut eineinhalb Jahrhunderten Erforschung von Flechtensymbiosen, kommt es zu einer ironischen Wendung: Der Umstand, dass Flechten, die Ausgestaltungen dieser Symbiosen, keine eigenen Namen haben, wird von Lichenologen mehr und mehr als ungerecht(fertigt) empfunden. Die wissenschaftlichen Namen beziehen sich formal auf den Pilz und die Alge bzw. das Cyanobakterium. Oft kann die Flechte mit der Pilzart gleichgesetzt werden, oft aber auch nicht oder nur mit viel gutem Willen. Doch alte Traditionen sterben nur langsam: Nach wie vor werden Flechtenpilze in der wissenschaftlichen Literatur auf Grundlage ihrer Morphologie in der Symbiose beschrieben, und viele Lichenologen setzen Pilzspezies immer noch gewohnheitsmäßig mit Flechten-«Spezies» gleich.

↓ Die Benennung von Flechten ist alles andere als einfach. Die Lippen-Schwielenflechte hat mindestens drei Namen: Ihr Trivialname Lippen-Schwielenflechte bezeichnet die Flechte als Ganzes, der wissenschaftliche Name *Physcia tenella* bezieht sich allein auf den Pilzpartner, und die wissenschaftliche Gattung *Trebouxia* benennt die Grünalge, die in dieser Flechte zu finden ist.

In diesem Buch sprechen wir oft davon, dass der Pilz [Wissenschaftlicher Name] *Bestandteil* oder Pilzpartner einer bestimmten Flechte ist; seine symbiotische Ausgestaltung – die Flechte also – bezeichnen wir als die «[Pilzname]-Flechte» oder verwenden deren Trivialnamen, zum Beispiel Rentierflechte oder Mauerflechte. Sprache ist wichtig, und wir sind zuversichtlich, dass ein kleines bisschen mehr Pedanterie dazu beitragen wird, die Erwartungen herunterzuschrauben, was die Rolle des Pilzes für die Entstehung der äußeren Erscheinung der Flechte angeht, eine Rolle, über die wir immer noch sehr wenig wissen.

FLECHTENPILZE IN DEN STAMMBAUM DER PILZE EINORDNEN

Bevor es die DNA-Sequenzierung gab, wurden Pilze, Flechtenpilze eingeschlossen, auf Grundlage von morphologischen und anatomischen Merkmalen klassifiziert; dazu zählen beispielsweise die Form und der innere Aufbau von Fruchtkörpern, wie das Hymenium (Fruchtschicht), die Asci bzw. Basidien (Sporenbehälter) sowie die Art der Sporen. Im Lauf der Forschungsgeschichte wurden diese Merkmale unterschiedlich wahrgenommen und gewichtet, sodass unterschiedliche Systematiker zu unterschiedlichen Lösungen kamen. Etwa ab der zweiten Hälfte des 20. Jahrhunderts näherten sich die Klassifizierungen einander an, und es herrschte so etwas wie Konsens.

Doch gerade als die Wissenschaftsgemeinschaft glaubte, eine gute Klassifikation gefunden zu haben, kam die DNA-Sequenzierung auf und warf alles über den Haufen. Diejenigen, die die traditionellen Einteilungen verteidigten, behaupteten, die DNA-Daten könnten nicht stimmen, doch es zeigte sich sehr schnell, dass vieles von dem falsch war, was wir über die Evolution der Pilzmorphologie, die Flechten eingeschlossen, zu wissen glaubten.

Um eine drei Jahrzehnte dauernde Geschichte auf den Punkt zu bringen: Die moderne Klassifikation der Pilze, inklusive der Pilze, die an Flechten beteiligt sind, unterscheidet sich stark von der, die Systematiker vor wenig mehr als 30 Jahren erarbeitet hatten.

FLECHTENPILZE IM PILZ-STAMMBAUM DES LEBENS

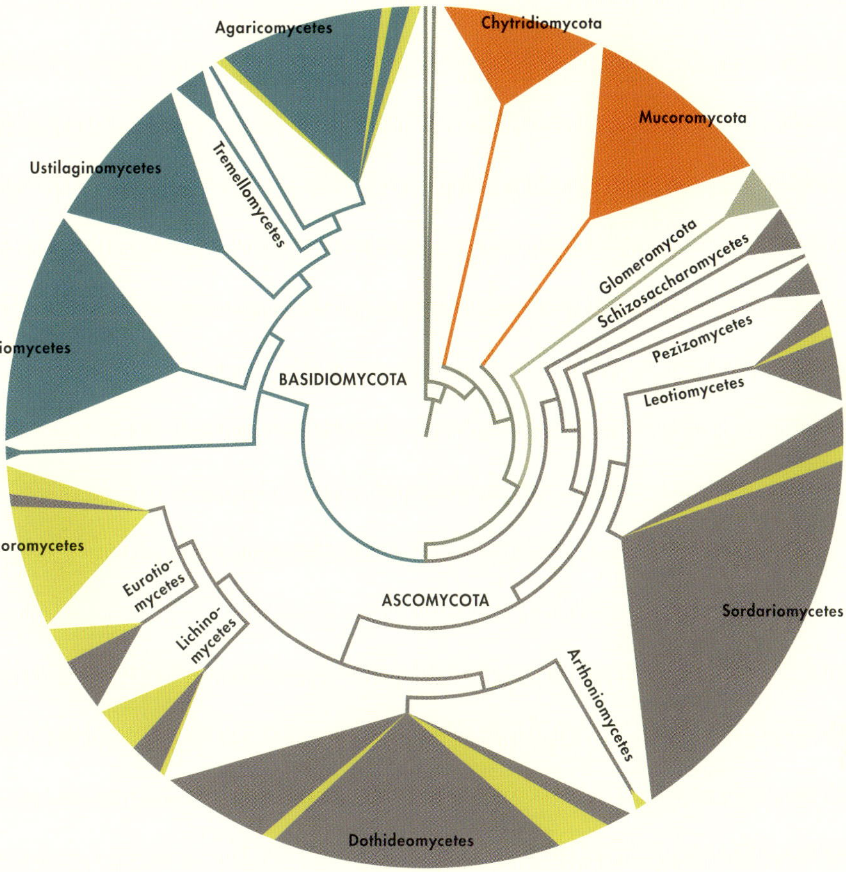

Und selbst die neuen Klassifikationen werden immer wieder durch neue Befunde infrage gestellt. Zu den neuesten Entdeckungen gehört die Erweiterung der Klasse der Lichinomyceten – eine mutmaßlich kleine Klasse von mit Cyanobakterien verpartnerten Flechten – um die leuchtend gelben *Candelaria*-Flechten und die rätselhaften Erdzungen der Gattung *Geoglossum* (siehe S. 170–171). Vermutlich ist mit ähnlichen Überraschungen zu rechnen, wenn es darum geht, Gattungen und Arten zu definieren.

Flechtenpilze im Pilz-Stammbaum des Lebens

Dieses Schema stellt die Echten oder Höheren Pilze (Eumycota) dar, hervorgehoben sind die 5 wichtigsten Stämme (Phyla): **Chytridiomycota** (Töpfchenpilze und ihre Verwandten, oft in kleinere Phyla unterteilt), **Mucoromycota** (Köpfchenschimmel und ihre Verwandten, oft in kleinere Phyla unterteilt), **Glomeromycota** (arbuskuläre Mykorrhizapilze, manchmal bei den Mucoromycota eingeordnet) und die beiden größten Stämme **Ascomycota** (Schlauchpilze) und **Basidiomycota** (Ständerpilze, Porlinge, Rost- und Brandpilze und weitere Verwandte). Flechtenpilze, oben gelb markiert, finden sich nur bei den Asco- und den Basidiomycota, dort sind sie über 8 Klassen verteilt: **Leotiomycetes** (Gallertkäppchen, Grünspanbecherlinge und Verwandte), **Sordariomycetes** (Vielgestaltige Holzkeule und Verwandte), **Arthoniomycetes** (Fleckflechten und Verwandte), **Dothideomycetes** (zu denen viele Pflanzenpathogene gehören), **Eurotiomycetes** (Schimmelpilze wie *Aspergillus* und *Penicillium*), **Lichinomycetes** (Nabelgallertflechten, Erdzungen, Leuchterflechten und Verwandte), **Lecanoromycetes** (Kuchenflechten und Verwandte, in dieser Gruppe sind die meisten Flechtenpilze zu finden) und **Agaricomycetes** (Ständerpilze, Porlinge, Keulchen und weitere Verwandte). Zu den **Tremellomycetes** gehören unter anderem Zitterlinge und hefeähnliche Pilze, die oft in der Rinde von Flechtenlagern vorkommen. Die anderen hier gezeigten Klassen – **Schizosaccharomycetes** (Spalthefen und Verwandte), **Pezizomycetes** (Becherlingsartige und Verwandte), **Pucciniomycetes** (wie z. B. Rostpilze) und **Ustilaginomycetes** (Brandpilze) – bilden keine Flechten.

ANZIA ELECTRA

Bernstein-Schwarz-schwammflechte

40 Millionen Jahre Dornröschenschlaf

WISSENSCHAFTLICHER NAME	*Anzia electra* Rikkinen & Poinar
STAMM, FAMILIE	Ascomycota,Parmeliaceae
WUCHSFORM	Laubflechte mit schmalen, geraden, grauen bis braunen Lappen
ARTEN IN DER GATTUNG	34
LEBENSRAUM	Feuchte und gut erhaltene Bergwälder in gemäßigten und tropischen Regionen
BESONDERHEITEN	Durch das schwarze Reticulum (wörtlich: «Netzchen») ist dieses Fossil eindeutig als *Anzia* zu identifizieren.

Von Flechten und von Pilzen ganz allgemein gibt es nur wenige Fossilfunde. Die am besten erhaltenen Flechtenfossilien wurden in Bernstein gefunden, und der älteste bekannte Bernstein mit Flechtenfossilien darin ist etwa 40 Millionen Jahre alt. Doch bei Weitem nicht alles, was als Flechte in Bernstein beschrieben wurde, ist auch tatsächlich eine Flechte. *Anzia electra* stellt eine spektakuläre Ausnahme dar.

Die am besten und am schönsten erhaltenen Fossilien sind die, die in Bernstein eingebettet sind. Bernstein ist kein Mineral, sondern entsteht aus dem Harz, das von bestimmten Bäumen, Kiefern zum Beispiel, abgesondert wird. Das klebrige Harz schließt kleine Organismen, wie Insekten, Moose und Flechten, ein. Während der älteste bekannte Bernstein aus dem Karbon stammt (320 Mio. Jahre vor heute) und fossile Gliederfüßer seit der Trias (vor 230 Mio. Jahren) und in großer Zahl seit der Kreidezeit (vor 130 Mio. Jahre) bekannt sind, wurden bislang noch keine Flechten in Bernstein aus so alter Zeit gefunden. Aber die Hoffnung stirbt zuletzt.

Nur wenige Flechtenfossilien weisen so einzigartige Merkmale auf, dass sie sich identifizieren lassen. *Anzia* ist die große Ausnahme. Das schwammartige, schwarze Polster (Reticulum) auf der Unterseite der Lappen kennen wir von keiner anderen Flechte, und *Anzia electra* ist so gut erhalten, dass es keinen Zweifel an ihrer Identität gibt. Man hat das Fossil sogar mit heutigen Vertretern der Gattung verglichen, zum Beispiel *Anzia japonica*. *Anzia*-Flechten, die in wenig vom Menschen berührten, feuchten Bergwäldern gemäßigter und tropischer Regionen vorkommen, bieten einen beeindruckenden Anblick – und das muss schon vor 40 Millionen Jahren so gewesen sein.

→ Eine hervorragend erhaltene *Anzia electra* in baltischem Bernstein. Das typische schwarze Reticulum, das «Markenzeichen» der Gattung *Anzia*, ist gut zu erkennen.

PYRENULA ANOMALA

Klumpige Pockenflechte

Eine tropische Entdeckung von Acharius

WISSENSCHAFTLICHER NAME	*Pyrenula anomala* (Ach.) Vain.
STAMM, FAMILIE	Ascomycota, Pyrenulaceae
WUCHSFORM	Krustenflechte mit schwarzen Flecken aus teilweise eingesenkten Perithecienhaufen
ARTEN IN DER GATTUNG	170
LEBENSRAUM	Baumrinde in tropischen Regenwäldern
BESONDERHEITEN	Eine der häufigsten und am leichtesten zu erkennenden Arten der Gattung

Während große Laubflechten in den gemäßigten Breiten ein vertrauter Anblick sind, haben tropische Wälder Krustenflechten im Überfluss zu bieten. Viele davon gehören zu Gruppen, von denen nur wenige außerhalb der Tropen zu finden sind. Eine davon sind die Pyrenulaceae, und *Pyrenula anomala* ist eine der häufigsten Vertreterinnen dieser Familie.

Pyrenulaceae sind Krustenflechten, die sich über Sporen ausbreiten, die in geschlossenen Perithecien gebildet werden. Vertreter dieser Familie haben schwarze Perithecien, aber das allein genügt nicht für eine sichere Bestimmung; dafür werden Details der mikroskopisch kleinen Sporen benötigt. Die Sporen von *Pyrenula* sind braun, während die einer oberflächlich betrachtet ähnlichen Gruppe von tropischen Krustenflechten, den Trypetheliaceae, farblos sind.

Pyrenula anomala ist eine der wenigen tropischen Krustenflechten, für die der schwedische Flechtenforscher Erik Acharius (1757–1819) als Erstbeschreiber zeichnet. Acharius arbeitete vor allem mit Flechten der gemäßigten Breiten und konzentrierte sich auf ihre Morphologie, auch weil sein Mikroskop nicht leistungsfähig genug war, um Details an den Sporen zu erkennen. Da er die Besonderheit der Sporen nicht kannte, ordnete er die Art der Gattung *Trypethelium* zu, gab ihr aber das Artepitheton *anomalum,* da sie anders aussah als andere Arten dieser Gattung. 100 Jahre später, als die Flechte ihren richtigen Platz in der Gattung *Pyrenula,* im deutschen Sprachraum auch Pockenflechten genannt, gefunden hatte, zeigte sich, dass sie, anders als der Name andeutet, keine «anomale» *Pyrenula* ist.

→ *Pyrenula anomala* ist häufig auf Baumrinde in tropischen Regenwäldern anzutreffen. Die meisten Beobachtungen stammen aus den tropischen Regionen Amerikas und Asiens, im tropischen Afrika wurde sie bislang nur selten gefunden. Die Sporen von *Pyrenula* sind braun; bei einigen Arten, wie z. B. *P. subpraelucida,* werden sie ziemlich groß und haben ein auffälliges Aussehen.

SARCOGRAPHA HETEROCLITA

Gefächerte Fleischschriftflechte

Komplizierte Strukturen zur Sporenausbreitung

WISSENSCHAFTLICHER NAME	*Sarcographa heteroclita* (Mont.) Zahlb.
STAMM, FAMILIE	Ascomycota, Graphidaceae
WUCHSFORM	Krustenflechte mit schriftähnlichen, geteilten Apothecien
ARTEN IN DER GATTUNG	41
LEBENSRAUM	Tropischer Regenwald
BESONDERHEITEN	Die in Gruppen angeordneten Apothecien sind in zahlreiche winzige Kammern unterteilt.

Die Schriftflechten aus der Familie Graphidaceae stellen die zweitgrößte Flechtenpilz-Gruppe dar und die größte in den Tropen; weit über 2000 Spezies sind von dort bekannt, und schätzungsweise 1500 weitere warten noch auf ihre Entdeckung. Mit ihren auffälligen Fruchtkörpern erregen sie die Aufmerksamkeit der Betrachtenden, insbesondere wenn viele verschiedene Arten in enger Nachbarschaft auf Baumrinde wachsen. Weshalb sie eine solche Formenvielfalt bei ihren reproduktiven Strukturen entwickelt haben, ist unbekannt.

Sarcographa ist eine von etwa 80 Gattungen, die derzeit innerhalb der Graphidaceae geführt werden. Bevor es die DNA-Sequenzierung gab, war die Einteilung dieser Familie viel einfacher: Es wurden gerade einmal acht Gattungen unterschieden, je nachdem ob die Apothecien einzeln oder in Gruppen in erhöhten Bereichen des Lagers standen, ob die Sporen farblos oder braun waren und ob die Sporen in nur eine Richtung (transversal) unterteilt («septiert») waren oder in beide (muriform).

Diese schematische Einteilung ergab 2 × 2 × 2 = 8 mögliche Kombinationen. Leicht zu lernen, aber weit entfernt von der Wirklichkeit evolutionärer Beziehungen. Charakteristisch für *Sarcographa* sind Apothecien in Gruppen und braune, transversal septierte Sporen. Die Gattung hat die DNA-Revolution überlebt, aber sie ist größer geworden und enthält jetzt auch einige Arten mit muriformen Sporen.

→ *Sarcographa*-Arten erkennt man an ihren in Gruppen angeordneten Apothecien in erhöhten, weißen Bereichen, die sich vom grünen oder braunen Lager abheben. *Sarcographa heteroclita* kommt überall in den Tropen vor; typisch für sie sind die länglichen Apotheciengruppen, die in winzige Kompartimente unterteilt sind.

GRAPHIS SCRIPTA

Gewöhnliche Schriftflechte

In Rinde geschriebene taxonomische Geheimnisse

WISSENSCHAFTLICHER NAME	*Graphis scripta* (L.) Ach.
STAMM, FAMILIE	Ascomycota, Graphidaceae
WUCHSFORM	Krustenflechte mit weißlichem Lager und schriftartig angeordneten Apothecien
ARTEN IN DER GATTUNG	200
LEBENSRAUM	Bäume mit weicher Rinde in den Wäldern der gemäßigten Zonen der Nordhalbkugel
BESONDERHEITEN	Die einzige häufige Schriftflechte in den gemäßigten Breiten

Die Gewöhnliche Schriftflechte, *Graphis scripta,* gehört zum illustren Club der Flechten, die in Linnés Buch *Species Plantarum* von 1753 abgehandelt werden; dort steht sie als *Lichen scriptus.* Der Name leitet sich von der speziellen Form der sporenproduzierenden Apothecien her, die längliche und oft verzweigte Muster bilden, Muster, die an Hieroglyphen oder Runen erinnern.

Die Schriftflechten (Graphidaceae) sind eine überwiegend tropische Familie, mit Hunderten von Arten, die in tropischen Regenwäldern vorkommen. Nur einige wenige haben es bis in gemäßigte und kaltgemäßigte (boreale) Regionen geschafft, und von denen ist *Graphis scripta* bei Weitem die häufigste.

Ein Grund dafür könnte ihr Fotobiont sein, eine *Trentepohlia*-Art. Die Gattung kommt sehr häufig in Flechten tropischer Lebensräume vor. Möglicherweise ist *Graphis scripta* mit einem bestimmten Stamm von *Trentepohlia* vergesellschaftet, der kühlere Umweltbedingungen besser verträgt. Etwas Ähnliches wurde bei anderen tropischen Krustenflechten beobachtet, den Trypetheliaceae. Eine einzige Art, *Viridothelium virens,* hat es bis weit hinauf nach Nordamerika geschafft; möglicherweise ist sie mit demselben Fotobionten vergesellschaftet wie *Graphis scripta.*

Lange glaubte man, *Graphis scripta* sei eine einzige Art mit einer weiten Verbreitung in der nördlichen Hemisphäre, aber die DNA-Sequenzierung des Pilzpartners ließ Zweifel aufkommen: *Graphis scripta* besteht aus vielen Stammeslinien, von denen sich einige so stark voneinander unterscheiden, dass sie wahrscheinlich als unterschiedliche Arten angesehen werden müssen. Allerdings finden sich kaum Korrelationen mit den morphologischen Merkmalen, was die vorgeschlagenen alternativen Klassifikationen infrage stellt. Bis auf Weiteres wird die Flechte von Taxonomen als «Arten-Komplex» behandelt.

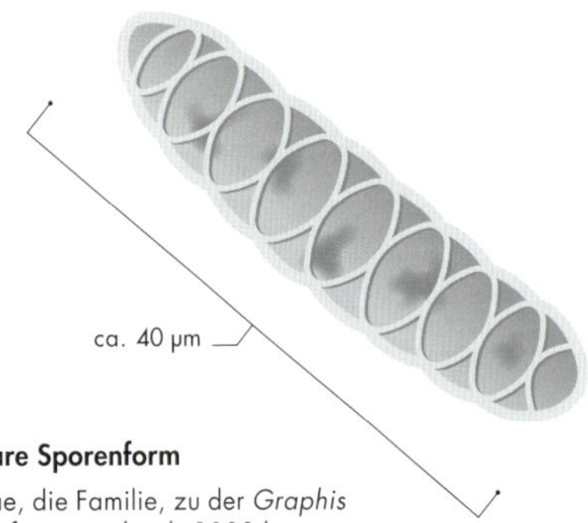

Unverwechselbare Sporenform

Die Graphidaceae, die Familie, zu der *Graphis scripta* gehört, umfassen mehr als 2000 bekannte Arten. Viele haben diesen besonderen Typus sexueller Sporen (Ascosporen), mit zahlreichen, in einer Reihe angeordneten linsenförmigen Zellen, die durch verdickte Zellwände voneinander getrennt sind.

→ *Graphis scripta,* die Gewöhnliche Schriftflechte, stellt eine der «klassischen» Flechten dar, die schon Linné und andere Naturforscher vor ihm kannten. Obwohl sie wie eine einzige Art erscheint, könnte sie tatsächlich aus vielen bestehen.

CORA ELEPHAS

Elefanten-Herzflechte

Verborgene Arten vor aller Augen

WISSENSCHAFTLICHER NAME	*Cora elephas* Lücking, B. Moncada & L. Y. Vargas
STAMM, FAMILIE	Basidiomycota, Hygrophoraceae
WUCHSFORM	Laubflechte mit gerundeten Lappen
ARTEN IN DER GATTUNG	Etwa 90 bekannte, geschätzt 450
LEBENSRAUM	Vor allem in neotropischen Bergregenwäldern und Páramos (feuchten Hochlandsteppen)
BESONDERHEITEN	Die grauen Lappen werden von einem dicken weißen Rand umrahmt.

Der DNA-Sequenzierung verdanken wir, dass das Phänomen der verborgenen Vielfalt entdeckt wurde: vorher unerkannte Arten innerhalb einer einzigen wohl bekannten Spezies. Wenn solche «verborgenen» Arten eng miteinander verwandt sind, sprechen Fachleute von «kryptischer Artbildung» – nicht zu verwechseln mit «verborgen, weil gut getarnt», sondern im übertragenen Sinn: Etwas, das verborgen ist, obwohl es sich direkt vor unserer Nase befindet.

Der derzeitige Weltmeister in der Verborgene-Vielfalt-Konkurrenz ist die Gattung *Cora,* von der man lange dachte, es handele sich um eine einzige Art, jetzt weiß man jedoch, dass sie Hunderte von Arten umfasst.

Als ein internationales Forscherteam die DNA-Sequenzierungsdaten von *Cora*-Flechten analysierte, glaubte es zunächst, sie hätten einen Fehler gemacht, da die Daten nicht aussahen wie die, die man von einer einzigen Art erwartete. Schließlich stellte sich heraus, dass sie sich nicht geirrt hatten, was man ursprünglich für eine Art gehalten hatte, erwies sich als eine Mischung aus vielen verschiedenen Spezies. Bis heute wurden 90 gezählt, und weitere 160 warten noch auf ihre formale Beschreibung – aber es scheint kein Ende in Sicht zu sein.

Jahrelang führte *Cora* als eine der scheinbar wenigen existierenden Basidiomyceten-Flechten ein Schattendasein neben ihren vielen Verwandten von der Ascomyceten-Flechtenseite. Studien von Manuela Dal Forno und Bibiana Moncada haben sie nun in die Top Ten der artenreichsten Gattungen der Flechtenpilze katapultiert, mit schätzungsweise 450 Spezies.

→ *Cora elephas* ist eine von mehreren Hundert vorher unerkannten Arten der Gattung *Cora*. Sie wurde im Páramo von Sumapaz in Kolumbien entdeckt. Ihren Namen verdankt sie ihrer Größe, ihrer robusten Erscheinung und der grauen, an Elefanten erinnernden Farbe.

FLECHTEN-ÖKOSYSTEME

Wo sich Flechten wohlfühlen

Ein beträchtlicher Teil der Erdoberfläche – schätzungsweise zwischen 5 und 10 Prozent – wird von Flechten dominiert. Praktisch bedeutet das, dass Flechten in diesen Regionen überall mehr Fläche abdecken als Gefäßpflanzen oder Moose.

5–10 Prozent der Erdoberfläche klingen zwar beeindruckend, doch sich allein auf den Boden zu konzentrieren, hieße, das große Ganze aus dem Auge zu verlieren. In einem wesentlich größeren Teil der Vegetation, weitläufige Wälder und Stadtgebiete eingeschlossen, überziehen Flechten diese in einer dritten Dimension, so erzielen sie Oberflächen-Ausdehnungen, die in manchen Fällen selbst mit denen von Bäumen konkurrieren können.

FLECHTENLANDSCHAFTEN

In den Teilen der Erde, die von Flechten dominiert werden, herrschen in der Regel Umweltbedingungen, die wir Menschen als hart bezeichnen würden. Von Flechten dominierte Oberflächen findet man auf allen Längen- und Breitengraden. Obwohl es keine Formel gibt, die all die Umweltfaktoren erfasst, die für die Vorherrschaft von Flechten eine Rolle spielen, zeichnen sich doch ein paar immer wiederkehrende Themen ab.

→ Flechtenlandschaft. Das Tiefland an der kanadischen Hudson Bay, hier im Wapusk National Park, ist von mattenbildenden *Cladonia*-Flechten bedeckt, so weit das Auge reicht. Die Karte von Nordamerika und Grönland (kleines Bild) wurde vom World Cover Project der Europäischen Weltraumorganisation (ESA) erstellt und zeigt, blassgelb eingefärbt, die enorme Ausdehnung der *Cladonia*-Landschaften.

An Orten, an denen es kalt ist und wenig Evapotranspiration (Verdunstung von Boden- und Wasseroberflächen und durch Pflanzen) stattfindet, wie etwa der Tundra, kommen Flechten in großer Zahl vor. Hohe Berge, arktische Felstundren und antarktische Kältewüsten sind reich an Flechten. Die Jahresdurchschnittstemperaturen liegen oft unter dem Gefrierpunkt, eine unwirtliche Umgebung für die meisten Lebewesen, aber Flechten kommen hier gut zurecht, wenn auch alles langsam vor sich geht.

Zur vorherrschenden Lebensform können Flechten auch dort werden, wo die Böden zu flachgründig oder zu trocken für Gefäßpflanzen sind, wo sich aber Wasser in Form von Nebel oder Tau aus der Atmosphäre gewinnen lässt. Das begünstigt die Entwicklung von Flechtenlandschaften etwa in Wüsten an der Küste. In der Namib-Wüste, die sich entlang der Südwestküste Afrikas erstreckt, sind ganze Ebenen mit leuchtend orangen Strauchflechten bedeckt; die Pigmente dienen wahrscheinlich dem Schutz der Flechtenalgen vor der intensiven Sonneneinstrahlung. Die Sandoberfläche kann sich hier bis auf 75 °C aufheizen, und die Flechten leben vom Morgennebel, der über den kalten Wassern des nahe gelegenen Atlantischen Ozeans entsteht. Flechten dominieren also überall dort, wo ihnen ihre Superkräfte einen Vorteil gegenüber Moosen und anderen Pflanzen verleihen.

↖ Die Nadelwälder im hohen Norden sind die flächenmäßig größten Ökosysteme der Erde, mit einer hohen Artenvielfalt und einem hohen Flechtenaufkommen. Die Flechten wachsen oft nicht nur auf dem Boden, sondern auch in den Baumkronen, wie hier im Whiteshell Provincial Park im kanadischen Manitoba (oben). Rentierflechten (verschiedene *Cladonia*-Arten) bedecken ausgedehnte Flächen in borealen Wäldern und arktischen Tundren (unten).

→ Tropische Regenwälder wie der im Henri Pittier National Park in Venezuela (A) oder in Madre de Dios im peruanischen Amazonasgebiet (B) bringen die höchste Flechten-Diversität auf kleinstem Raum hervor. Bei den meisten Pflanzen und Tieren kommen verwandte Arten entweder in ökologisch verschiedenen oder in geografisch getrennten Räumen vor. Flechtengemeinschaften dagegen beherbergen oft Arten derselben Gattung in unmittelbarer räumlicher Nähe zueinander. Hier (C) sind sechs Arten von *Astrothelium* auf einer kleinen Rindenfläche eines Baumes im peruanischen Amazonasgebiet zu sehen.

→ Die Anden-Páramos – hier der Páramo El Ángel in Nordecuador – beherbergen reiche Flechtengemeinschaften, doch die Flechtenvielfalt in diesen Ökosystemen kann man erst bei näherer Betrachtung wirklich wertschätzen.

← Die Blätter in einem tropischen Regenwald – hier in Französisch-Guayana – können mit verschiedenen, farbigen Gemeinschaften winziger Flechten bedeckt sein, manche davon kaum mehr als ein paar Millimeter groß.

↓ Auf Blättern lebende Flechten halten mit 50 Arten auf einem einzigen Blatt den Rekord der größten Flechtenvielfalt auf kleinstem Raum. Das entspricht 1 % der Flechtenvielfalt in einem ganzen Land, wie etwa Brasilien oder die Vereinigten Staaten.

VEGETATION IM FLECHTENGEWAND

Der größte Teil der mit Pflanzen bedeckten Erdoberfläche besteht aus Wäldern und Grasland. Flechten dominieren hier zwar nicht, sie gehören aber trotzdem zu den wichtigen Playern. Tatsächlich ist die Flechtendiversität hier mit am größten.

Neben Boden und Felsen haben Wälder eine unglaubliche Vielfalt an organischen Substanzen zu bieten: Holz und Rinde und – besonders in den Tropen – Blätter. Selbst nach ihrem Tod und im Verfall begriffen stellen sie noch Substrat zur Verfügung: als Baumstümpfe, rindenlose Äste oder gefällte Stämme. Die Substrate können sich an exponierten Stellen befinden, zum Beispiel in den Baumwipfeln, oder an schattigen Plätzen auf dem Waldboden. Sie können von einem zarten Windhauch umspielt oder von schwülwarmer stehender Luft behütet werden. Jede Pflanzenart, die Flechten trägt, hat ihre eigene Rinde und ihre eigene Holzchemie, sodass durch die möglichen Kombinationen unfassbar viele Mikrohabitate entstehen.

Die Flechtenbiomasse allein erlaubt nicht zwangsläufig einen Rückschluss auf die Artenvielfalt. Manche der Bereiche mit der höchsten Diversität sehen für den Nichtfachmann möglicherweise nicht einmal wie Flechtenlebensräume aus. Das gilt zum Beispiel für viele tropische Regenwälder. Die Lebensräume, die anderswo Flechten beherbergen würden, sind hier von Moosen und Epiphyten überwuchert, doch auf der Oberfläche der immergrünen Blätter erreichen Flechten eine erstaunlich große Diversität. Das gelingt ihnen dank einer Kombination aus kurzem Lebenszyklus und unzähligen Anpassungen zur Ausbreitung (siehe S. 53).

↑ Die Namib-Wüste im südwestlichen Afrika (Angola, Namibia und Südafrika) ist bekannt für ihre farbenprächtigen Flechtengemeinschaften, die sich meist aus kräftig pigmentierten Vertretern der Familie Teloschistaceae, hier *Dufourea flammea,* zusammensetzen.

↑ Einige der größten Kältewüsten der Erde befinden sich in der Antarktis, und das makroskopische Leben dort besteht zum großen Teil aus Flechten. Mehr als 300 Arten sind bekannt, die meisten davon auf Fels lebende Krustenflechten. Einige wachsen sogar *im* Fels, wo sie Schutz vor den Elementen erfahren. Die ikonische *Usnea aurantiacoatra* gehört zu den auffälligeren Makroflechten.

Wasser- und Nährstoff-Kreislauf

Dass Flechten als Pioniere der Primärsukzession fungieren, ist schon lange bekannt. Sie helfen, den Boden zu stabilisieren, und erleichtern die spätere Entwicklung von Pflanzengemeinschaften. Doch ihr Beitrag ist noch viel größer: Flechten stellen wichtige Komponenten in den Wasser- und Nährstoff-Kreisläufen terrestrischer Ökosysteme dar.

Stickstoff-Kreislauf

Mit Flechten verpartnerte Cyanobakterien (unten links) tragen viel zur Fixierung von atmosphärischem Stickstoff bei, vor allem in Lebensräumen wie Wäldern, wo andere Stickstoff-Fixierer unter Umständen rar sind.

- FIXIERUNG
- DENITRIFIKATION
- STICKSTOFF-AUFNAHME
- MINERALISIERUNG

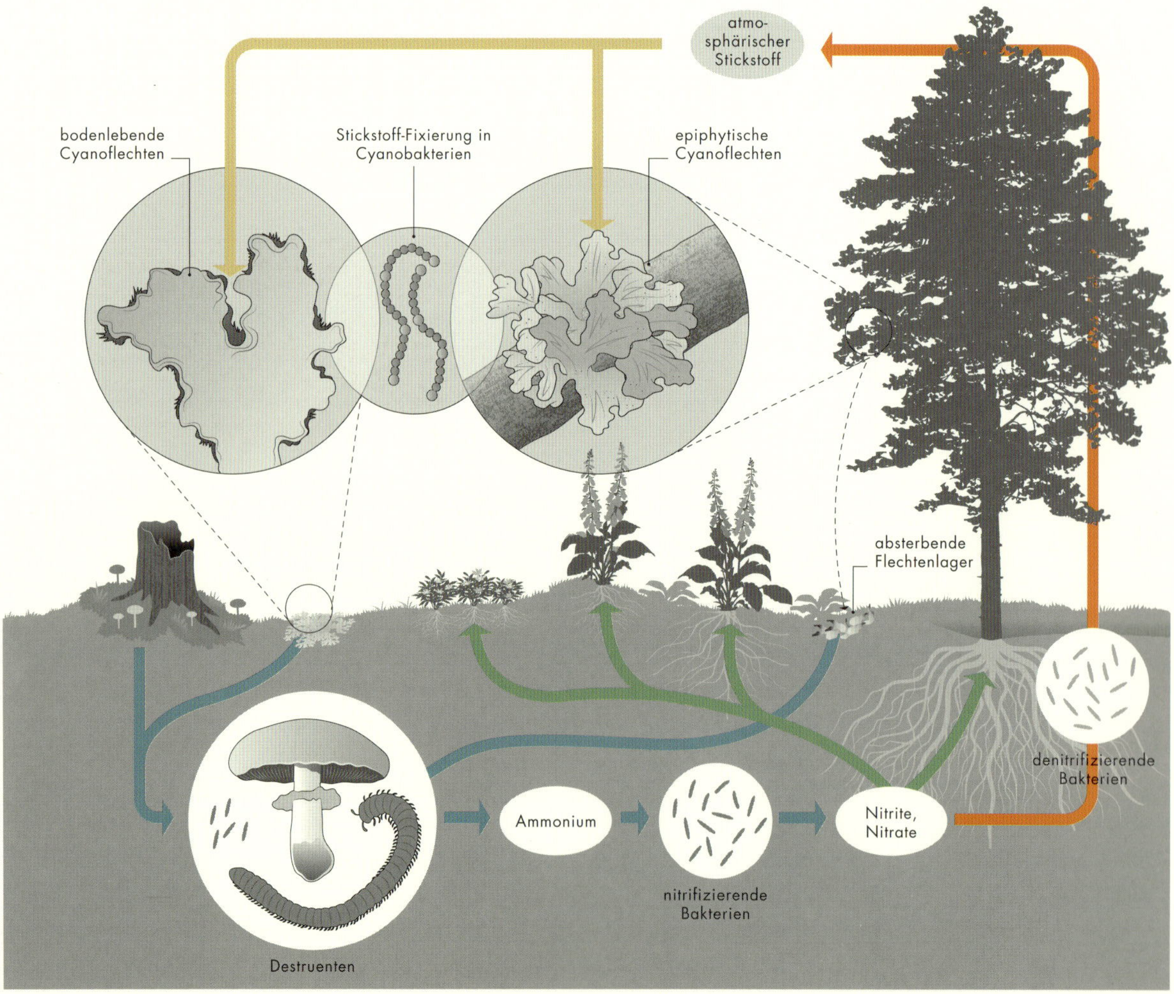

WASSER AUFSAUGEN WIE EIN SCHWAMM

Ein Unterschied zwischen Flechten und anderen Pilzen – und den meisten Pflanzen – ist, dass sie völlig austrocknen können, sogar bis auf Zellniveau, und dann nehmen sie wieder Wasser auf und leben weiter, als sei nichts geschehen. Auf der Ebene der Habitate nehmen Flechten Tausende Liter Wasser auf und geben es langsam wieder ab. Das kann in sehr unterschiedlichen Lebensräumen von Bedeutung sein: In Wüsten verlangsamen am Boden lebende Flechten die Bodenerosion und in Wälder helfen sie, das Ökosystem feucht zu halten, auch lange nachdem es aufgehört hat zu regnen; das konnte experimentell in einer in Costa Rica durchgeführten Studie nachgewiesen werden.

BEITRAG ZUM STICKSTOFF-KREISLAUF

Zwar benötigen alle Lebewesen unterschiedlichste Nährstoffe, um am Leben zu bleiben, doch der wichtigste ist vermutlich Stickstoff. Dieser Baustein wird für viele lebenswichtige Moleküle gebraucht, unter anderem für DNA und für Aminosäuren. Pflanzen können ihren Stickstoff in Form von Ammonium (NH_3) und Nitrat (NO_3) aus dem Boden aufnehmen. Tiere und Pilze erhalten ihren Stickstoff durch die Aufnahme kleiner organischer Moleküle. Stickstoff ist zwar das häufigste Element in der Atmosphäre, doch nur Bakterien sind dazu in der Lage, anorganischen atmosphärischen Stickstoff in Ammonium und Nitrat umzuwandeln. Der Stickstoff-Kreislauf hängt daher von diesen normalerweise unsichtbaren Organismen ab.

Nun, sie sind nicht ganz unsichtbar. Manche Bakterien sind makroskopisch sichtbar und zur Fotosynthese befähigt. Hier kommen die Flechten ins Spiel, da ein großer Teil der terrestrischen Cyanobakterien in Flechtensymbiosen gebunden sind. Nicht ohne Grund weisen nährstoffarme Lebensräume eine Vielzahl von Cyanobakterien- oder Grünalgen-Flechten mit zusätzlichen Cyanobakterien auf, die wesentlich zum Stickstoff-Kreislauf beitragen.

↗ Gallertflechten (hier *Leptogium phyllocarpum*) sind ein Musterbeispiel für die Wasseraufnahmekapazität von Flechten: Sie schaffen bis zu 500 % ihres Trockengewichts und können es eine gewisse Zeit halten. Dadurch fungieren sie als Puffer, um die Luftfeuchtigkeit in ihrem Habitat aufrechtzuerhalten und Bodenerosion zu verhindern.

→ Strauchflechten der Gattung *Stereocaulon* (hier *St. novogranatense* aus Kolumbien) sind in nährstoffarmen Habitaten häufig anzutreffen. Die rosinenähnlichen Cephalodien enthalten Stickstoff fixierende Cyanobakterien.

Was gibt's zu essen?

Flechten sind Teil der Ernährung von Hunderten von Arten weltweit, angefangen von winzig kleinen Milben bis hin zu charismatischen Vertretern der arktischen Megafauna. Welche Rolle Flechten spielen – als Schlüsselart, die das Funktionieren eines Ökosystems sichert –, ist erst in Grundzügen bekannt, aber es zeigt sich immer mehr, dass ohne sie viele andere Spezies verschwinden würden.

Wenn man von Europa in die Vereinigten Staaten fliegt, hat man unter Umständen Gelegenheit, die riesigen Weiten kanadischer Flechtenlandschaften auf dem Flugverfolgungssystem zu sehen. Der felsige Untergrund ist nur von einer dünnen Bodenschicht bedeckt, hie und da verläuft ein schmales aus Bäumen bestehendes Band, und Rentierflechten (*Cladonia*-Arten) beherrschen das Bild dieser Flechtenlandschaft, die von den ersten europäischen Entdeckern als «Flechten-Einöde» bezeichnet wurde, weil sie nichts sahen, woraus man Geld machen konnte. Diese Rentierflechten sind nur 10–20 Zentimeter hoch und harren hier mit flechtentypischer Hartnäckigkeit aus; sie wachsen nicht mehr als 2 Zentimeter pro Jahr in die Höhe. Das klingt nach wenig, aber Wachstum ist Wachstum, und wenn sie nicht gefressen oder abgebrochen würden, würden sie eines Tages eine enorme Mächtigkeit erreichen. Doch ganz ähnlich wie die Sträucher in der Serengeti werden auch die Strauchflechten von grasenden Tieren in Schach gehalten.

→ Die Rentierflechten der nördlichen Hemisphäre sind das bevorzugte Winterfutter der Rentiere oder Karibus.

WINZIG KLEINE FLECHTENFRESSER

Der größte Teil des Flechtenkonsums spielt sich im mikroskopischen Bereich ab, dennoch sollte man seine Bedeutung nicht unterschätzen. Wenn man – wie einst Gulliver bei seiner Reise nach Brobdingnag – in die Flechtenwelt versetzt würde, würde man mit allerhand merkwürdigen Fressgewohnheiten Bekanntschaft machen. Im tropischen Regenwald können die Oberflächen von lebenden Blättern zu reinsten Schlachtfeldern werden. Die Larven von Staubläusen (Psocidae) tauchen dort auf, nachdem sie auf der Blattunterseite geschlüpft sind, und ernähren sich von Flechten und Algen, die auf der Oberseite wachsen; innerhalb weniger Tage löschen sie ganze Flechtengemeinschaften aus. An anderer Stelle in dieser Blätterwelt bewegen sich Nematoden in Schleimteppichen vorwärts und verputzen jede Flechte, derer sie habhaft werden können. Auf vielen Flechten, gleich auf welchem Untergrund sie wachsen, sind Zickzack-Linien auf dem Lager zu erkennen, Spuren, die die winzigen, sich hin- und herbewegenden Köpfe von Schnecken dort hinterlassen haben.

Oft sehen Lichenologen die Ergebnisse solchen Tuns, wissen aber nicht, wer die Übeltäter waren. Bei manchen Flechten werden die stärkehaltigen Apothecien ausgehöhlt, mit Sporen und allem Drum und Dran, die Eindringlinge sind unbekannt und längst über alle Berge. Wenn man eine Flechte aufschneidet, kann man unter Umständen flechtenfressende Milben entdecken oder die ebenso winzigen wie niedlichen Bärtierchen (Tardigrada).

→ Schwarze Stumpfnase *(Rhinopithecus bieti)* beim Verzehr einer Bartflechte, möglicherweise *Usnea longissima*.

←↓ Das große Fressen. Staubläuse sind dazu in der Lage, ganze Flechtengemeinschaften auf Blattoberflächen zu vertilgen.

ERHALTER DER MEGAFAUNA

Die bekanntesten Flechtenfresser haben ein paar Größenordnungen mehr zu bieten. Eines der charismatischsten Huftiere der nördlichen Hemisphäre, *Rangifer tarandus,* in Nordamerika «Karibu», in Europa «Rentier» genannt, ist ein ausgesprochener Flechtenspezialist. Diese Tiere sind darauf angepasst, eine überwiegend aus Flechten bestehende Kost zu verdauen, und ihr Sehvermögen reicht bis in den Ultraviolettbereich; wahrscheinlich können sie so Unterschiede zwischen Flechten erkennen, die uns verborgen bleiben. Die in der Tundra und in borealen Wäldern heimischen Karibus und Rentiere überleben den Winter, indem sie die dünne Schneedecke aufscharren, um an die Flechten heranzukommen, und einige legen in dieser Jahreszeit am meisten an Gewicht zu.

Vertreter der Unterart *Rangifer tarandus caribou* in British Colombia, Kanada, weisen eine einzigartige Anpassung auf: Sie stellen sich auf bis zu 3 Meter hohe Schneehaufen, um Bartflechten der Gattung *Bryoria* von den Bäumen abzuweiden.

An Orten, an denen es wenig Nahrungsauswahl gibt, kann es für Pflanzenfresser schwer sein, durch den Winter zu kommen; möglicherweise war das der Grund, dass manche von ihnen zu Flechtenfressern wurden. Auch die Schwarze Stumpfnase *(Rhinopithecus bieti),* eine in Südwestchina endemische Schlankaffenart, bringt sich mit dem Verzehr von Bartflechten wie *Bryoria nepalensis* und *Usnea longissima* durch den harten Bergwinter. Mit den Karibus haben diese Affen weiterhin gemein, dass sie vom Aussterben bedroht sind, die Folge von Wilderei und Habitatverlust – das Abholzen der alten Wälder, die sie im Winter für ihre Ernährung mit Bartflechten brauchen. Was die Karibus betrifft, so geht das Abholzen leider immer weiter.

VORSICHT, FALSCHER FLECHTENFREUND

Gelegentlich kann eine Flechtenmahlzeit auch die letzte Mahlzeit für ein Tier sein. In Nordamerika sind Fälle bekannt, in denen sich Rinder, Schafe oder Wapitis *(Cervus canadensis)* zufällig mit *Xanthoparmelia chlorochroa* vergiftet haben. Experimente mit Schafen haben gezeigt, dass Usninsäure, ein Hauptbestandteil dieser Flechtenart, die Ursache gewesen sein könnte.

Obwohl es ziemlich viele *Xanthoparmelia*-Arten und auch in großer Individuenzahl gibt, verursachen sie normalerweise keine Vergiftungen. Die meisten Arten sitzen festgewachsen auf Fels und wecken eher nicht das Interesse von Weidetieren. Anders jedoch bei *X. chlorochroa,* die im Englischen auch «Tumbleweed Lichen» heißt: Ihr Lager liegt locker auf dem Boden und sieht aus wie ein *tumbleweed* (Bodenläufer, Steppenroller) im Miniaturformat. Weidetiere merken nicht, dass sie eine Flechte gefressen haben, bis es zu spät ist. Wie wir auf Seite 247 noch sehen werden, nutzen manche Menschen Flechteninhaltsstoffe, um Beutegreifer zu vergiften.

Tarnung und Mimese

Hinter dem Begriff «Tarnung» verbirgt sich eine ziemliche Bandbreite erstaunlicher Phänomene. Tiere, die einem Blatt, einem Zweig oder einer Blüte ähneln, entgehen der Entdeckung durch Fressfeinde in einem unendlichen Hin und Her von Anpassung und Gegenanpassung. In zahlreichen Ökosystemen bilden Flechtengemeinschaften den kleinteilig gemusterten Hintergrund für dieses Spiel, und so verwundert es nicht, dass viele Organismen im Lauf der Evolution die Flechtenkarte gespielt haben.

Tieren von der gleichen Größenordnung wie Flechten bieten sich unendlich viele Tarnmöglichkeiten in diesen farbenfrohen Gemeinschaften. Die Haut von Amphibien und Reptilien weist häufig Musterungen auf, die sie mit dem von Flechten bedeckten Untergrund verschmelzen lassen. Das gilt sogar für Flechtengemeinschaften auf Blattoberflächen, wie zum Beispiel bei *Boana rufitela,* einem in Mittelamerika heimischen Laubfrosch, und *Leptopelis uluguruensis,* einem Vertreter der Waldsteigerfrösche aus Tansania. Kaum Zweifel bestehen hinsichtlich des Zwecks der Flechten-Moos-Tarntracht von Blatt- oder Plattschwanzgeckos der Gattung *Uroplatus.*

Tarnung (das Verschmelzen mit der Umgebung) ist oft nur schwer von Mimese (der Ähnlichkeit mit einem

→ Tarnung. Der zu den Laubfröschen gehörende *Boana rufitela* (unten rechts) weist ein einfaches Tupfenmuster auf, das ihn mit den Flechten auf der Blattoberfläche verschmelzen lässt. Manche Insekten und Insektenlarven (oben die Larve eines Schmetterlings aus der Familie Psychidae in einem mexikanischen Trockenwald) bedecken sich mit Flechtenstückchen.

← Ein Meister der Tarnung sitzt auf diesem mit Flechten und Moosen bedeckten Baumstamm: Der zu den Plattschwanzgeckos zählende *Uroplatus sikorae* ist beinahe unsichtbar.

↑ Manche Insekten scheinen praktischerweise von Flechten überwachsen zu sein, wie diese *Choeradodis rhombicollis*, eine neotropische Fangschrecke.

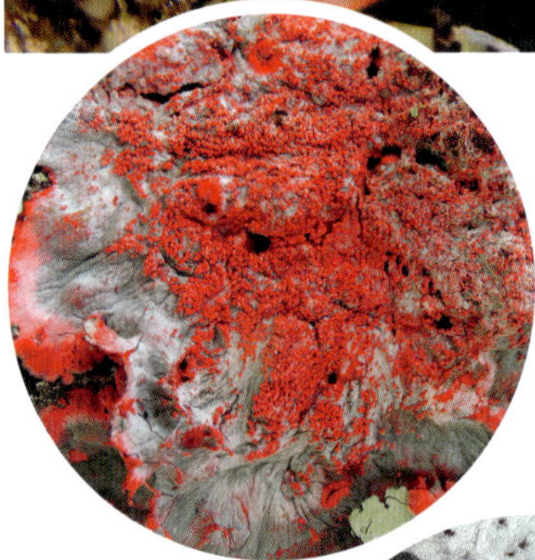

unbelebten Gegenstand) zu unterscheiden. Die in Mittelamerika vorkommende Spitzkopfzikade *Alaruasa violacea* ähnelt den weit verbreiteten tropischen Krustenflechten der Gattung *Arthonia.* Die wachsartigen Fortsätze am Körperende imitieren überdies einen Pilzbefall, was das Insekt für Fressfeinde uninteressant macht. *Chytonix griseorufa,* ein brasilianischer Schmetterling aus der Familie Eulenfalter, ähnelt der weit verbreiteten Flechte *Herpothallon rubrocinctum.*

Nicht zu überbieten ist die Taktik, sich in Flechten zu «kleiden», so wie es einige Insekten tun, um dadurch mit ihrer Umgebung zu verschmelzen. Raupen der Schmetterlingsfamilie Psychidae (deutscher Name: Echte Sackträger) sind mit Flechtenstückchen bedeckt wie mit Dachziegeln. Unverhältnismäßig oft verwenden sie dafür Flechtenarten, die viele chemische Substanzen enthalten. Auf den langlebigen Individuen der neotropischen Fangschrecken-Gattung *Choeradodis* lassen sich winzige Flechten nieder, die normalerweise Blattoberflächen besiedeln, doch offenbar stellt der Insektenkörper ein ähnlich gutes Substrat für sie dar wie ein Blatt. Schlussendlich müssen noch Rüsselkäfer der Gattung *Gymnopholus* erwähnt werden, die auf Papua-Neuguinea zu Hause sind, einschließlich der Art mit dem treffenden englischen Namen «Lichen Weevil» («Flechten-Rüssler», *G. lichenifer*); sie beherbergen ganze Flechtengemeinschaften, und zwar mithilfe spezieller Haare und Sekrete, die von den Käfern ausgeschieden werden. Und um dem noch eins draufzusetzen, fördern die mobilen Flechten im Gegenzug Milbengemeinschaften: eine komplette Nahrungskette huckepack auf einem Rüsselkäfer.

↖↙ Mimese. Der Eulenfalter *Chytonix griseorufa* scheint die rot gerandete Flechte *Herpothallon rubrocinctum* nachzuahmen, und die Spitzkopfzikade *Alaruasa violacea* ähnelt einer *Arthonia*-Art.

→ Bei den Heuschrecken und ihren Verwandten (Orthoptera) gibt es einige Arten, die sich der Flechten als Tarnung bedienen. Die auffällige neotropische Laubheuschreckenart *Anapolisia maculosa* (A) hat auf ihren Flügeln zwei unterschiedliche Tupfenmuster, eines ähnelt der Flechtengattung *Calopadia,* das andere der Gattung *Gyalectidium;* beide kommen häufig in Flechtengemeinschaften auf lebenden Blättern vor. Die zu den Sichelschrecken zählende *Dissonulichen hebardi* (B) passt ganz hervorragend zu den grauen Makroflechten der Familie Parmeliaceae. Südamerikanische Heuschrecken der Gattungen *Apolinaria, Lichenodraculus, Machima, Machimoides* und *Markia* (hier *Markia hystrix,* C) verschmelzen fast vollständig mit Bartflechten der Gattung *Usnea,* obwohl man sie nur selten auf diesen Flechten findet (vielleicht, weil wir sie nicht sehen?).

A
B
C

Trautes Mikrohabitat

Flechten sind ausgesprochen wählerisch, wenn es um ihren Standort geht. Dem Flechten-Ökologen bleibt oft nichts anderes übrig, als sich im Zusammenhang mit seinen Studienobjekten auch mit Mikroklimaten und der Chemie verschiedener Gesteins- und Rindentypen zu beschäftigen. Manche Flechten wachsen nur auf einer einzigen Baumspezies oder auf Gestein einer ganz bestimmten chemischen Zusammensetzung, und für diese spezialisierten Arten kommen nur wenige Substrate infrage. Andere Arten, sogenannte Generalisten, können auf vielen verschiedenen natürlichen Substraten wachsen.

WAS FLECHTEN ÜBER DIE UMWELT VERRATEN

Viele Flechten haben so spezielle Standortpräferenzen, dass Bestimmungsbücher ihre Substrate – Stein, Rinde, Boden – als schnelleren Weg zu ihrer Identifizierung heranziehen als ihre Lagermerkmale. Tatsächlich ist ein hoher Prozentsatz aller Flechten auf bestimmte Standorte spezialisiert. Die Flechtenarten und ihre Anforderungen zu lernen, kann man mit dem Erwerb einer Sprachsoftware vergleichen: Sie hilft dabei, das Öko-

→ Die hohe Artenvielfalt bei Stecknadelflechten der Gattungen *Chaenotheca* (kleines Bild: *C. chrysocephala*), *Sclerophora* und *Calicium* ist typisch für alte Wälder. Die Arten sind oft extrem spezialisiert, wachsen vor Regen geschützt in den Borkenritzen alter Bäume (hier ein Primärwald im Einzugsgebiet des Flusses Seymour im Landesinneren von British Columbia). Eine kanadische Studie stellte fest, dass die Zahl der Stecknadelflechten-Arten mit dem Alter der Bäume kontinuierlich ansteigt, selbst nach 400 Jahren zeichnet sich noch kein Abflachen der Kurve ab.

system zu lesen – jede Flechte ein Wort, jede Flechtengemeinschaft als Ganzes eine Geschichte des Ortes.

In einem typischen Waldbestand verrät uns die Flechtenzusammensetzung nicht nur etwas über das Gestein im Untergrund, über Klima, Luftfeuchtigkeit und Luftqualität, sondern auch, wo Hunde am liebsten das Beinchen heben oder wo gerne Vögel sitzen. Man kann zudem etwas über die Geschichte des Ortes erfahren – wenn man versteht, die Zeichen zu lesen.

Auf der Ebene, die für Flechten von Bedeutung ist, machen kleine Unterschiede in der chemischen Zusammensetzung des Substrats den Unterschied, ob eine Flechtenart dort wachsen kann oder nicht. Bestimmte Arten kommen bei hohen pH-Werten vor, andere bei niedrigen, ein Mal-so-mal-so gibt es nicht. In der Praxis heißt das, Kalkstein (hoher pH-Wert) weist eine Flechtenzusammensetzung auf, die so gut wie keine Überschneidung mit einer Flechtengemeinschaft auf Granit (niedriger pH-Wert) hat.

Chemie und Porosität der Rinde wirken sich ebenfalls auf Flechten aus, und auch in der Baumrinde gibt es pH-Wert-Unterschiede. In den gemäßigten Breiten ist das leicht an den Unterschieden in der Flechtenzusammensetzung von Laub- und Nadelbäumen zu erkennen, denn deren Rinden unterscheiden sich stark in ihrer Chemie. Innerhalb dieser Gruppen weisen die Baumarten feine Unterschiede in der Flechtenzusammensetzung auf. Einige Flechten sind nicht so wählerisch, was ihren Standort angeht, und daher auf allen möglichen Substraten zu finden: Sie kommen auf der Rinde von fast allen Bäumen vor, auf Felsgestein, auf Falllaub, auf dem nackten Boden. Diese Generalisten machen oft den größten Teil der sichtbaren Flechtenbiomasse aus, manche werden sogar zu Unkraut und folgen den Menschen in deren vertraute Umgebung.

↓ *Anzia centrifuga* wird auf der Roten Liste der IUCN als gefährdete Art geführt. Von ihr sind nur zwei Populationen auf einem Vulkan der zu Madeira gehörenden Insel Porto Santo bekannt.

ALTE WÄLDER: ARTENREICH DURCH STRUKTUR?

Als Lichenologen in den 1970er-Jahren in Großbritannien genaue Bestandsaufnahmen durchführten, stellten sie fest, dass bestimmte Flechtenarten nur in sehr alten Wäldern vorkamen. Ähnliche Phänomene wurden seitdem auch bei Flechtenstudien in anderen Weltregionen beobachtet, und Ökologen erstellten Listen mit «Indikatorarten für Primärwälder» für ihre lokalen Ökosysteme. Die Flechten auf diesen Listen gehören verschiedenen evolutionären Gruppen an. In der «Primärwald-Stammbesetzung» sind unter anderem zuverlässig Stecknadelflechten zu finden, eine evolutionär diverse Flechtengruppe, die ihren Namen ihren Fruchtkörpern verdankt, die entfernt an Stecknadeln erinnern. Dazu zählen aber auch einige spezielle Makroflechten der Gattung *Sphaerophorus,* zahlreiche Flechten mit Cyanobakterien als Symbionten und viele Krustenflechten.

«Von menschlicher Einflussnahme nicht berührte Wälder», so die Definition für Primär- oder Urwälder, lassen in uns das Bild verwunschener Wälder aus Märchen, Mythen und Sagen aufsteigen, angefangen vom 4000 Jahre alten *Gilgamesch*-Epos (in dem das Abholzen eines alten Waldes eine wichtige Rolle spielt) über *Hänsel und Gretel* bis hin zum *Herrn der Ringe.* Lassen wir das Märchenhafte mal beiseite, warum sollte eine bestimmte Flechte nur in einem sehr alten Wald vorkommen und nicht in einem mittelalten? Diese Frage beschäftigt viele Ökologen, und es gibt ein paar Theorien, die sich nicht notwendigerweise gegenseitig ausschließen. Eine besagt, dass Primärwald-Flechten «ökologische Kontinuität» benötigen, das heißt wenig Veränderung über die Zeit – doch das ist schwer zu beweisen.

Neuere Hypothesen, die sich besser testen lassen, schlagen vor, dass sich in alten Wäldern im Lauf der Jahre, Jahrzehnte, Jahrhunderte spezifische Strukturen herausbilden, die in jüngeren Wäldern fehlen. Zu diesen Strukturen gehören lebende Bäume, die sehr hoch sind und einen großen Durchmesser haben, sodass durch den wachsenden «Regenschirmeffekt» geschützte Bereiche am Fuß der Bäume und in der immer rissiger werdenden Rinde entstehen, aber auch noch aufrecht stehende tote Bäume in verschiedenen Zerfallsstadien, mit oder ohne Rinde, sowie totes und sich zersetzendes Holz auf dem Waldboden. Diese Strukturelemente gehen einher mit konstanteren und oft kühleren Temperaturen als außerhalb des Waldes, aber auch mit einer gleichbleibenden relativen Feuchtigkeit.

Sobald ein Wald einmal das Alter und damit die erforderliche Struktur erreicht hat, um die anspruchsvollsten Arten zu versorgen, ist es möglicherweise das zunehmende Alter allein, das für die Aufnahme von immer mehr Arten eine Rolle spielt. Diese Idee, die sogenannte Petrischalen-Hypothese, geht auf den kanadischen Lichenologen Trevor Goward zurück, der postuliert, dass sich die Besiedlung mit Flechten aufgrund einer Reihe von Zufallstreffer-Inokulationen durch Sporen vollzieht. Ein Urwald ist also wie eine Laborpetrischale, die jahrhundertelang offen herumsteht: Je länger sie steht, desto größer ist die Chance, dass sich Sporen selbst der seltensten Spezies darauf niederlassen.

Unabhängig davon, auf welche Weise ihre Flechtenzusammensetzung entstanden ist, stehen die Primärwälder auf der Shortlist der Naturwunder, die bald nur noch in Märchen und Sagen aus alter Zeit vorkommen werden (ähnlich wie Gletscher und Eisbären), wenn sich das Verhalten der Menschen im Umgang mit der Erde nicht ändert. Primärwälder werden weiterhin für die Holzwirtschaft abgeholzt, und viele der seltenen Flechten, die in ihnen zu Hause sind, stehen weltweit auf der Liste der gefährdeten Arten.

FLECHTENSCHUTZ

Seit 1948 widmet sich die Internationale Union zur Bewahrung der Natur (IUCN) dem Schutz von Wildtier-, Pflanzen- und (sehr viel später) Pilz-Arten, indem sie deren Erhaltungsstatus evaluiert und sie in sogenannten Roten Listen führt. Die Rote Liste gefährdeter Arten der IUCN ist zum wichtigsten Nachschlagewerk für das Aussterberisiko von Tier-, Pflanzen- und Pilz-Arten geworden. Bis heute wurden mehr als 150 000 Arten untersucht, davon gelten mehr als 40 000 als gefährdet oder ausgestorben. Im Jahr 2022 standen auf dieser Liste lediglich 86 Flechten und 539 andere Pilze, und Statistiken beziehen sich oft ausschließlich auf Pflanzen und Tiere.

Projekte, die mit Flechten arbeiten, um den Zustand der Umwelt zu erfassen, haben weltweit großes Interesse geweckt und in Community-Science-Projekten Niederschlag gefunden. Durch bürgerwissenschaftliche Aktivitäten («Citizen Science») beispielsweise wurde nicht nur ein erhöhtes Bewusstsein für Biologie und Artenvielfalt von Flechten geschaffen, sondern auch dafür, wie man die Umweltqualität vor der eigenen Haustür abschätzen kann. Gefördert und ins Digitalzeitalter gehoben werden Projekte dieser Art mittlerweile durch immer beliebter werdende Anwendungen für begeisterte, nichtprofessionelle Naturforschende wie etwa die App *iNaturalist,* die mit künstlicher Intelligenz arbeiten, um bei der Bestimmung von Arten zu helfen.

Flechten auf anderen als natürlichen Substraten

Angesichts der Empfindlichkeit und des wählerischen Verhaltens vieler Flechten, was die Umweltbedingungen angeht, erscheint es reichlich paradox, dass Flechten auf künstlichen Substraten wachsen. Generalisten breiten sich über die Bandbreite ihrer natürlichen Substrate hinweg aus und erobern Mauern und Gebäude, Grabsteine, Straßenschilder, Parkbänke, Schrottautos, Wäscheleinen und Telefonleitungen, Plastik, ja sogar alte Flaschen, angewitterte Textilien und Schuhe. Manchmal bieten vom Menschen gemachte Oberflächen Substrate für Spezialisten in Landschaften, in denen ihre Bedürfnisse ansonsten nicht erfüllt werden.

Das künstliche Flechtensubstrat, das wohl die meisten kennen, sind Grabsteine. Es gibt sie in allen möglichen Formen, Größen und Materialien, darunter auch Marmor und Granit. In Landschaften ohne Felsen bieten sie Gestein besiedelnden Flechten einen Lebensraum und tragen so wesentlich zur lokalen Flechtenvielfalt bei. Und was das Beste ist: Grabsteine sind datiert. Unter der Annahme, dass sie nie abgebürstet wurden, können Grabsteine hervorragend als Freiluftlabors dienen, um die Kolonisierung durch Flechten und deren Wachstumsraten zu studieren.

Wegen dieser Eigenschaften begann Anne Pringle, eine Lichenologin der Harvard University, in den frühen 2000er-Jahren damit, die Flechten auf Grabsteinen daraufhin zu untersuchen, ob die Wahrscheinlichkeit, dass sie sterben, zu- oder abnimmt, je älter sie werden. Pringle fand heraus, dass bei Flechten die Überlebensrate mit dem Alter *zunimmt*. Wenn mit etwa 15–20 Jahren die Reproduktion beginnt, wie wir von einigen Flechtenpilzen ableiten können, heißt das, dass womöglich viel mehr Generationen von lebenden Pilz-Urgroßeltern gleichzeitig mit der Generation der «Neugeborenen» existieren, als das für uns Menschen oder die meisten anderen Tiere der Fall ist.

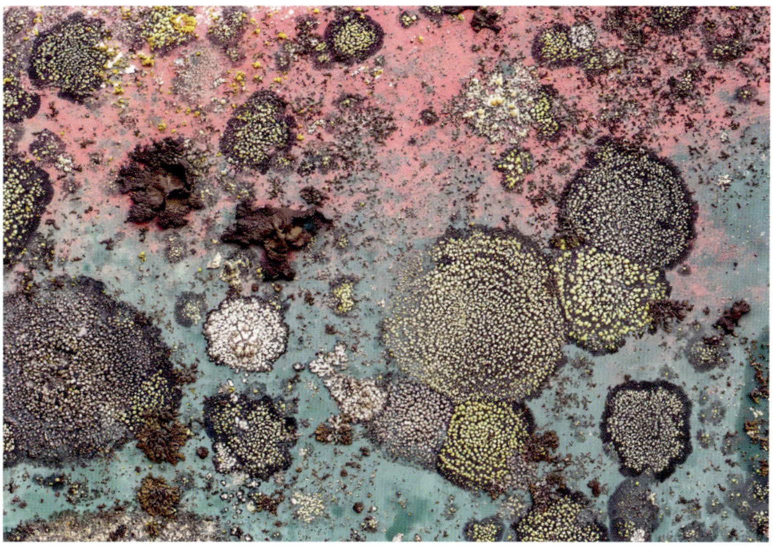

↑→ Ein schon vor langer Zeit aufgegebener Schrottlaster in British Columbia, Kanada, bedeckt mit einer Vielzahl verschiedener, normalerweise auf Fels wachsender Flechten.

← Ruhen in Frieden: Flechten auf einem Kalk-Grabstein in Shobrooke, Devon (England).

← Weggeworfene Reifen von landwirtschaftlichen Fahrzeugen in Costa Rica, besiedelt mit *Coccocarpia*- und *Cladonia*-Flechten von beträchtlicher Größe.

↓ Die Flechte *Xanthoparmelia mougeotina* wächst normalerweise auf Felsgestein, diese hier hat sich eine Glasflasche in Australien zum Wohnsitz erkoren. Auf einer Glasscherbe in der Atacama-Wüste (großes Bild) kam eine *Follmannia orthoclada* zu voller Entfaltung.

Erstaunlicher ist dagegen das Vorkommen von Flechten auf Untergründen, die auf den ersten Blick nicht viel mit natürlichen Substraten gemein haben. Unter den richtigen klimatischen Bedingungen können sich Flechten auf Metall, Lack, Glas und sogar den Reifen eines aufgegebenen Fahrzeugs ansiedeln. Viele dieser Arten zählen zu den Generalisten, die in der Natur auf Felsgestein, Rinde oder dem Erdboden wachsen würden; doch Schrottautos können sogar Hyperspezialisten beherbergen. Einige Flechten kommen in der Natur ausschließlich auf besonders eisenreichem Gestein vor, in einer Landschaft, die davon wenig hat, vermag eine abgestellte «Rostlaube» die Lücke zu schließen.

Das Gleiche gilt für eine Vielzahl anderer nichtnatürlicher Substrate. Auf der Oberfläche alter Glasflaschen findet man gelegentlich Flechten, die eigentlich auf Fels zu Hause sind, und weggeworfene technische Textilien aus dem Baugewerbe bieten eine verwitterte, strukturierte Oberfläche, die schnell einen mikrobiellen Biofilm-Überzug erhält – so ähnlich wie Rinde – und am Ende auch von Flechten besiedelt wird.

BLATTBEWOHNER ALS VERSUCHSOBJEKTE

Dass blattbewohnende Flechten in der Lage sind, auf künstlichen Oberflächen aus Plastik zu wachsen, hat sich für die Wissenschaft als praktisch erwiesen. Mit Objektträgern und Deckgläschen beobachteten Forschende alle Stadien des Lebenszyklus dieser ansonsten schwer zu untersuchenden Symbiosen unter dem Mikroskop, während ihnen Plastikblätter halfen, den mutmaßlichen Einfluss von «Träufelspitzen» – verlängerte Spitzen, die man bei vielen Blättern von Regenwaldbäumen findet – auf die Entwicklung von blattbewohnenden Flechtengemeinschaften zu testen. Weil sie für ihren Lebenszyklus viel weniger Zeit brauchen als die meisten anderen Flechten gelten die Blattbewohner auch als vielversprechende Modelle für die zukünftige In-vitro-Resynthese von Flechtensymbiosen.

→ Wenn man den Effekt von «Träufelspitzen» mithilfe von Plastikblättern testen will, ist Geduld gefragt: Es brauchte drei Jahre sorgfältigen Experimentierens und Abwartens, ehe die Blätter «geerntet» und analysiert werden konnten.

↓ Auf diesem Plastikschild an der biologischen Station La Selva in Costa Rica wurden nicht weniger als 63 verschiedene Flechtenarten gezählt.

Flechten in der Stadt

Mehr als die Hälfte der Weltbevölkerung lebt in Städten, und ihr Anteil wird bis zum Jahr 2050 auf zwei Drittel ansteigen. Obwohl Städte nur 2 Millionen Quadratkilometer Landfläche bedecken, haben sie sich zu eigenen Ökosystemen mit charakteristischen Flechtengemeinschaften entwickelt.

Unbemerkt von den meisten Menschen sind Flechten überall in städtischen Ökosystemen zu finden: auf Baumrinde ebenso wie auf Mauern, gepflasterten Wegen, Metallobjekten und sogar auf Plastik. Die Bedeutung von Flechten in städtischen Ökosystemen wurde bereits 1866 von dem finnischen Flechten- und Pilzkundler William Nylander erkannt. Ihm fiel auf, dass Stadtlandschaften die Diversität und die Zusammensetzung von Flechtengemeinschaften beeinflussen, und er nahm die Verwendung von Flechten als Bioindikatoren für die Umweltqualität vorweg. Städtische Lebensräume zählen heute zu den am besten untersuchten Arbeitsfeldern in der Ökologie der Flechten.

Städtische Flechtengemeinschaften können ziemlich reichhaltig sein, selbst in Metropolregionen. Ihre Zusammensetzung variiert, je nachdem wo auf der Welt man sich befindet. Eine Stadt wie Lima (Peru), in einer tropischen Küstenwüste gelegen, hat andere Flechtengemeinschaften als Bogotá (Kolumbien), das hoch oben in den niederschlagsreichen nördlichen Anden liegt. Doch beide unterscheiden

→ Die Mauerflechte *(Protoparmeliopsis muralis)* kennt vermutlich fast jeder; sie ist in Städten der nördlichen Hemisphäre weit verbreitet und häufig auf Gehwegen, aber auch auf dem Asphalt von Autobahnen zu finden.

→ Die Gewöhnliche Gelbflechte *(Xanthoria parietina)* bedeckt großflächig diese Steinbalustrade in Schwerin.

↓ Die Gewöhnliche Leuchterflechte *(Candelaria concolor)* auf Stadtbäumen ist für viele Menschen ein vertrauter Anblick. Sie sieht in Rio de Janeiro (Brasilien, links), Berlin (Deutschland, Mitte) und in Tsukuba (Japan, rechts) ziemlich gleich aus.

sich deutlich von Städten in den gemäßigten Breiten wie Berlin oder Beijing.

Und doch gibt es ein paar Flechten, die in fast allen Städten rund um den Globus vorkommen. Eine davon ist die Leuchterflechte *(Candelaria concolor)*, die schon fast als Unkraut gelten kann. Das Gleiche gilt für die Gewöhnliche Gelbflechte *(Xanthoria parietina)*; sie zählt zu den wenigen Flechten, die außerhalb ihres natürlichen Verbreitungsgebiets invasiv geworden sind. Die Mauerflechte *(Protoparmeliopsis muralis)* trägt den vielsagenden englischen Trivialnamen «Chewing Gum Lichen» («Kaugummiflechte»), weil sie mit diesem nicht nur das Aussehen, sondern auch das Habitat Gehweg gemeinsam hat. Doch offenbar denkt nicht jeder gleich an Kaugummi, wenn er diese Flechte erblickt. Im Jahr 2014 meldete ein aufgebrachter Bürger der bayerischen Gemeinde Wolnzach die unzähligen *Protoparmeliopsis*-Flecke auf den Gehwegen als Fäkalien aus der Bordtoilette eines Flugzeugs. Die nachfolgende Untersuchung ergab, dass es sich bei den Flecken um die Mauerflechte handelte.

Das Verschwinden von Flechten in bestimmten städtischen Bereichen kann Folgen für andere Organismen haben. Es spielte beispielsweise beim Phänomen des sogenannten Industriemelanismus eine Rolle: Hier traten gehäuft dunkel gefärbte Vertreter von Tierarten auf, die auf ihre Tarntracht vertrauen müssen, um ihren Fressfeinden zu entkommen. Das Phänomen wurde erstmals am Übergang zum 20. Jahrhundert beobachtet. In Gebieten ohne Luftverschmutzung waren die Bäume zuvor von Flechten bedeckt gewesen, was zu einer Selektion auf Nachtfalter mit heller Färbung geführt hatte. In Industriegebieten verschwanden die Flechten nun aufgrund der hohen Luftverschmutzung, die Rinden der Bäume wurden schwarz vom Ruß, und es traten immer mehr dunkle Varianten derselben Nachtfalterart auf. Das am besten untersuchte Beispiel ist der Birkenspanner *(Biston betularia)*, dessen helle Variante seinen Fressfeinden leichter entkommt, wenn sie auf mit Flechten bedeckten Baumstämmen sitzt, als die dunkle Variante.

→ Industriemelanismus. Es zeigte sich, dass das Auftreten bestimmter Farbvarianten des Birkenspanners mit Veränderungen der Flechtengemeinschaften auf der Baumrinde einherging, die auf die Luftverschmutzung zurückzuführen waren.

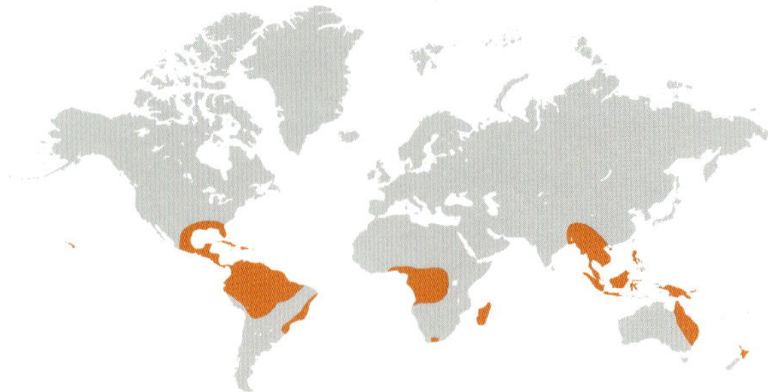

RACOPLACA SUBTILISSIMA

Zarte Blattminierflechte

Einschleichen durch die Blattoberfläche

WISSENSCHAFTLICHER NAME	*Racoplaca subtilissima* Fée
STAMM, FAMILIE	Ascomycota, Strigulaceae
WUCHSFORM	Krustenflechte mit zarten, radiär ausstrahlenden Lappen
ARTEN IN DER GATTUNG	7
LEBENSRAUM	Blätter in tropischen Regenwäldern
BESONDERHEITEN	Wächst unter der Cuticula der Blätter.

Flechten, die auf lebenden Blättern wachsen, sind nicht unbedingt ein vertrauter Anblick, es sei denn, man ist in tropischen oder subtropischen Regionen zu Hause. Und doch kennen wir 1000 verschiedene Flechtenarten, die auf diesem ungewöhnlichen Substrat gedeihen. Vielleicht fragt man sich, ob die winzigen Flechten den Blättern schaden – denn schließlich sind das die Kohlenstofffabriken für die Pflanzen, die sie tragen. Nun, in der Regel tun sie das nicht.

Blätter besiedelnde Flechten dringen nicht in das Blatt ein, sondern wachsen auf dessen Oberfläche. Sie stören auch die Fotosynthese nicht allzu sehr, obwohl sie einen kleinen Teil des einfallenden Sonnenlichts abfangen. Flechten bedecken normalerweise nur einen begrenzten Bereich des Blatts und entwickeln sich lediglich auf relativ alten Blättern zu arten- und individuenreicheren Gemeinschaften. Wenn Blätter tropischer Pflanzen 3–5 Jahre alt sind, haben sie sich von Kohlenstoffproduzenten zu Abfallentsorgungseinrichtungen entwickelt. Es scheint so, als hätte sich evolutionär ein feines Gleichgewicht eingestellt, sodass die Blätter besiedelnden Flechten für die Pflanzen, die sie tragen, nicht von Nachteil sind.

Allerdings gibt es wohl eine Ausnahme. Flechten der eng verwandten Gattungen *Puiggariella, Raciborskiella, Racoplaca* und *Strigula* wachsen unter der Cuticula der Blätter. Das tun sie, weil ihr Fotobiont zur Grünalgengattung *Cephaleuros* gehört, die im frei lebenden Zustand als Halbschmarotzer auf Blättern vorkommt. Die Flechte wächst oft entlang der Mittelrippe oder um Löcher im Blatt herum, die ihr Pilzpartner offensichtlich als Einfallstore benutzt, um vorher nicht lichenisierte *Cephaleuros*-Algen zu übernehmen.

→ *Racoplaca subtilissima* bildet auf der Oberfläche lebender Blätter winzige Lager mit feinen, sich elegant ausbreitenden Lappen. Daneben ist eine nichtlichenisierte *Cephaleuros*-Alge zu sehen, die auch als Fotobiont in der Flechte vorkommt.

PANNARIA ANDINA

Anden-Tuchflechte

Mit einem Schwamm als Ruhekissen

WISSENSCHAFTLICHER NAME	*Pannaria andina* P. M. Jørg & Simoni
STAMM, FAMILIE	Ascomycota, Pannariaceae
WUCHSFORM	Fein verzweigte Laubflechte mit zahlreichen Apothecien
ARTEN IN DER GATTUNG	40
LEBENSRAUM	Auf Sträuchern in den feuchten Páramos der nördlichen Anden
BESONDERHEITEN	Das Lager ruht auf einem dicken, schwammigen, schwarzen Hypothallus.

***Pannaria andina* hat alles, was erforderlich ist, um in einem Ökosystem zu überleben, das sich mit «jeden Tag Sommer, jede Nacht Winter» beschreiben lässt.**

Die südamerikanischen Páramos sind oberhalb der Baumgrenze (über 3500 m) liegende feuchte Hochlandsteppen und Strauchheiden. Sie sehen jahraus, jahrein gleich aus, doch zwischen Tag und Nacht gibt es gewaltige Unterschiede. In voller Sonne können die Temperaturen bis auf 30 °C steigen, während sie nachts schnell unter den Gefrierpunkt rutschen. Niederschläge können als Regen fallen oder als Wolkendecke kommen, und Nährstoffe sind in großen Höhen dünn gesät.

Um der Nährstoffknappheit zu begegnen, geht *Pannaria andina* eine Verbindung mit Cyanobakterien der Gattung *Nostoc* als primären Fotobionten ein, die in der Lage sind, Stickstoff aus der Luft zu fixieren (siehe S. 200). Daher rührt die blaugraue Farbe der Flechte, die einen starken Kontrast zu der schwarzen Matte aus dicht verwobenen Pilzhyphen bildet. Dieser sogenannte Hypothallus liegt unter dem Lager und erinnert ein wenig an eine Luftmatratze, doch er dient wahrscheinlich weniger der Bequemlichkeit, denn als Wasserfänger: An dem dichten Netz aus fein versponnenen Hyphen kondensiert Wasser aus der feuchten Luft oder der Wolkendecke und wird quasi ausgekämmt; es vermag es auch überschüssiges Wasser abzugeben.

Obwohl *Pannina andina* auffällig aussieht und in ihrem Verbreitungsgebiet alles andere als selten ist, wurde sie von der westlichen Wissenschaft erst vor 20 Jahren beschrieben. Ihr Vorkommen reicht von den Hochgebirgen Costa Ricas über die Anden bis nach Chile.

→ *Pannaria andina* schmückt den Zweig eines Strauchs im Páramo von Sumapaz, dem größten Páramo der Welt, der sich direkt vor den Toren der kolumbianischen Hauptstadt Bogotá befindet.

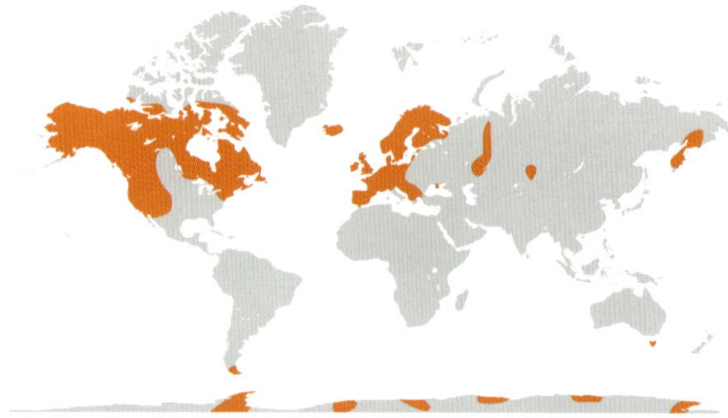

CARBONEA VORTICOSA

Gewirbelte Karbonflechte

Gipfelstürmer

WISSENSCHAFTLICHER NAME	*Carbonea vorticosa* (Flörke) Hertel
STAMM, FAMILIE	Ascomycota, Lecanoraceae
WUCHSFORM	Krustenflechte, deren Lager fast nicht sichtbar ist; man erkennt sie an ihren kohlrabenschwarzen Apothecien.
ARTEN IN DER GATTUNG	20
LEBENSRAUM	Auf Felsgestein im Gebirge
BESONDERHEITEN	Dringt weiter vor als die meisten anderen Flechten.

Flechten der Gattung *Carbonea* sind etwas für Kenner. Sie gehören zu einer artenreichen Gruppe von Felsbewohnern, bei denen die wichtigsten Informationen für ihre Bestimmung, wie Sporenform, Ascusmerkmale und andere anatomische Details, im Inneren der Apothecien verborgen sind und nur mit einem leistungsstarken Mikroskop untersucht werden können. Doch sie haben ihre Fans und belohnen das geübte Auge mit Nachrichten aus einigen der extremsten Lebensräume der Erde.

Die meisten Flechten dieser Gruppe haben kein sichtbares Lager, aber das heißt nicht, dass sie keines besitzen. Das Lager – wenn man das so nennen möchte – besteht aus einem dünnen Netz von Pilzhyphen, die in den mikroskopisch kleinen, luftgefüllten Räumen zwischen Kristallen von ansonsten ziemlich solidem Felsgestein mit Algenzellen interagieren.

Der Rückzug ins Gestein legt die Vermutung nahe, dass es rau zugeht, und für *Carbonea vorticosa* lässt sich das mit Statistik belegen: Ihr gebührt die Ehre des Höhenweltrekords für Flechten. Sie wurde im Himalaja auf dem Makalu, dem fünfthöchsten Berg der Welt, auf 7400 Meter Höhe gesammelt, 1000 Meter höher als der Höhenrekord für Moose und 1310 Meter höher als der für Gefäßpflanzen.

→ Aus Rissen des Quarzitgesteins brechen Apothecien von *Carbonea vorticosa* hervor. Und wo ist das Lager? Er befindet sich im Gestein und kleidet selbst die schmalsten Spalten zwischen den Quarzitkristallen aus.

PELTIGERA GOWARDII

Westlicher Wasserfächer

Eine Flechte mit aquatischer Lebensweise

WISSENSCHAFTLICHER NAME	*Peltigera gowardii* Lendemer & H. E. O'Brien
STAMM, FAMILIE	Ascomycota, Peltigeraceae
WUCHSFORM	Laubflechte mit ausladenden fächerförmigen Lappen
ARTEN IN DER GATTUNG	100
LEBENSRAUM	Festsitzend auf Steinen in kühlen Gebirgsbächen
BESONDERHEITEN	Eine der wenigen aquatisch lebenden Flechten

Flechten mit Pilzpartnern der Gattung *Peltigera* werden im Deutschen oft (aber keineswegs immer) als Schildflechten bezeichnet; sie sind in Ökosystemen der gemäßigten Breiten weit verbreitet und siedeln im Allgemeinen auf dem Boden. Die Vielfingrige Schildflechte, *Peltigera polydactylon,* ist eine bekannte Art, an ihr wurde der Austausch von «Waren und Dienstleistungen» innerhalb einer Flechtensymbiose erstmals studiert. Wie die meisten Flechten brauchen sie regelmäßige Trockenphasen und sterben ab, wenn sie zu lange mit Wasser vollgesaugt sind. Das gilt jedoch nicht für *Peltigera gowardii* und *Peltigera hydrothyria,* zwei Arten dieser Gattung, die vollständig zu einem Leben im Wasser übergegangen sind.

Peltigera hydrothyria wurde am 16. Juli 1851 von zwei Naturforschern bei einer Wanderung am Bald Mountain in Vermont (USA) für die Wissenschaft entdeckt. John Lewis Russell, der der Flechte sowohl ihren ersten wissenschaftlichen Namen als auch den englischen Trivialnamen «Watershield» («Wasserfächer») gab, beschrieb, wie es dazu kam:

Ich war in Gesellschaft meines Freundes C. C. Frost … als wir beim Abstieg auf einen kleinen Bach stießen, und wir wateten in der Hoffnung durch dessen Bett, dass uns sein Wasser mehr Glück bescheren würde als die trockenen, sonnenverbrannten Felsen. Wir sollten nicht enttäuscht werden. Unser Entzücken war ebenso gegenseitig wie unerwartet, als ich aus der Strömung eine flechtenähnliche Wasserpflanze zog, die einen angenehmen Duft verströmte, nicht unähnlich dem von Zuckerbirkenrinde, und die mit Apothecien bedeckt war, sämtliche Teile in vollkommenem Zustand.

Der Ursprung des Dufts bleibt wie die verschiedenen charakteristischen Gerüche anderer Flechten bislang unerforscht, vermutlich rührt er jedoch von flüchtigen Substanzen her, die der Pilz produziert.

Wasserfächer mögen klares, sauberes Wasser, doch Bäche, die die richtige Kombination von Wasserqualität und konstanter Strömungsgeschwindigkeit aufweisen, sind selten geworden. Neuere genetische Studien haben gezeigt, dass es zwei verschiedene Wasserfächer im Westen und im Osten des nordamerikanischen Kontinents gibt, sodass die westliche Population nun umbenannt wurde. Beide Arten, *Peltigera hydrothyria* und *Peltigera gowardii,* gelten in Kanada als «gefährdet» und werden in den westlichen Bundesstaaten der USA als «sensible Arten» eingestuft.

→ *Peltigera gowardii,* eine von zwei emblematischen Arten der Gattung *Peltigera* mit aquatischer Lebensweise

SCLEROPHORA AMABILIS

Liebenswerter Staubkopf

Winzige Erkennungszeichen der ältesten Bäume

WISSENSCHAFTLICHER NAME	*Scleromorpha amabilis* (Tibell) Tibell
STAMM, FAMILIE	Ascomycota, Coniocybaceae
WUCHSFORM	Krustenflechte mit Apothecien auf Stielchen
ARTEN IN DER GATTUNG	6
LEBENSRAUM	Alte Laub- und Nadelmischwälder in den höheren gemäßigten und borealen Zonen
BESONDERHEITEN	Gehört zu einer Artengruppe, die nur in alten, nicht bewirtschafteten Wäldern vorkommt.

Sclerophora amabilis **gehört zu einer großen Gruppe von Arten aus verschiedenen Gattungen und Familien und unterschiedlicher evolutionärer Herkunft. Sie zeichnen sich durch gestielte Fruchtkörper aus. Wegen ihrer unverwechselbaren Form werden Vertreter dieser Gruppe auch als Stecknadelflechten bezeichnet.**

Verschiedene Spezies dieser Gruppe werden nach Farbe, Sporenform und Symbiosepartner (der Alge, mit der der Pilz zusammenlebt) charakterisiert. Ihre speziellen Anforderungen an ihr Habitat führten dazu, dass sie besonders intensiv von Naturschützern studiert werden, die sich um die Erhaltung der Wälder sorgen.

Wie für die meisten Stecknadelflechten müssen für *Sclerophora amabilis* eine Reihe sehr hoher Anforderungen erfüllt sein, was die Umweltbedingungen angeht. Erstens, die Wälder, in denen sie vorkommt, sind normalerweise sehr alt, mit turmhohen Bäumen und Totholz in allen Stadien der Zersetzung. Zweitens, die Bäumen, auf denen die Flechte wächst, müssen genau die richtige Art Rinde haben, sodass die stecknadelähnlichen Fruchtkörper vor Beschädigung sicher sind. Diese Fruchtkörper sind sehr empfindlich, darum wachsen sie in den Borkenritzen, die sie davor schützen, von herabrutschendem Schnee oder Eis gleichsam abrasiert zu werden. Und oft scheinen sie in geschützten Hohlräumen, wo sie sogar vor direktem Niederschlag geschützt sind, konzentriert vorzukommen.

Stecknadelflechten werden immer seltener, und die weiter um sich greifende Forstwirtschaft stellt für sie eine Bedrohung dar. Forstwirtschaftliche Praktiken sind überall auf der Welt am wirtschaftlichsten, wenn große Flächen auf die gleiche Weise behandelt werden können, und obwohl die Bestände oft wieder aufgeforstet werden, kann es Jahrhunderte dauern, bis ein Wald erneut die Eigenschaften aufweist, die von Flechten wie *Sclerophora amabilis* benötigt werden. Entsprechend stehen verschiedene Stecknadelflechtenarten als «potenziell gefährdet» oder «stark gefährdet» auf den Roten Listen zahlreicher Länder.

→ *Sclerophora amabilis* ist schon mit einer Lupe an ihren hellbeigen «Köpfen» und den oft gelblichen Stielen leicht zu erkennen. Ansonsten lassen sich Stecknadelflechten meist nur mit einer mikroskopischen Untersuchung bestimmen.

SPHAEROPHORUS VENERABILIS

Urtümlicher Kugelträger

Stammgäste in unberührten, alten Wäldern

WISSENSCHAFTLICHER NAME	*Sphaerophorus venerabilis* Wedin et al.
STAMM, FAMILIE	Ascomycota, Sphaerophoraceae
WUCHSFORM	Graue Strauchflechte mit runden Ästen, an deren Enden Apothecien nach unten hängen und massenhaft trockene Sporen abgeben.
ARTEN IN DER GATTUNG	6
LEBENSRAUM	Auf Rinde und Holz von Nadelbäumen
BESONDERHEITEN	Kommt nur in sehr alten Wäldern vor.

Vertreter der Gattungen *Sphaerophorus, Austropeltum, Bunodophoron, Calycidium, Leifidium* und *Neophyllis* bilden leicht wiederzuerkennende, strauchartige Lager aus, die an riffbildende Korallen erinnern. Die Bezeichnung «Kugelträger» (für die Gattung *Sphaerophorus*) bezieht sich auf die Form der Fruchtkörper. Die Apothecien sehen ähnlich aus wie bei Stecknadelflechten und produzieren Unmengen trockener Sporen. Diese Flechten sind besonders artenreich in Regenwäldern der gemäßigten Breiten, obwohl ihre Verbreitung sogar bis in die arktische und die alpine Tundra oder die Ökosysteme von tropischen Gebirgen reicht.

Die Symbiose dieser speziellen Flechtengruppe ist in vielerlei Hinsicht ungewöhnlich. Die erwähnten Gattungen scheinen einen gemeinsamen morphologischen Ursprung zu haben, unabhängig von anderen Makroflechten. Kennzeichnend ist die hohe Diversität und die endemische Verbreitung in Teilen der südlichen Hemisphäre.

Der Fotobiont von *Sphaerophorus* ist eine *Dictyochloropsis*-Spezies, die schon länger als Hauptgrünalgenpartner in zahlreichen tripartiten Flechten bekannt war (siehe S. 134). Viele Arten der Gattung *Sphaerophorus* und des nahe verwandten *Bunodophoron* weisen eine überraschend große Abhängigkeit von naturbelassenen, alten Wäldern auf. Die Gründe dafür sind unbekannt, doch sie lassen diesen Flechten wenig (Verbreitungs-)Spielraum. In jungen Wäldern oder gestörten Lebensräumen sind nur wenige Vertreter dieser Gruppe zu finden, selbst wenn ihre Ausbreitungseinheiten in großer Menge in der Nähe vorkommen.

Die großen, alten Bäume in Wäldern, in denen *Sphaerophorus venerabilis* vorkommt, sind oft hohl wegen der von Pilzen verursachten Kernfäule; das ist ein natürlicher Vorgang, der sich über Jahrhunderte hinziehen kann, und er ist Teil eines gesunden Ökosystems. Doch bis heute werden solche Wälder abgeholzt und mit schnell wachsenden Bäumen aufgeforstet; für die hier beschriebenen Flechten und die vielen, weniger sichtbaren Organismen, die auf unberührte, alte Wälder angewiesen sind, stellt das eine große Bedrohung dar.

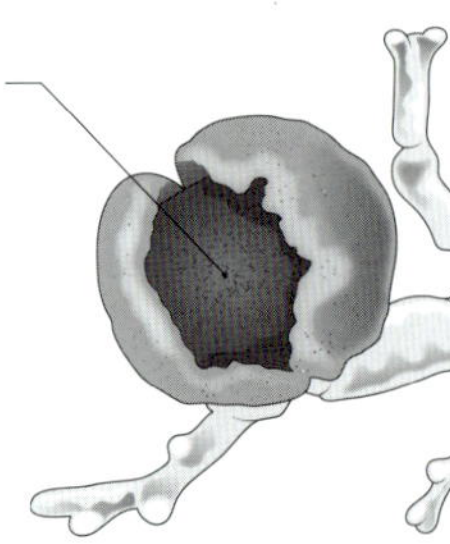

Vom Winde verweht

Ein typischer Fruchtkörper von *Sphaerophorus venerabilis:* Die Sporen bilden eine schwarze Masse, das sogenannte Mazaedium, ehe sie vom Wind ausgebreitet werden.

→ *Sphaerophorus venerabilis* in der Rainbow-Jordan Wilderness in British Columbia, Kanada, einem Gebiet, das bislang noch keinen Schutzstatus hat. Diese Flechte ist nie in jungen Wäldern anzutreffen und aufgrund nicht geregelter forstwirtschaftlicher Praktiken gefährdet.

ERIODERMA PEDICELLATUM

Stielfrüchtige Filzflechte

Flagschiff des Flechtenschutzes

WISSENSCHAFTLICHER NAME	*Erioderma pedicellatum* (Hue) P. M. Jørg
STAMM, FAMILIE	Ascomycota, Pannariaceae
WUCHSFORM	Laubflechte mit filzig anmutender Ober- und Unterseite
ARTEN IN DER GATTUNG	40
LEBENSRAUM	Auf Stämmen und Ästen von Nadelbäumen in borealen Regenwäldern
BESONDERHEITEN	Schirmart für stark gefährdete Waldlebensräume

Während die meisten Flechten auf die ein oder andere Weise pingelig sind, was ihren Standort angeht, sind die «Filzflechten» *extrem* wählerisch. Wie bei allen Cyanoflechten benötigt ihr Fotobiont flüssiges Wasser, um Fotosynthese treiben zu können, doch anders als viele aus dieser Gruppe scheinen «Filzflechten» geringe Feuchtigkeit nicht zu tolerieren. *Erioderma*-Arten sind überwiegend in kühlen Bergwäldern der Tropen zu finden. Einige wenige Spezies jedoch haben es bis in den Norden, in ein stark gefährdetes Ökosystem geschafft: den borealen Regenwald.

Die wissenschaftliche Erstbeschreibung der Art *Erioderma pedicellatum* beruht auf einem Exemplar, das 1902 in New Brunswick, Kanada, gesammelt wurde. Auf der anderen Seite des Ozeans, in den borealen Regenwäldern Norwegens, wurde sie 36 Jahre später entdeckt und noch einmal als neu beschrieben, dieses Mal als *Erioderma boreale.* Dass es sich um eine sehr seltene Art handelt, wurde sofort erkannt und der Wald schon 1952 zum Naturschutzgebiet erklärt. Doch es stellte sich heraus, dass die geschützte Fläche zu klein war, das Abholzen der sie umgebenden Wälder trocknete den Lebensraum der Flechte aus – und sie verschwand. Die Spezies wurde bis zum Jahr 1994 in Europa nicht wieder gesehen, und bis dahin hatten Taxonomen bemerkt, dass es sich um dieselbe Art handelt wie in Kanada.

Heute erzählen die traditionellen Hüter des Landes von der Miawpukek First Nation in Neufundland den Schulkindern von der «Filzflechte», der es zu verdanken ist, dass Teile des Regenwaldes an der Bay d'Espoir vor der Abholzung bewahrt werden konnten. Es handelt sich bei ihr um eine sogenannte Schirmart: Das Wissen um ihre Bedeutung und ihr hoher Bekanntheitsgrad haben dazu beigetragen, auch für Hunderte von anderen, weniger bekannten Arten, die aber ebenso spezielle Lebensräume benötigen, Schutz zu erreichen.

Erioderma pedicellatum war die erste Flechte, die 2003 Eingang in die Rote Liste der International Union for the Conservation of Nature (IUCN) gefunden hat, und auf nationaler Ebene wurde sie 2005 in den Canada's Species at Risk Act aufgenommen. Seit der Zeit wurde sie in den borealen Regenwäldern von Alaska und der russischen Halbinsel Kamtschatka gefunden, doch weil ihre wenigen Populationen weit verstreut sind und die Wälder, in denen sie vorkommt, wertvolles Holz liefern, bleibt sie eine der am stärksten gefährdeten Flechtenarten der Nordhalbkugel.

→ *Erioderma pedicellatum* ist zur Vorzeigeart für die weltweiten Bemühungen zum Schutz gefährdeter Flechten und ihrer Lebensräume geworden.

FLECHTEN UND MENSCHEN

Heilversprechen

Lange vor den Konventionen für wissenschaftliche Namen und aufschlussreichen Laborexperimenten hatte die traditionelle Verwendung in der Medizin bereits erste kulturübergreifende Forschungen zur Naturgeschichte der Flechten angestoßen. Obwohl sich die Methoden und die Standards für Wirksamkeitsnachweise verändert haben, ist das Interesse an pharmazeutischen, aus Flechten gewonnenen Produkten bis zum heutigen Tag ungebrochen.

lungenkraut cccxiiii c

Pulmonaria grece et latine. ¶ Die meiſter ſprechen das diſs kraut hab kleine bletter vñ weiche vnd geleichet einer lungẽ vñ wchſet an feüchten enden. ¶ Plinius ſpricht das diß kraut ſy võ natur feücht vnd kalt an dẽ andern grade. vnnd ſein tugent iſte weichen vnd auff löſen. ¶ Platearius lungen kraut geſoten mit wein vnd darunder gemüſchett hönig vnd das durch ein tůche geſtrichen das es geleich werde ein brey vnd daz laſſen dorrẽ an der ſunnẽ das es als härt werde das man es müge puluerifieren. diß bulner iſt gůt auff heiße geſchweren das gemüſchet mit gerſten mel. ¶ Paulus ſprichet das lungen kraut in wein gelegenn über nacht benÿmmet das keichen. ¶ Item alſo genüczet iſt gůt für dẽ trucken hůſtẽ vnd ſunderlich für alle gebreſten der lungen vnd der lebern dienet ſÿ auch ſunderlichen wol.

bibennel cccxv Capi

Pipinella grece et latine. ¶ Die meiſter ſprechen das diſs kraut geleich der ſteinbrech ſaxifraga genant an jerer geſtaltte. vñ verſus Pimpinella pilos ſaxifraga nõ habet vllos pimpinella iſt heiß vnd trucken an dẽ andern grade. ¶ Diſes kraut nüczt mã in d erczneÿ vnd iſt gůtt für vergifft vñ benÿmet alle vnreinigkeit außwẽdig des leibs Diſe wurczel geſotẽ mit wein vñ dẽ getruncken benÿmet daz böſe ver-

FLECHTEN IN DER PFLANZENHEILKUNDE UND DER TRADITIONELLEN MEDIZIN

Die Echte Lungenflechte *(Lobaria pulmonaria)* ist vermutlich die erste Flechte, die in einem mittelalterlichen Kräuterbuch, dem *Gart der Gesundheit* von 1485, abgebildet wurde. Dort wird sie als «Pulmonaria» bezeichnet, ein Name, der sich – wie der einer anderen, verwirrend ähnlich benannten Pflanze, dem Gefleckten Lungenkraut *(Pulmonaria officinalis)* – von der damals herrschenden Signaturenlehre herleitet. Das Konzept dieser Doktrin geht auf den griechischen Arzt und Pharmakologen Dioskurides (1. Jh. n. Chr.) zurück

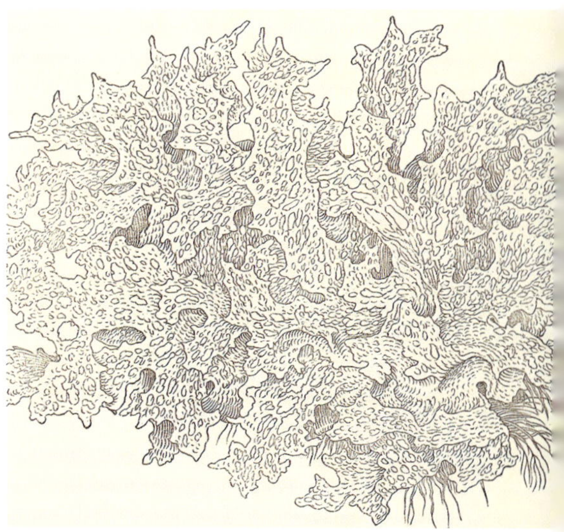

und wurde von Theophrastus von Hohenheim (1493–1541) weiterentwickelt, einem Schweizer Arzt und Alchemisten, der als Paracelsus besser bekannt ist. Paracelsus zufolge «kennzeichnet» die Natur jedes Gewächs gemäß seiner «Tugenden» (medizinischen Eigenschaften), mit anderen Worten, Pflanzen, die einem bestimmten Körperteil ähnelten, sollten Erkrankungen desselben heilen können. Die Lungenflechte erhielt ihren Namen also wegen ihrer vermeintlichen Ähnlichkeit mit dem Inneren einer Lunge.

Jahrhundertelang nutzten Kulturen in aller Welt Flechten für medizinische Zwecke und rituelle Handlungen, doch nur wenige dieser Anwendungen sind dokumentiert. Die erst kürzlich beschriebene Basidiomyceten-Flechte *Dictyonema huaorani* aus dem ecuadorianischen Amazonasgebiet wird in den Ritualen der Huaorani verwendet; sie enthält möglicherweise Psilobycin, eine halluzinogene Substanz, die man von den *Psilocybe*-Pilzen kennt. Angehörige der Dení aus dem westbrasilianischen Amazonasgebiet schnupfen ein gelbes Pulver, das sie aus der Markschicht einer Krustenflechte (möglicherweise *Astrothelium aeneum* oder *Pyrenula ochraceoflava*) herstellen.

Ein kurioses Beispiel für die medizinische Nutzung von Flechten im spätmittelalterlichen Europa sind Flechten, die auf Totenschädeln wuchsen. Menschliche Überreste, die irgendwo herumlagen, waren zu jener Zeit vermutlich kein seltener Anblick, und die ausgebleichten Schädel wurden von Moosen und Flechten überwachsen. Das führte zu der Vorstellung, dass diese Flechten – meistens Vertreter der Gattungen *Hypogymnia, Parmelia* und *Usnea* – für die Behandlung von Krankheiten wie etwa Epilepsie geeignet waren. Paracelsus war der Erste, der die Verwendung von auf Totenschädeln gewachsenen Flechten dokumentierte; im 10. Kapitel seines Werks *Grosse Wundartzney* von 1536 erwähnt er das «Mieß auff den todten Köpffen» («Moos auf den Totenschädeln») als ein Mittel, um Blutungen zu stillen.

Die Echte Lungenflechte *(Lobaria pulmonaria)* in Darstellungen aus einem Zeitraum von vier Jahrhunderten.

←← Der *Gart der Gesundheit* wurde 1485 veröffentlicht und dann immer wieder neu aufgelegt (hier die Ausgabe von 1487); es war das erste europäische Kräuterbuch mit einer (wenn auch sehr stilisierten) Abbildung der Lungenflechte.

← In *De Historia Stipium* (1542) von Leonhart Fuchs findet sich eine wesentlich realistischere Darstellung.

↑ Noch besser ist der Kupferstich von Andreas Friedrich Happe, der mehr als 200 Jahre später für das Werk *Botanica Pharmaceutica* (1788) verwendet wurde.

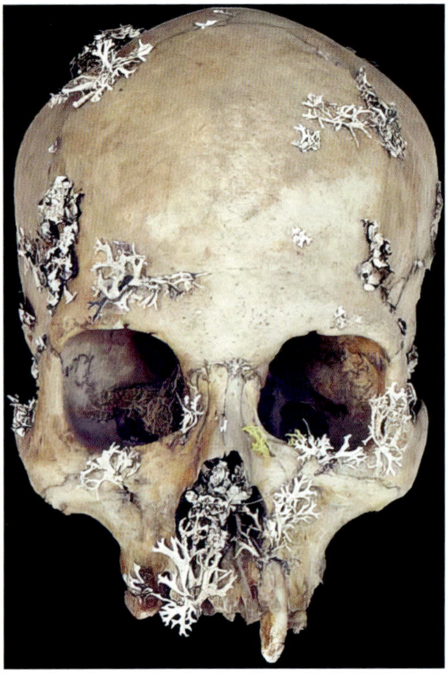

MEDIZINISCHE ANWENDUNG VON FLECHTEN

Die Verwendung in der traditionellen Medizin außereuropäischer Kulturen beruht – anders als die pseudowissenschaftliche Signaturenlehre – auf empirischer Forschung und auf Erfahrung, und sie entdeckte Anwendungsgebiete, die, wie sich später herausstellte, mit der komplexen Biochemie der Flechten zusammenhängen. Viele Bakterien, die auf Flechten wachsen, besitzen Enzyme, mit denen sie die Flechtensymbionten zerstören, und Pilze haben unendlich viele Substanzen entwickelt, die das Bakterienwachstum unterbinden, das heißt, sie fungieren als Antibiotika.

Das am häufigsten verwendete Flechtenantibiotikum, die Usninsäure, stammt von leicht zu erkennenden und leicht zu sammelnden Bartflechten wie *Usnea, Alectoria* und *Ramalina*. In Flechten vorkommende Polysaccharide haben schleimlösende Eigenschaften und werden zur Behandlung von Husten und anderen Atemwegserkrankungen verwendet. Flechtenextrakte werden auch heute noch als Basis für pflanzliche Heilmittel eingesetzt, insbesondere *Cetraria islandica* (Isländisch Moos, siehe S. 266), *Lobaria pulmonaria* (Echte Lungenflechte) und *Usnea*-Arten. *Xanthoparmelia-scabrosa*-Pulver soll angeblich die Manneskraft steigern, doch entsprechende Beweise sind schwer zu finden.

Inzwischen liegen Hunderte Veröffentlichungen über antioxidative, antibakterielle, antivirale, antikanzerogene und weitere Effekte von Flechtenextrakten und -inhaltsstoffen vor, aber bislang sind nur wenige in großen Studien getestet worden. Im Gegensatz zu anderen Pilzen scheint – abgesehen von pflanzlichen Heilmittel – noch keine Flechte zum Ausgangspunkt für ein Medikament geworden zu sein, weder als Reinsubstanz noch als synthetischer, von Flechtenvorläufern abgeleiteter Wirkstoff. Nichts-

← «Schädelflechten» *(Usnea cranii humani)* sind eine spätmittelalterliche Kuriosität, sie traten parallel zur beginnenden systematischen Dokumentation von Flechten in der europäischen Medizin in Erscheinung. Hier eine Darstellung aus dem *Theatrum Botanicum* von Theodor Zwinger aus dem Jahr 1744 unter einem mit Flechten überwachsenen Schädel neuerer Zeit.

↗→ Gesundheit! Tropische Krustenflechten mit intensiver orangegelber Pigmentierung (Anthrachinone) wurden von Angehörigen des amazonischen Dení-Volkes geschnupft, was zu einem Kribbeln in der Nase und heftigem Niesen führte (und was manche Menschen als angenehm empfinden). In dieser Region häufige und weit verbreitete Arten mit derartigen Pigmenten sind *Pyrenula ochraceoflava* (oben links) und *Astrothelium aeneum* (ganz rechts).

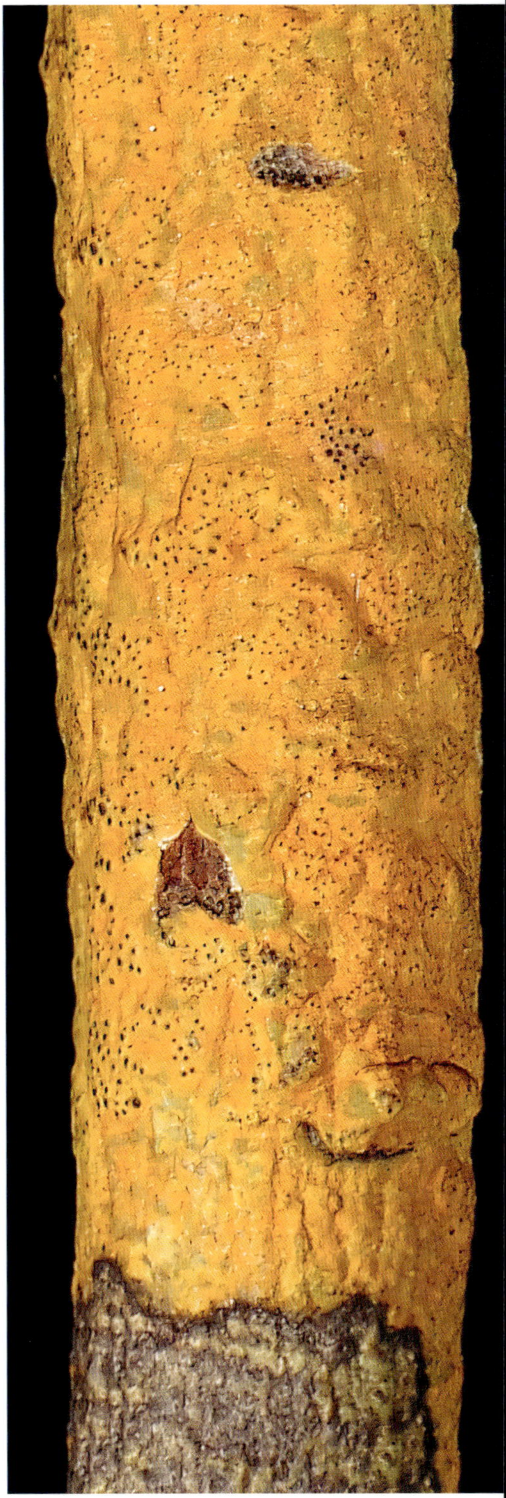

destoweniger gibt es vielsprechende Studien im Hinblick auf die HIV-inhibierenden Eigenschaften von *Umbilicaria esculenta* und eine mögliche Abschwächung von Symptomen der Alzheimer-Krankheit durch Orcein, Bestandteil eines aus Flechten gewonnenen Farbstoffs (siehe S. 250).

Das größte Hindernis für die Nutzung von Flechten im industriellen Maßstab stellen ihr langsames Wachstum und ihre schwierige Nachzucht *in vitro* dar. Um 1 Gramm verwertbare Substanz zu erhalten, werden etwa 100 Gramm Flechten benötigt, Wildsammlungen kommen deshalb nicht infrage. Zwar können viele Pilze in Kultur gezüchtet werden, aber ihre Biochemie ist dann nicht unbedingt dieselbe wie in der Symbiose. Doch die Verwendung von Mycobiontenzellen, immobilisiert in einer speziellen Matrix, in der sie ihre Enzymaktivität aufrechterhalten, scheint ein vielversprechender Ansatz für potenzielle industrielle Anwendungen zu sein; das legen Studien nahe, die die brasilianische Flechtenforscherin und Chemikerin Eugênia Pereira durchgeführt hat.

Flechten als Nahrungsmittel

Pilze sind mindestens seit der Steinzeit, wahrscheinlich aber schon sehr viel länger Teil der menschlichen Ernährung. Hefen zum Backen und Brauen *(Saccharomyces)* sowie Pinselschimmel *(Penicillium)* sind für die Herstellung von Brot, Käse und alkoholischen Getränken unentbehrlich. Die mexikanische Spezialität *huitlacoche* wird aus dem auf Mais parasitierenden Pilz *Ustilago maydis* hergestellt, und Großpilze («Schwammerl») spielen in vielen Küchen eine Rolle. Aber was ist mit Flechten?

Selbst wenn es den meisten von uns nicht bewusst ist, wir verspeisen jeden Tag Produkte, die in irgendeiner Form mit Pilzen zu tun haben. Das klassische aus Wein, Brot und Käse bestehende Picknick wäre ohne Pilze nicht möglich, und ohne Pilze gäbe es kein Supermarktprodukt, das Zitronensäure enthält. Aber wer isst Flechten? Obwohl Flechten überall vorkommen, sind sie nur in bestimmten Kulturen fester Bestandteil der Ernährung. Wir kennen nur wenige essbare und nahrhafte Flechten, die meisten enthalten Polysaccharide, die schwer zu verdauen sind. Ihr langsames Wachstum trägt ebenfalls dazu bei, dass ein Konsum in größeren Mengen nicht nachhaltig oder sinnvoll wäre.

In Kulturen, wo Flechten auf dem Teller landen, scheint das schon länger üblich zu sein. Die in Ostasien heimische Essbare Nabelflechte *(Umbilicaria esculenta)* heißt in Japan *iwatake* (oder *wawatake*), in China *shi'er* und in Südkorea *seogi*. Sie gilt dort als Delikatesse und wird in Form von Salat, Suppe oder Chips verspeist. Im *Ryōri Monogatari*, einem japanischen Kochbuch aus dem Jahr 1643, in dem 15 essbare Pilze und Flechten aufgeführt sind, wird sie erstmals erwähnt. Im Norden des nordamerikanischen Kontinents lebende Angehörige der First Nations verzehren Verwandte der asiatischen Nabelflechte in verschiedenen Zubereitungsformen, unter anderem ebenfalls als Chips. Die Cree gaben sie in Fischsuppe, um die Kranken zu stärken, während die benachbarten Inuit der Meinung waren, dass eine längere, auf diesen Flechten beruhende Ernährung schädlich sei (könnte sein, dass sie es ausprobiert haben).

In der chinesischen Küche haben verschiedene *Lobaria*- und *Sticta*-Arten ihren Platz in Suppen und Salaten. Die Breitlappige Schüsselflechte, *Parmotrema perlatum*, – oder auf Hindi *dagad phool* bzw. *pattar ke phool* – wird in vielen südindischen Küchen verwendet; sie ist Bestandteil zahlreicher Curry-Gewürzmischungen, wie Garam Masala und Malvani Masala.

Die zeitgenössische Küche hat Flechten als Delikatessen wiederentdeckt, insbesondere Rentierflechten der Gattung *Cladonia*. Das berühmte Restaurant «Noma» in Kopenhagen, das mehrfach zu einem der weltbesten 50 Restaurants gekürt wurde, ist unter anderem bekannt für seine einzigartigen Gerichte mit Flechten.

↗ Zeitgenössische Flechtenköstlichkeiten: ein chinesisches Lungenflechten-Omelett (oben links), ein indisches Flechtencurry aus *Parmotrema perlatum* (oben rechts) und ein Flechtengericht des berühmten Restaurants «Noma» in Kopenhagen, Dänemark (unten)

Flechten fürs Geschäft und fürs Vergnügen

Außer in der Medizin ist der Einsatz von Pilzen in der Industrie zu einem Milliardengeschäft geworden, das alle Geschäftsfelder von Nahrungsmittelressourcen bis Bioremediation (biologische Sanierung) umfasst. Doch auch die traditionellen Anwendungsgebiete von Flechten erleben eine Renaissance.

PH, PARFÜMS UND BRAUEREI

Chemieunterricht in der Oberstufe ist unvorstellbar ohne Lackmustest, den schnellsten und einfachsten Weg, den Säuregrad (pH-Wert) einer Lösung zu ermitteln. Wenn die Lösung sauer ist, färbt sich das Lackmuspapier rot, wenn sie alkalisch (basisch) ist, wird es blau oder violett. Nur wenige wissen, dass Lackmuspapier auf Flechtenextrakten beruht, die Derivate der Orsellinsäure enthalten; diese Extrakte werden meist aus Flechten der Art *Roccella tinctoria* gewonnen, die heute *Roccella phycopsis* heißt. Die Verwendung von Lackmus reicht zurück bis ins 13. Jahrhundert, und seit dem 16. Jahrhundert werden Flechtenextrakte für den Säure-Base-Test verwendet. Bis heute ist Lackmus ein weit verbreiteter, einfacher Indikator für den pH-Wert. Mittlerweile ist der «Lackmustest» als Begriff bis in die Populärkultur vorgedrungen und wird häufig als Synonym für die Begriffe «Bewährungsprobe» oder «Prüfstein» verwendet, zum Beispiel in Sätzen wie: «Das Verfahren gegen die beiden Journalisten ist ein Lackmustest für die Unabhängigkeit der Justiz und die Presse- und Meinungsfreiheit.»

In der Parfüm- und Kosmetikindustrie finden Flechten schon seit Langem Verwendung. Die bekanntesten Flechten in diesem Zusammenhang sind Eichenmoos *(Evernia prunastri)* und Baummoos *(Pseudevernia furfuracea)*; trotz der irreführenden Trivialnamen handelt es sich nicht um Moose, sondern um Flechten. Flechtenextrakte wurden als Fixative eingesetzt und gaben den Parfüms eine erdige Note; einige bekannte Parfüms, wie z. B. Eau Sauvage von Dior oder Polo von Ralph Lauren, enthalten *Evernia prunastri*. Seit 2017 sind Flechtenextrakte in Parfüms und Kosmetika wegen möglicher Allergien in der Europäischen Union jedoch verboten.

↑ Das Eichenmoos *(Evernia prunastri)* wurde in der Parfümindustrie lange als Fixativ benutzt. Viele Marken verwendeten Flechtenextrakte in ihren Parfüms, und bei manchen ist das noch an den Produktnamen zu erkennen.

← Lackmustest: *Roccella phycopsis* (oben) dient immer noch als Rohstoff für die Herstellung von Lackmuspapier (unten), mit dem sich einfach feststellen lässt, wie sauer oder alkalisch eine Lösung ist.

Für das traditionelle Gerben von Tierhäuten wurden Flechten sowohl in Nordamerika als auch in Indien genutzt. Zum Einsatz kamen dafür Tannine (Polyhydroxyphenole), die in vielen Pflanzen und Flechten enthalten sind, sie binden die Kollagenproteine in den Häuten und machen sie dadurch widerstandsfähiger gegen Bakterien.

Lobaria pulmonaria, Cetraria islandica und verschiedene *Usnea*-Arten dienen als Ersatz für Hopfen oder als Ausgangsprodukte für eine alkoholische Gärung auf Basis von Flechtenstärke (Lichenin), um Bier zu brauen oder Branntwein herzustellen, insbesondere in Nordeuropa und Sibirien. Moderne Brauer haben die Flechten wiederentdeckt und verwenden sie jetzt für die Herstellung von sogenannten Craft-Bieren.

FLECHTEN – ZUM FÄRBEN SCHÖN

Flechten haben im Lauf der Evolution eine breite Farbpalette entwickelt: Sie reicht von Gelb über Orange nach Rot, von Grau über Braun nach Schwarz und von Hellgrün nach Blassblau oder von Rosa nach Violett. Manche Flechtenpigmente können durch Extraktion in kochendem Wasser direkt zum Färben verwendet werden, z.B. die der gelbgrünen Gattung *Letharia* (siehe S. 274). Doch bei Weitem die meisten aus Flechten gewonnenen Farbstoffe leiten sich von der Orsellinsäure her, die nach der Extraktion als blassbraunes, kristallines Pulver vorliegt.

Orsellinsäure ist die Vorstufe zu verschiedenen anderen Flechteninhaltsstoffen wie Gyrophor- und Lecanorsäure, die eine große Bandbreite biologischer Eigenschaften aufweisen (siehe S. 68). Aus ihr entsteht außerdem Orcin, das – mit Ammoniak versetzt – verschieden gefärbte Pigmente aus dem Blau-bis-Rosa-Spektrum hervorbringt. Flechten, die Orsellinsäure oder Derivate davon enthalten, reagieren mit einer Rot-Verfärbung, wenn man einen Tropfen Natriumhypochlorit (besser bekannt als Bleichmittel) auf sie gibt (Lichenologen nennen das den C-Test). Neben der bereits erwähnten *Roccella phycopsis* finden sich diese Inhaltsstoffe noch in vielen anderen Flechten, wie z.B. *Dendrographa leucophaea, Lasallia pustulata, Ochrolechia tartarea* und *Parmotrema tinctorum,* die alle für die Herstellung von Farbstoffen verwendet wurden. Um die Inhaltsstoffe zu extrahieren und daraus die verschiedenen Pigmente zu gewinnen, müssen die Flechten längere Zeit in Ammoniakwasser (Salmiakgeist) eingeweicht werden. Das heißt in diesem Fall «monatelang», aber Fans der Flechtenfärberei sind sich einig, dass es die damit erzielten Ergebnisse wert sind.

↖↗ Knallige Farben: Sorgfältig haben Emily Donavan und Alissa Allen den jahrhundertealten Prozess rekonstruiert, wie sich rosa bis lila Farbstoffe aus Flechten gewinnen lassen, die diese Farben in ihrem Urzustand nicht notwendigerweise aufweisen. Sie verwenden dafür z. B. getrocknete *Umbilicaria*-Lager wie jene, die links oben zu sehen sind.

→ Chilkat-Decke, die Angehörige der Tlingit – ein Volk, das an der Nordwestküste von Nordamerika (Alaska, British Columbia) lebt – bei rituellen Tänzen trugen. Die Farben Gelb und Blau wurden traditionell aus gelb bis gelbgrün gefärbten *Letharia*-Arten und anderen Flechten wie z. B. *Umbilicaria* gewonnen, die Derivate der Orsellinsäure enthielten.

Dekorative Flechten

In Miniatur-Landschaften wird Vegetation oft mit «Rentiermoos», «Isländisch Moos» oder «Kugelmoos» modelliert, hinter diesen Handelsbezeichnungen verbergen sich in der Regel jedoch Rentierflechten der Gattung *Cladonia*, meistens *Cladonia stellaris*. (Das echte Isländisch Moos, *Cetraria islandica*, wird nicht dafür verwendet.) Aber die Nutzung dieser Flechten beschränkt sich keineswegs auf die Herstellung winziger Büsche und Bäume, sie hat sich mittlerweile zu einem Geschäft industrieller Größenordnung entwickelt.

Die historische Hamburger Speicherstadt ist eine UNESCO-Welterbestätte. Sie beherbergt auch die größte Modelleisenbahnanlage der Welt, das Miniatur Wunderland. Die Anlage erstreckt sich über eine Fläche von 1500 Quadratmetern und verfügt über fast 16 Kilometer Gleise und über 1000 Züge.

Für keinen der 130 000 Bäume und unzähligen Büsche im Miniatur Wunderland wurden Rentierflechten verwendet. Stattdessen sind sie sorgfältig handgearbeitet. Viele andere Modellbauer verwenden zu diesem Zweck weiterhin *Cladonia stellaris* und andere Flechten, die in Geschäften für Modellbau- oder Bastelbedarf – in verschiedenen Farben angefärbt und oft fälschlich als «isländisches Moos» bezeichnet – verkauft werden. Der Umstand, dass diese Flechten wild gesammelt werden, ist besorgniserregend, obwohl die Firmen, die sie anbieten, versichern, sie würden nachhaltig geerntet.

Die Verwendung von Rentierflechten für Kränze und andere Dekorationen im Innenbereich hat lange Tradition. Neuerdings tauchen sie aber auch als Bestandteil von sogenannten Mooswänden auf. Diese Wände sehen nicht nur attraktiv aus, ihnen werden auch viele positive Effekte zugeschrieben, unter anderem sollen sie die Luftqualität verbessern, Staub und Lärm vermindern oder die Energiekosten und das Kohlendioxidniveau senken. Außerdem sollen sie bei den Menschen, die in solchen Räumen arbeiten, die Produktivität erhöhen, die Aufmerksamkeit steigern und Stress mindern. Das könnte alles stimmen, wenn «Mooswände» tatsächlich aus lebenden Pflanzen bestünden, das trifft aber nur auf wenige zu. Die meisten «Mooswände» werden aus Rentierflechten hergestellt, angefärbt und auf Bretter geklebt.

Wenn etwas, das als «lebendes, atmendes Moos» angepriesen und verkauft wird, lediglich aus gefärbten Flechten besteht, dann kann man das nur als Betrug bezeichnen. Diese Flechten sind weder lebendig noch atmen sie, sie sind auch kein Moos, und wahrscheinlich fangen sie mehr Staub ein, als ihre Käufer ohne «Mooswand» gehabt hätten. Das soll nicht heißen, dass eine handwerklich gut gemachte Wand aus Rentierflechten nicht toll aussehen würde. Sie könnte den Arbeitsplatz oder den Wohnraum, in dem sie steht, sicher verschönern und aufwerten, doch angesichts der gewaltigen Mengen Flechten, die dafür gebraucht würden, stellt sich ernsthaft die Frage nach der Nachhaltigkeit solchen Tuns.

↑ Diese «Mooswand» – die an das Blätterdach eines Regenwaldes im Miniaturformat erinnert – besteht in Wirklichkeit aus Rentierflechten, die in hellen Grüntönen angefärbt wurden.

↖← Miniatur Wunderland, die größte Modelleisenbahnanlage der Welt, verwendet so gut wie keine Rentierflechten für Bäume und Sträucher, doch in anderen Modelllandschaftsanlagen (Bild unten) werden *Cladonia stellaris* und ihre Verwandten immer noch gerne für diesen Zweck eingesetzt.

Flechten und Denkmalschutz

In der Ruinenstadt Machu Picchu bewundern die meisten Menschen die handwerklichen Fähigkeiten ihrer Erbauer und nehmen die atemberaubende Landschaft in sich auf. Flechtenkundler wurden außerdem dabei beobachtet, wie sie ihre Lupen aus der Tasche holten und begannen, die Vielfalt der auf den alten Steinwänden wachsenden Flechten unter selbige zu nehmen. Doch der natürliche Bewuchs bereitet den Personen, die mit dem Schutz des uralten Menschheitserbes befasst sind, ernsthafte Sorgen.

Von Menschenhand errichtete und von Flechten überwachsene Gebäude bieten einen ganz besonderen Anblick. An Biofilmen (dünne Schichten von kleinen Pflanzen, Algen, Flechten, Pilzen und Bakterien) scheiden sich die Geister: Die einen betrachten sie als Ökosysteme mit jeweils eigener Berechtigung, für die anderen stellen sie ein Problem dar. Viele Flechten sind an der biochemischen Verwitterung und der Ablagerung von Calciumoxalat beteiligt; diese Eigenschaft ist für die Primärsukzession auf Felsoberflächen und die anschließende Bodenbildung von Nutzen, im Zusammenhang mit antikem Stein- und Mauerwerk aber ganz und gar unerwünscht.

Die Konservatoren von Bauwerken machen sich schon lange Gedanken, wie sie mit diesem Problem umgehen sollen. Die Oberfläche könnte durch mechanisches oder chemisches Entfernen der Flechten stärker beschädigt werden, als wenn man sie dort beließe. Studien lassen sogar vermuten, dass Biofilme, insbesondere endolithische Flechten und Pilze (also solche, die im Stein wachsen), helfen könnten, die Oberflächen zu schützen – ähnlich wie die Wurzeln von Pflanzen Bodenerosion und Hangrutschungen verhindern können.

Die Zerstörung von Denkmälern und Gebäuden durch Flechten wurde an verschiedenen Weltkulturerbestätten untersucht, z.B. an den Maya-Tempeln in Chichén Itzá (Mexiko), an den Standing Stones von Orkney (Schottland), an den Florentiner Mosaiken (Italien), am Grabmal von Kyros dem Großen in Pasargadae (Iran) und an der Tempelanlage von Angkor Wat (Kambodscha). Maßnahmen, mit denen Flechtenbiofilme entfernt oder deren Wachstum verhindert werden sollen, reichen von chemischen Bioziden wie Haushaltsbleichmitteln und Pentachlorphenol (PCP) über vermeintlich umweltfreundliche Naturprodukte wie Extrakte aus *Rumex hastatus,* einer indischen Ampferart, bis hin zu mechanischer Reinigung, Hitzebehandlung und wasserabweisenden Silikonen.

Noch wird weiter darüber diskutiert, welches dieser Mittel am effektivsten und am wenigsten umweltschädlich ist oder ob die Biofilme überhaupt entfernt werden sollten. Angesichts der Vielfalt der Materialien, die für Gebäude und Denkmäler verwendet wurden, angesichts ihres Alters und der klimatischen Bedingungen sowie der die Verwitterung verursachenden Agenzien muss jeder Fall einzeln betrachtet werden.

↑ Die aus dem Fels gehauene Kirche Bét Giyorgis (Heiliger Georg) in Lalibela (Äthiopien), die großflächig mit der Gewöhnlichen Gelbflechte *(Xanthoria parietina)* überzogen ist.

← Die Mauern des UNESCO-Weltkulturerbes Machu Picchu (Peru), im 15. Jh. auf fast 2440 m ü. M. errichtet, weisen eine beeindruckende Flechtenvielfalt auf. Wissenschaftliche Studien versuchen herauszufinden, wie man damit umgehen sollte.

Flechten in der Kunst

Die Flechtenformen, die wir heute sehen, sind das Ergebnis von Millionen Jahren natürlicher Selektion. Sie wurden als «Kunstformen der Natur» tituliert (siehe S. 110), obwohl diese Formen, versteht sich, für die Symbionten, die in ihnen leben, einfach nur nützlich sind. Doch die Vielfalt ihrer Farben und Formen hat – ebenso wie ihre erstaunliche Biologie – Künstler zu allen Zeiten inspiriert.

Flechtenkunst ist genauso divers wie ihre Objekte. Sie kann realistisch sein, Flechten in ihrer natürlichen Schönheit abbilden und dafür unterschiedliche Techniken und unterschiedliche Formate nutzen, wie etwa Kathrin Schlegels Skulptur *Feeding from the Tree of Knowledge* («Speisung vom Baum der Erkenntnis»). Sie kann eine winzige stilisierte Nachbildung für ein exquisites Schmuckstück sein. Sie kann sich von Wissenschaft anregen lassen und zur Metapher für menschliches Verhalten werden, wie in den zarten Skulpturen der Serie *Hidden in Plain Sight* («Unsichtbar vor aller Augen») von Kristen Morsches. Sie kann eine Aussage sein, etwa wenn Flechten in einem Streetart-Kunstwerk saubere Luft fordern, wie in Bryony Ellas *Follow the Lichen* («Folgt der Flechte»). Sie kann eine Metapher für eine Vision von Stadtökologie und Beziehungen des Menschen zur Natur in den Städten sein, wie zum Beispiel Oscar Furbackens Wandinstallation *Urban Lichen* («Stadtflechte»).

↗ *Follow the Lichen* von der englischen Künstlerin Bryony Ella. Eine kraftvolle Streetart-Forderung nach sauberer Luft und Null-Emissionen.

→ *Feeding from the Tree of Knowledge.* Diese riesige *Evernia-prunastri*-Skulptur wurde von Kathrin Schlegel geschaffen. Sie ist über 3 m hoch und schmückt den Campus der Norwegian University of Life Sciences in Ås, bei Oslo (2021; Auftragswerk von Koro Norway/NMBU University of Life Sciences Norway).

Flechten wirken anziehend auf Künstler. Die eindrucksvollen Farben und Formen, die ungewöhnliche Symmetrie oder ihr völliges Fehlen, der Umstand, dass viele Leute Flechten zwar vom Sehen kennen, aber nur wenige ihre einzigartige Biologie verstehen – das alles lädt zu Abstraktion ein. Flechtenkunst ist allgegenwärtig.

Sogar in großen Publikumsfilmen kommen Flechten vor, zum Beispiel in einer Traumsequenz in *Der unglaubliche Hulk*. Und in der populären Fernsehserie *The Big Bang Theory* sinniert die Figur Sheldon:

Das beste Lebewesen, mit dem der Mensch verschmelzen kann, ist die Flechte. Auf diese Weise wärst du gleichzeitig Mensch, Pilz und Alge. Ein dreifacher Genuss. Genau wie Drei-Bohnen-Salat. […] Stell dir ein schönes Konzert im Freien vor. Als Mensch genieße ich Beethoven. Als Pilz habe ich eine herrliche Aussicht, weil ich ganz oben in einem Ahornbaum wachse. Und nein danke, keine teuren Zugeständnisse. Denn als Alge werde ich einfach Sonnenlicht naschen.

Nicht zuletzt dienen Flechten häufig dazu, Kunst, Citizen Science und Öffentlichkeitsarbeit zu vermischen, wie in Penelope Cains *Learning from Lichens* («Von Flechten lernen») oder *Being Lichen* («Flechte sein») von der Lichenologin und Künstlerin Nastassja Noell. Aber nun ist genug sinniert: Lassen wir die Kunstwerke für sich selbst sprechen.

← *Urban Lichen*. Oscar Furbackens überlebensgroße Wandinstallation eines Fotoabzugs von *Xanthoria parietina* vergleicht die Flechtenstruktur mit der Anlage einer Stadt.

→ Flechtenschmuck: handgefertigte, ausdruckstarke Schmuckstücke von Eileen O'Shea

↓ *Hidden in Plain Sight*. Diese von Kristen Morsches gefertigten feinen Skulpturen stellen Flechten dar, die von Parasiten durchsetzt sind, eine Metapher für das Eindringen des Menschen in die Natur. Die Kunstwerke erinnern an die Forschungsarbeiten von James Lawrey, einen Flechtenökologen, der mit der Künstlerin verwandt ist.

↙ Gehäkelte Flechten der japanischen Künstlerin Kozue Mihashi

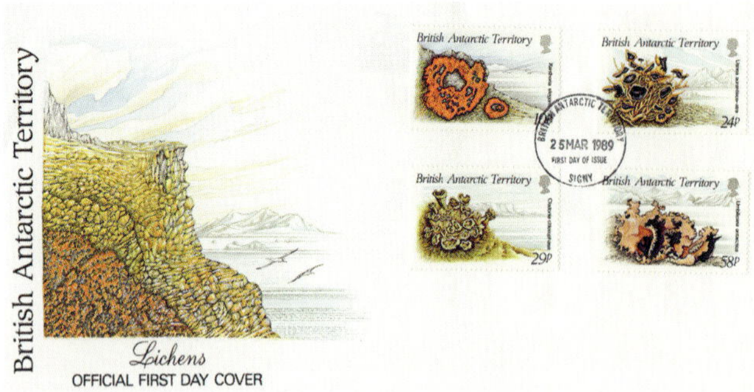

←↓ Postwertzeichenserie «British Antarctic Territory», herausgegeben 1989. Die finnische 2-Euro-Münze aus dem Jahr 2022 trägt die Inschrift «Klimaforschung» und zeigt eine Bartflechte.

↙ Ein Flechten-«Edelstein». Das Foto von Thomas Barlow betont die außergewöhnliche Schönheit kleiner Kieselsteine aus der Namib-Wüste, auf denen verschiedene Flechten wachsen, die nur dort vorkommen.

→ Die in Australasien heimische Flechte *Rexiella fuliginosa*, gemalt von der Biologin und Künstlerin Anna Voytsekhovich.

Metapher: Sind wir alle (queere) Flechten?

Flechten sind die Quintessenz einer Symbiose: eine stabile Koexistenz von Organismen, die verschiedenen Domänen und Reichen angehören und zusammen einen Superorganismus bilden, der mehr ist als die Summe seiner Teile. Könnte das eine Metapher für die Koexistenz von Menschen mit der Natur und mit ihresgleichen sein?

Symbiosen gibt es überall, nicht nur bei Flechten. Sie sind die Regel, nicht die Ausnahme. Selbst wir Menschen sind keine Einzelwesen, da wir in Symbiose mit Mikroorganismen leben, zum Beispiel unseren Darmbakterien. Und wir sind Teil eines globalen Ökosystems, das nur dann überleben kann, wenn wir lernen, mit unserer Umwelt in einer nachhaltigen Symbiose zu existieren. Der Evolutionsbiologe Scott Gilbert schließt daraus: «Wir sind alle Flechten.» Und Laurie Palmer verwendet Flechten in ihrem Buch *The Lichen Museum* als Metapher für zwischenmenschliche Beziehungen. Können wir von Flechten lernen, mit uns und unserer Umwelt in Harmonie zu leben?

→ Eine erlesene Versammlung zarter Flechten, die gemeinschaftlich einen Kalkstein bewachsen – *Speerschneidera euploca* (oben), die Lederflechte *Endocarpon pseudosubnitescens* (Mitte unten) sowie die Kalk-Warzenflechte *Bagliettoa calciseda* (unten rechts) – und so gleichzeitig Diversität und Individualität vermitteln, Konzepte, die für die Queer-Theorie von zentraler Bedeutung sind.

In John Wyndhams Roman von 1961, *Trouble with Lichen* (*Ärger mit der Unsterblichkeit,* 1970), entdecken Forschende eine Flechte, die den Alterungsprozess verlangsamt; die Geschichte beschäftigt sich mit den Folgen dieser Entdeckung für die Gesellschaft und die Selbstermächtigung der Frauen. «Lichens are queer things» («Flechten sind seltsame Gewächse») lautet ein Satz, mehr als 20 Jahre bevor der Begriff «queer» von der LGBT(QI+)-Community positiv-provokativ besetzt und zum Überbegriff für nichtnormative sexuelle und Geschlechteridentitäten wurde.

In einem 2015 erschienenen Essay entwickelte der Soziologe David Griffiths eine *Queer Theory for Lichens* und nahm Flechten als Beispiel, um der traditionellen darwinistischen Betrachtungsweise zu widersprechen, Konkurrenz zwischen Individuen sei die treibende Kraft für die Evolution. Symbiotische Organismen stünden im Widerspruch zu dieser Auffassung, da sie Mechanismen der natürlichen Selektion unterlägen, die nicht dem traditionellen Modell heterosexueller Reproduktion und vertikaler Vererbung entsprächen. Griffith zeigt anhand der Flechten, wie eine «symbiotische Betrachtung des Lebens diesen konservativen und heteronormativen Ansatz für menschliche und nichtmenschliche Sexualität und Sozialität herausfordern kann». In symbiotischen Beziehungen wird die Gemeinschaft zum Ziel der natürlichen Selektion; diese setzt an den Prozessen der wechselseitigen Interaktion an.

Griffiths nimmt Bezug auf Lynn Margulis' Entdeckung der Endosymbiose: Organellen in eukaryotischen Zellen – die Mitochondrien und (in Pflanzen und pflanzenähnlichen Organismen) die Chloroplasten – sind bakteriellen Ursprungs und wurden im Lauf der Evolution von den Zellen aufgenommen. Margulis führte aus, die Symbiogenese sei der wichtigste Mechanismus, um evolutionäre Neuerungen zu erreichen. Griffiths hebt hervor, dass Beziehungen zwischen Arten zahlreiche alternative Wege bieten, auf denen sich Natur und Leben weiterentwickeln und fortpflanzen können – eine Herausforderung für den «beschränkten und einschränkenden Blick auf die sexuelle Reproduktion des Menschen». Sein Vorschlag lautet:

Mit Flechten zu denken, bietet möglicherweise einen queeren Weg heraus aus den heteronormativen Narrativen von menschlicher und nichtmenschlicher Sexualität und Sozialität, indem es die heterosexuelle biologische Reproduktion als einzigen Weg, auf dem Leben (re)produziert wird, aus dem gedanklichen Zentrum entfernt.

Flechten wurden auch als Pilze beschrieben, welche die Landwirtschaft entdeckten. Dort wählen Landwirte spezielle Genotypen von Feldfrüchten danach aus, wie viel Ertrag sie liefern, ob sie gegenüber Umweltbedingungen tolerant sind und wie hoch ihre Schädlingsresistenz ist. Liegt hier eine Analogie zu Fotobionten in Flechten vor? Es gibt einige

↑ «Flechten sind seltsame Gewächse». In John Wyndhams Roman *Trouble with Lichen (Ärger mit der Unsterblichkeit)* aus dem Jahr 1960 werden Flechten entdeckt, die eine Anti-Aging-Substanz namens Lichenin enthalten. In der Geschichte geht es um die sozialen Konsequenzen des Nichtalterns und die Selbstermächtigung von Frauen.

Die beiden Forscher in *Trouble with Lichen* verraten nicht, um welche Art es sich bei ihrer «Anti-Aging»-Flechte handelt. Doch sie beschreiben sie «mit graugrünen Blättern ..., gefleckt mit gelben Tupfen entlang der Blattränder» und als «imperfekt» (das heißt, sie hat keine sexuelle Vermehrung). Die weit verbreitete *Crocodia aurata* würde zu dieser Beschreibung passen. Birgt sie womöglich das Geheimnis der ewigen Jugend? Oder könnte man sie symbolisch zur «queeren» Flechte erheben?

Unterschiede: Zum Beispiel haben Flechtenalgen normalerweise keinen Sex, wenn sie in Symbiose leben, Flechtenpilze dagegen scheinen für Sex auf biochemischen Input von Algen angewiesen zu sein. Wollte man dieses Prinzip auf Mensch und Landwirtschaft anwenden, wären Landwirte nicht in der Lage, sich ohne beunruhigend konkretes Zutun ihrer Feldfrüchte fortzupflanzen.

Von der Frage, wer wann und wo Sex haben kann, einmal abgesehen überschreiten Flechten sämtliche normativen Auffassungen zu biologischer Reproduktion. Neben verschiedenen Lösungen für die sexuelle Fortpflanzung haben Flechten viele Wege gefunden, ihre Symbionten einzeln oder zusammen zu verbreiten, und es kommt sogar zu horizontalem Gentransfer zwischen den Symbiosepartnern. Heteronormative Sexualität – wenn es sie denn überhaupt gibt – spielt für die Fortpflanzung von Flechten nur eine untergeordnete Rolle.

Sind Flechten also queer? Und wenn wir Menschen alle Flechten sind, sind wir dann alle queer? Griffiths formuliert es so:

Wir sind alle queere Multi-Spezies-Konsortien und schon immer auf allen Ebenen in zahllose und unvorhersagbare grundlegende Beziehungen verwickelt. Die symbiotische Auffassung vom Leben legt nahe, dass alle Organismen beim Überschreiten von Grenzen und beim Hin- und Herschieben von Genen mitmachen.

Das Wort *normativ* bedeutet «konform», «einem Standard entsprechend». Das Wort *queer* dagegen bezeichnet Denken und Verhalten außerhalb des üblichen Rahmens. Die Entdeckung der Flechtensymbiose vor mehr als 150 Jahren kann als eines der ersten wichtigen «queeren» Gedankenexperimente in den Biowissenschaften betrachtet werden. Sie wurde zu einem Symbol für sich gegen etablierte Normen richtende, neuartige wissenschaftliche Theorien. Mit unserer Auffassung zu Flechtensymbiosen stehen wir wieder einmal am Übergang zu einer neuen Ära, indem lange bestehende Paradigmen infrage gestellt werden. Das Queerdenken geht weiter.

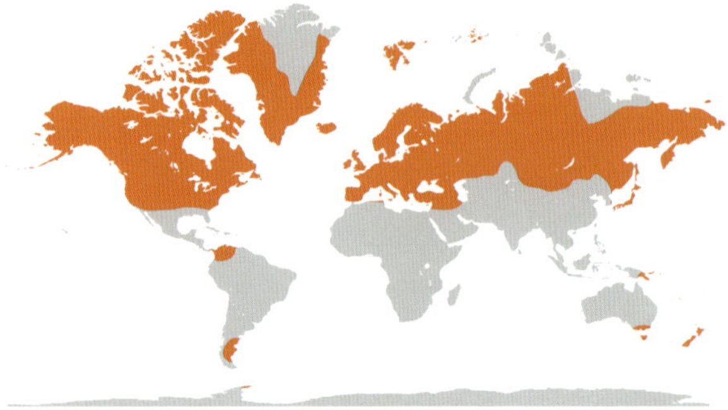

CETRARIA ISLANDICA

Isländisch Moos

Vielseitiger Helfer aus der Tundra

WISSENSCHAFTLICHER NAME	*Cetraria islandica* (L.) Ach.
STAMM, FAMILIE	Ascomycota, Parmeliaceae
WUCHSFORM	Bräunliche, geweihförmige Lager mit weißlichen Flecken an der Unterseite
ARTEN IN DER GATTUNG	15
LEBENSRAUM	Am Boden in Heidelandschaften und Tundren
BESONDERHEITEN	Medizinische Verwendung in nordeurasischen Kulturen

Isländisch Moos ist weder ein Moos noch auf Island beschränkt. Die gedrungene, am Boden wachsende Flechte wächst sowohl im hohen Norden als auch in niedrigeren Breitengraden in dichter alpiner Horstgrasvegetation, Heidelandschaften und Tundren. Bis heute wird es in vielerlei Produkten genutzt, darunter Halspastillen, Tees, Körperlotionen, Zahnpasta, Haarspülungen, tiermedizinische Produkte, Färbemittel und auch Spirituosen.

Die pharmazeutischen Eigenschaften von Isländisch Moos wurden bereits 1671 in einem Arzneibuch beschrieben und seit Jahrhunderten vielfach untersucht. Der Island-Bezug sowohl im wissenschaftlichen als auch im Trivialnamen geht auf Berichte im 18. und 19. Jahrhundert zurück, denen zufolge es ein Grundnahrungsmittel der Isländer war, ohne das diese «sicherlich zugrunde gehen würden», so ein Text von 1874.

Extrakte der Flechte haben antibakterielle Eigenschaften, die wahrscheinlich auf die Fettsäure Protolichesterinsäure zurückgehen. Isländisch Moos ist auch heute noch in vielen Apotheken in ganz Europa erhältlich und findet weit darüber hinaus traditionelle medizinische Verwendung. Die Yupik im heutigen Alaska etwa nennen es *aouk'* und sollen es als Würze für verschiedene Suppen verwenden. Die traditionelle Verwendung von Flechten in indigenen Kulturen wird in gedruckten Quellen kaum beschrieben; wahrscheinlich wird *C. islandica* schon seit langer Zeit von Menschen in aller Welt gekannt und geschätzt.

Isländisch Moos ist Teil einer Artengruppe, die leicht miteinander zu verwechseln und historisch gesehen wahrscheinlich in ihrer Nutzung austauschbar ist, vor allem im hohen Norden. All diese Arten haben ähnliche steife, geweihförmige Lagerlappen mit fein gezähnten Rändern und rindenlosen Bereichen an der Unterseite.

→ *Cetraria islandica* mit typischen braunen, geweihförmigen Lappen und weißen, rindenlosen Flecken an der Unterseite

LETHARIELLA CASHMERIANA

Orangerote Schneetee-Flechte

Vielseitige Bewohnerin des Himalaja

WISSENSCHAFTLICHER NAME	*Lethariella cashmeriana* Krog
STAMM, FAMILIE	Ascomycota, Parmeliaceae
WUCHSFORM	Lager strauchig, hellorange, innen und an der Basis schwärzlich
ARTEN IN DER GATTUNG	ca. 10
LEBENSRAUM	Auf Bäumen, gelegentlich am Boden
BESONDERHEITEN	Die Ästchen sind fein gefurcht.

Googelt man eine bestimmte Flechte, findet man meist Informationen zu ihrer Taxonomie und Naturgeschichte, manchmal viele, manchmal wenige. Bei *Lethariella cashmeriana,* englisch Red Snow Tea Lichen, ist das ein bisschen anders. Sucht man *«red snow tea»,* taucht so manches Angebot für Flechtenmaterial verschiedener *Lethariella*-Arten in beträchtlichen Mengen auf, das für die Zubereitung des berühmten roten Tees oder als Kräutermedizin geeignet ist.

Lethariella-Arten sind strauchig bis bartförmig mit typischer oranger Färbung, die auf das Pigment Canarion zurückgeht. Äußerlich ähneln sie Flechten der Gattung *Teloschistes* (siehe S. 7), doch besteht keine nähere Verwandtschaft. Bartförmige Arten erinnern zudem an Pflanzen der Gattung *Cuscuta* (Seide), parasitische Windengewächse.

Das für Red Snow Tea verkaufte Material stammt meist von der Strauchflechte *Lethariella cashmeriana,* die aber oft fälschlich als die seltene *L. cladonioides* bezeichnet wird. *L. cashmeriana* wächst im Himalaja vom westlichen China bis Pakistan in Höhen von 3000 bis 5000 Metern meist epiphytisch auf Nadelbäumen oder Rhododendronsträuchern.

Die Farbe des Red Snow Tea geht auf das orangefarbene Pigment zurück, das sich in heißem Wasser rot färbt. Neben der traditionellen Verwendung als Tee könnten Aufgüsse oder Extrakte von *Lethariella*-Flechten, so legen Studien zu ihren biochemischen Eigenschaften nahe, wirksam gegen Infektionen, Bluthochdruck, neurologische Leiden und sogar Fettleibigkeit und Krebs sein. Indigene aus den Gebirgen in Pakistan, Tibet, Nepal und Bhutan nutzen eine glimmende, räuchernde Mixtur aus *Lethariella*-Lagern und Wacholderzweigen *(Juniperus)* als Halluzinogen. Es gibt jedoch angesichts des langsamen Wachstums der Flechte große Bedenken hinsichtlich der Nachhaltigkeit ihrer Nutzung.

→ Heilkraut vor der Übernutzung? Die Biochemie von *Lethariella cashmeriana* und verwandten Arten ist gut erforscht und umfasst vielerlei Substanzen; ihre potenzielle Wirkung aber geht vermutlich auf das Pigment Canarion zurück.

CIRCINARIA JUSSUFFII

Yusufs Manna-Flechte

Biblisches Manna reloaded

WISSENSCHAFTLICHER NAME	*Circinaria jussuffii* (Link) Sohrabi
STAMM, FAMILIE	Ascomycota, Megasporaceae
WUCHSFORM	An Getreide erinnernde kleine Körnchen, lose auf dem Substrat
ARTEN IN DER GATTUNG	25
LEBENSRAUM	Aride Regionen von Nordafrika bis Westeuropa
BESONDERHEITEN	Aussehen wie feste Erdklümpchen, wird vom Wind verweht.

Es gibt vielerlei Vermutungen über das in der Bibel erwähnte Manna. Das Wort wird für verschiedene zuckerhaltige Pflanzenexsudate benutzt, und auch die Bezeichnung «Mannitol» für einen Zuckeralkohol leitet sich davon ab. Mögliche Quellen sind unter anderem Pilze, Insektenkokons oder verfestigter Honigtau der Mannaschildlaus *(Trabutina mannipara)*, die an Tamariskengewächsen saugt. Sie alle entsprechen der biblischen Beschreibung von Manna, erklären aber nicht, wie es vom Himmel gefallen sein könnte. Bei entsprechender Unwetterwarnung könnten Flechten jedoch genau das tun.

Die in den ariden Regionen Nordafrikas, des Nahen Ostens und Zentralasiens vorkommenden Flechten der Gattung *Circinaria* bilden lockere Lager, die an Samen oder Getreide erinnern, dem Untergrund nicht fest aufsitzen und leicht vom Wind verweht werden («vagrante» Flechten). Diese waren traditionell Teil der menschlichen Ernährung, daher der wissenschaftliche Name *Circinaria esculenta* (lat. *esculentus*, essbar) für die bekannteste Art.

Es soll vorgekommen sein, dass diese Flechten im früheren Mesopotamien (vom Südosten der Türkei über Irak und Iran bis Kuwait reichend) nach Stürmen «vom Himmel fielen». Die Kurden nennen diese Flechten «Himmelsbrot».

Der iranische Lichenologe Mohammad Sohrabi konnte zeigen, dass Mannaflechten mehrere Arten der Gattung *Circinaria* umfassen. Seltsamerweise ist keine davon aus Ägypten bekannt, wo ja der biblische Exodus stattgefunden haben soll. Die einzige potenziell dort vorkommende Art ist *Circinaria jussuffii*, die von Nordafrika bis in den Irak und Iran bekannt ist.

→ Ist *Circinaria jussuffii* die wahre Mannaflechte? Sie ist kaum von Erdklümpchen zu unterscheiden, und wer würde vermuten, dass sie potenziell essbar ist? Die winzigen Körnchen messen selten mehr als 5 mm im Durchmesser.

BRYORIA FREMONTII

Fremont-Moosbart

Winternahrung der First Nations – und Modellorganismus der Molekularbiologie

WISSENSCHAFTLICHER NAME	*Bryoria fremontii* (Tuck.) Brodo & D. Hawksw.
STAMM, FAMILIE	Ascomycota, Parmeliaceae
WUCHSFORM	Strauchflechte, bildet lange, bartähnliche Lagerfäden.
ARTEN IN DER GATTUNG	50
LEBENSRAUM	Boreale Wälder, meist von Nadelbaumästen herabhängend
BESONDERHEITEN	Kleine gelbe Poren (Pseudocyphellen) und gelbe Apothecien

Boreale Nadelwälder im hohen Norden sind oft mit Massen von Bartflechten überzogen, unter ihnen Arten der Gattungen *Bryoria* und *Alectoria*. Ihr Lager besteht aus haarähnlichen Filamenten, die wenige Zentimeter bis rund einen Meter lang werden können und Farben von Dunkelgrau über Braun bis Gelbgrün zeigen.

Moosbärte sind die Lieblingsnahrung von Amerikahirschen (Gattung *Odocoileus*) und Wapiti *(Cervus elaphus canadensis)*, die nach Stürmen oft umgestürzte Bäume umlagern, um die Flechten abzufressen. Sie sind zudem die einzige Winternahrung der stark gefährdeten Karibu-Unterart *Rangifer tarandus caribou* (siehe S. 205). Und auch Menschen wissen ihren Wert als Nahrung zu schätzen.

Der von der Stammesgruppe der Secwepemc geprägte Name *Wila* ist heute der allgemein benutzte Begriff für braune Moosbärte, die seit Urzeiten in den Wäldern im Inland des westlichen Nordamerika gesammelt wurden. Jede der dortigen First Nations hat einen eigenen Namen für die kostbaren Flechten, und das aus gutem Grund. *Wila* wird mancherorts noch immer im Spätsommer gesammelt und in Gruben im Boden zu Kuchen gebacken. Diese werden entweder frisch verzehrt oder dienen als Wintervorrat.

Nährstoffanalysen ergaben, dass *Wila*-Flechten zwar kein großer Energielieferant, aber auch nicht zu verachten sind. Vermutlich waren sie früher eine wichtige Überlebenshilfe, wenn die Jagd wenig erfolgreich und die Beerenernte klein ausgefallen war.

Eine der häufigsten *Wila*-Arten ist *Bryoria fremontii,* heute ein wichtiges Modell für die Erforschung von Flechtensymbiosen. Untersuchungen zeigen, dass die enthaltene Menge des toxischen Sekundärstoffes Vulpinsäure offensichtlich mit der Zahl spezieller Mikroorganismen, wie Ständerpilz-Hefen, korreliert. Der Mechanismus dahinter ist noch unbekannt, aber *Bryoria fremontii* ist ein ideales System zur Erforschung der Wechselwirkungen zwischen Pilz, Alge und weiteren Mikroorganismen, weil die Exemplare frei in der Luft hängen und somit praktisch keinen Kontakt mit kontaminiertem Boden oder anderen Flechten haben; die Lager sind zudem für die Genomanalyse einfach zu gewinnen.

→ Der Gehalt an Vulpinsäure, einem toxischen Sekundärstoff, kann bei der Flechte *Bryoria fremontii* beträchtlich variieren. Gelbliche Exemplare sind reich an Vulpinsäure; sie galten früher als separate Art *(B. tortuosa)*. Der Anteil der Säure scheint aber je nach Lebensraum und Populationsgröße der Hefen in der Flechte zu variieren, nicht je nach Pilzart.

LETHARIA VULPINA

Fuchsflechte

«Textmarker»-Strauchflechte
mit düsterer Vergangenheit

WISSENSCHAFTLICHER NAME	*Letharia vulpina* (L.) Hue
STAMM, FAMILIE	Ascomycota, Parmeliaceae
WUCHSFORM	Zitronengelbe, strauchförmige, sich unregelmäßig verzweigende Lager, bedeckt mit Isidien
ARTEN IN DER GATTUNG	6
LEBENSRAUM	Auf Baumrinde und Holz in Bergregionen
BESONDERHEITEN	Eine der wenigen Flechten, die als Waffe benutzt wurden.

Viele Flechten enthalten große Mengen an Sekundärstoffen, doch nur wenige sind bekanntermaßen giftig. Die vielleicht bekannteste unter diesen ist die Fuchsflechte mit einem Gehalt der giftigen Vulpinsäure von bis zu 5 Prozent des Trockengewichts. Schon 150 Milligramm der Flechte können eine Maus binnen einer Stunde töten. Sie wirkt auch stark antimikrobiell.

Die unverwechselbar zitronengelbe Fuchsflechte ist eine der Arten, die ihren wissenschaftlichen Namen am Beginn der modernen westlichen Botanik von Carl von Linné erhalten haben. Er taufte sie *Lichen vulpinus* (lat. *vulpes,* Fuchs), weil er wusste, dass norwegische Jäger mit ihr Füchse vergifteten; dies ist in einem Werk aus dem frühen 17. Jahrhundert dokumentiert. Das Vergiften von Wölfen *(Canis lupus)* mit dieser Flechte wurde erst nach der Benennung durch Linné dokumentiert, fand aber Eingang in Trivialnamen in verschiedenen Sprachen.

Mehr als 200 Jahre nach Linné entdeckten Forscherinnen und Forscher, dass die als *Letharia vulpina* bekannte Flechte tatsächlich mehrere Arten umfasste, die nur schwer zu unterscheiden sind. Eine davon tauften sie *L. lupina,* sodass nun auch der Wolf benannt war.

Bis heute werden Wölfe getötet (auch in Linnés Heimat Schweden), was vielen Menschen zuwider ist. Die Tochter des zweiten Autors dieses Buches erkennt in dieser charismatischen Flechte eine leuchtendere Botschaft und hat deshalb für sie den treffenden Namen «Textmarker»-Flechte geprägt.

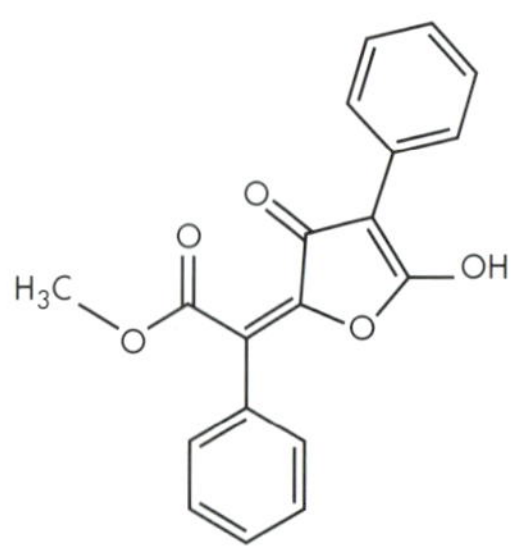

Machtvolles Molekül

Das Pigment Vulpinsäure verleiht der Flechte ihre typische zitronengelbe Färbung.

→ *Letharia vulpina* ist eine von mehreren «Textmarker»-Flechten, die zusammen einen kryptischen Artenkomplex bilden. Die beiden geläufigsten Arten daraus, deren Lager mit winzigen Auswüchsen (Isidien) bedeckt ist und daher rau wirkt, sind *L. vulpina* und *L. lupina*. Letztere wurde erst kürzlich als eigenständige Art erkannt.

CLADONIA GRAYI

Grays Becherflechte

Überraschung unter UV-Licht

WISSENSCHAFTLICHER NAME	*Cladonia grayi* G. Merr. ex Sandst.
STAMM, FAMILIE	Ascomycota, Cladoniaceae
WUCHSFORM	Mittelgroß bis groß, dimorph, mit aufrechten, becherförmigen Podetien
ARTEN IN DER GATTUNG	500
LEBENSRAUM	Gemäßigte Wälder und tropische Bergwälder, Sandböden
BESONDERHEITEN	Becher produzieren zahllose kleine körnchenförmige Ausbreitungseinheiten.

Ernst Haeckel war von der Gattung *Cladonia* fasziniert. Die berühmte Tafel mit Flechtendarstellung in seinem Werk *Kunstformen der Natur* zeigte nicht weniger als fünf Vertreter dieser Gattung, drei davon Becherflechten verschiedener Formen. Mit ihren becher- oder trompetenförmigen, aufrechten Lageranteilen (Podetien) zählen sie zu den bekanntesten Flechten und werden oft als beispielhafte Vertreter dieser abgebildet.

Die Funktion der becherförmigen Podetien ist unbekannt. Vielleicht dienen sie dazu, die winzigen, körnchenförmigen Diasporen von der Innenseite der Becher zu verbreiten, die Soredien. Vorstellbar ist, dass sich die Becher bei Regen mit Wasser füllen und die Ausbreitungseinheiten dann durch einzelne hineinfallende Regentropfen herausgespritzt werden. Allerdings werden auch auf der Außenseite der Becher Soredien gebildet, und viele andere *Cladonia*-Arten breiten sich sehr erfolgreich ohne Becher aus. Somit kann diese Form auch andere Zwecke erfüllen.

Mit mehr als 500 Arten ist *Cladonia* eine der artenreichsten Gattungen lichenisierter Pilze. Ihre Formenvielfalt ist enorm, von schuppigen oder blattförmigen Lagern und den typischen dimorphen Formen mit aufrechten Podetien (inklusive Bechern) bis hin zu den strauchig-kissenförmigen Lagern der Rentierflechten. Diese vielfältigen Formen spiegeln keine natürlichen Gruppen wider, sondern entstanden innerhalb der Gattung mehrfach unabhängig voneinander. *Cladonia grayi* ist Teil eines Artenkomplexes, bei dem die Chemotaxonomie, also die Artunterscheidung anhand sekundärer chemischer Substanzen, eine wichtige Rolle spielt. Hauptkomponente bei dieser Art ist die Grayansäure (engl. *grayanic acid*), die sie unter UV-Licht hellblau fluoreszieren lässt.

→ *Cladonia grayi* unter UV-Licht fotografiert, um das Vorliegen der Grayansäure zu demonstrieren.

GLOSSAR

Algenschicht Die (normalerweise) unter der Rinde des Flechtenlagers gelegene Schicht, in der sich die Fotobionten und ihnen anhaftende Pilzfäden befinden.

Apothecium (Pl. **Apothecien**) Fruchtkörpertyp der Schlauchpilze, meist scheiben- oder becherförmig, mit frei liegender Fruchtschicht (Hymenium).

Ascomycet Ein Pilz des Phylums Ascomycota (Schlauchpilze), bei dem sich in einer als Ascus bezeichneten schlauchförmigen Zelle sexuelle Sporen (Ascosporen) bilden; Flechten mit Ascomyceten als Pilzpartner werden als Ascolichenen oder Ascomycetenflechten bezeichnet.

Ausbreitungseinheit Jede Struktur, die der Ausbreitung der Flechte dient.

Basidiomycet Ein Pilz des Phylums Basidiomycota (Ständerpilze), bei dem sich an der Spitze einer als Basidium bezeichneten zylindrischen Zelle sexuelle Sporen (Basidiosporen) bilden. Zu dieser Gruppe gehören u. a. die Hutpilze, die Porlinge, aber auch Pilze mit gallertigen Fruchtkörpern (wie etwa das Judasohr) sowie Rost- und Brandpilze. Flechten mit Basidiomyceten als Pilzpartner werden als Basidiolichenen oder Basidiomyceten-Flechten bezeichnet.

Biofilm Im weitesten Sinn eine Oberflächenschicht, die aus einer eng miteinander verwobenen Gemeinschaft kleiner Lebewesen, wie z. B. Moose, Algen, Flechten, andere Pilze und Bakterien, besteht; im engeren Sinn eine dünne Schicht zusammenhängender Mikroorganismen.

Biom Ein weit gefasster Begriff für ein Ökosystem, das aus einer Reihe unterschiedlicher Lebensräume besteht, z. B. Tundra oder tropischer Regenwald.

Cephalodium (Pl. **Cephalodien**) Teil eines Grünalgen-Flechtenlagers, der zusätzlich Blaualgen als Fotobionten enthält; es kann sich im Inneren oder außen auf dem Lager befinden, dann ist es häufig als kleine Warze erkennbar.

Chloroplast Organell im Inneren von fotosynthetisierenden eukaryotischen Organismen (Pflanzen, verschiedene Algen), in dem die Fotosynthese stattfindet. Evolutionär gesehen handelt es sich um ein Bakterium, dessen Vorfahre in die eukaryotische Zelle aufgenommen wurde.

Cyanobakterium (Blaualge) Bakterientyp, der Fotosynthese betreiben kann und aufgrund bestimmter Fotosynthesepigmente eine blaugrüne Färbung aufweist.

endolithisch Nahe der Oberfläche im Inneren von Steinen lebend

Fotobiont Algen- oder Cyanobakterienpartner in der Flechtensymbiose

Fotomorphe Flechten mit demselben Pilz-, aber verschiedenen Algenpartnern (meist eine Grünalge oder ein Cyanobakterium), deren Lager sich meist auch in Farbe und Gestalt unterscheiden.

Fotosymbiodem Verbund aus verschiedenen Fotomorphen

Gonidium (Pl. **Gonidien**) Alte Bezeichnung für die Algen- und Cyanobakterien-Bestandteile von Flechten, als man noch nicht wusste, worum es sich bei diesen Zellen tatsächlich handelt.

heterotroph Ein Organismus, der Nährstoffe und Energie aus organischer Substanz (von anderen Organismen) bezieht und nicht aus anorganischen Quellen, wie Licht und Mineralien.

Hymenium (Fruchtschicht) Die Schicht in den Fruchtkörpern von Pilzen, in der sich die Sporen tragenden Zellen (z. B. die Asci bei den Ascomyceten) befinden, oft dicht umgeben von sterilen Hyphen.

Hyphe (Pl. **Hyphen**) Fädig wachsende Pilzzelle, Pilzfaden

Isidie (Pl. **Isidien**) Ausbreitungseinheit, zylindrischer Auswuchs aus dem Flechtenlager, der auch Fotobiontenzellen enthält.

Konidium (Pl. **Konidien**) Asexuelle Spore eines Pilzes, die in der Regel von der Spitze einer Hyphe abgeschnürt wird.

Makroflechten Flechte mit einem dreidimensionalen Lager, das leicht vom Substrat entfernt werden kann, ohne es zu zerstören (z. B. Blatt- und Strauchflechten). Eine Mikroflechte dagegen bildet ein flaches, mehr oder weniger zweidimensionales Lager aus und lässt sich nicht vom Substrat entfernen, ohne dabei zerstört zu werden (z. B. Krustenflechten). Entgegen dem allgemeinen Verständnis beziehen sich die Bezeichnungen Makro und Mikro nicht auf die Größe der Flechten: Einige Laub- und Strauch-Makroflechten bspw. sind ziemlich klein (wie *Candelaria* oder *Physcia*), während manche Krusten-Mikroflechten einen Durchmesser von 1 m erreichen können.

Mark Lockere Schicht aus Pilzfäden im Inneren des Lagers, unterhalb der Algenschicht; die Hyphen sind wasserabweisend und lassen große, luftgefüllte Hohlräume frei.

Mitochondrium (Pl. **Mitochondrien**) Organell, das in den Zellen der meisten eukaryotischen Organismen vorkommt; evolutionär gesehen handelt es sich um ein Bakterium, dessen Vorfahre durch Endosymbiose in die eukaryotische Zelle aufgenommen wurde.

Mykobiont Der (wichtigste) Pilzpartner in der Flechtensymbiose

Mykorrhiza Eine weitere Form der Symbiose mit Pilzbeteiligung; in diesem Fall ist das Myzel eng mit den Wurzeln von Pflanzen verbunden, z. T. wächst es sogar in die Wurzelzellen hinein.

Myzel Geflecht aus miteinander verwobenen und verklebten Pilzfäden, das den vegetativen Fruchtkörper von Pilzen bildet.

Perithecium (Pl. **Perithecien**) Kugeliger bis birnenförmiger Fruchtkörper von Ascomyceten, in dem die Fruchtschicht (Hymenium) verborgen ist; die Sporen können nur durch eine kleine Pore herausgeschleudert werden.

Phyllosphäre Der Begriff beschreibt die kleinen Gemeinschaften, die auf den Blättern lebender Pflanzen wachsen, vor allem im tropischen Regenwald; sie bestehen aus Flechten, Moosen, nicht mit Flechten assoziierten Pilzen, Algen, Cyanobakterien, anderen Bakterien sowie verschiedenen Wirbellosen.

Podetium (Pl. **Podetien**), auch Sekundär- oder Vertikallager. Bei Flechten mit einem zweigestaltigen Lager der Teil, der sich über den flachen, oft krustigen oder schuppigen Primär- oder Horizontallager erhebt, oft mit reproduktiven Strukturen.

Polyol Zuckeralkohol

Pyknidium (Pl. **Pyknidien**) Birnen- bis kugelförmige Behälter, in denen Flechtenpilze (und andere Pilze) sexuelle Sporen bilden (Conidien).

Rinde Eine Schicht aus differenzierten Zellen und ausgeschiedenem extrazellulären Material, das das Flechtenlager nach oben und/oder unten begrenzt und so das Innere von der Umgebung oder dem Substrat trennt.

saprotroph Bezeichnung für Organismen, vor allem Pilze, die totes organisches Material als Kohlenstoffquelle nutzen.

Soredium (Pl. **Soredien**) In Mark und Algenschicht des Flechtenlagers gebildete Ausbreitungseinheiten, die aus von Pilzhyphen locker umsponnenen Fotobiontenzellen bestehen.

Thallus (Pl. **Thalli**) Eigentlich ein Pflanzenkörper, der nicht in Spross, Blätter und Wurzel gegliedert ist und nur eine geringe Zelldifferenzierung aufweist, wie etwa die blattlosen Lebermoose; bei Flechten ist damit das gesamte Lager gemeint.

Trichogyne (Empfängnishyphe) Spezialisierte, haarähnliche Pilzhyphe, die während der sexuellen Fortpflanzung einen Kern aus einem Spermatium aufnimmt.

Zoospore Bezeichnung für eine Spore, die sich mithilfe einer Geißel (Flagellum) bewegen kann.

LITERATURHINWEISE

Empfohlene Bücher über Flechtenkunde und -geschichte sowie Bestimmungsbücher.

Ahmadjian, V. 1993. *The Lichen Symbiosis.* John Wiley & Sons, Chichester: 250 S.

Allen, J. L. & Lendemer, J. C. 2021. *Urban Lichens: A Field Guide for Northeastern North America.* Yale University Press, New Haven: 158 S.

Andreev, M. P. & Himelbrant, D. E. (eds.) 2014–2023. *Flora lišajnikov Rossii (The Lichen Flora of Russia).* Bde. 1, 2 und 3. KMK Scientific Press, Moskau und St. Petersburg

Brodo, I. M. 2016. *Keys to Lichens of North America,* revised and expanded edition. Yale University Press, New Haven und London: 427 S.

Brodo, I. M., Sharnoff, S. D. & Sharnoff, S. 2001. *Lichens of North America.* Yale University Press, New Haven: 795 S.

De Almeida, R., Lücking, R., Vasco-Palacios, A., Gaya, E. & Diazgranados, M. 2022. *Catalogue of the Fungi of Colombia.* Royal Botanic Gardens, Kew: 510 S.

Dobson, F. S. 2014. *A Field Key to Common Churchyard Lichens.* 2. Auflage. Selbstverlag: 50 S.

Dobson, F. 2018. *Lichens: An Illustrated Guide to the British and Irish Species.* 7. Auflage. Richmond Publishing, Slough, and British Lichen Society, London: 496 S.

Fleig, M. & Grüninger, W. 2008. *Líquens: Flechten – Lichens.* EDIPUCRS, Porto Alegre und Universität Tübingen: 217 S.

Galloway, D. J. 2007. *Flora of New Zealand Lichens.* Bde. 1 & 2. 2. Auflage. Manaaki Whenua Press, Lincoln: 2261 S.

Galun, M. (ed.) 1988. *CRC Handbook of Lichenology.* Bde. I, II, III. CRC Press, Boca Raton: 297 S., 181 S., 147 S.

Geiser, L. & McCune, B. 2009. *Macrolichens of the Pacific Northwest.* 2. Auflage. Oregon State University Press, Corvallis: 448 S.

Henssen, A. & Jahns, H. M. 1974. *Lichenes. Eine Einführung in die Flechtenkunde.* Thieme, Stuttgart: 467 S.

Kashiwadani, H., Ohmura, Y. & Moon, K. H. 2020. *Satoyama no chiirui handobukku (Satoyama Lichen Handbook).* Bun-Ichi Sogo Publishing, Tokio: 136 S.

Kirk, P., Cannon, P., Minter, D. W. & Stalpers, J. A. (eds.) 2008. *Dictionary of the Fungi,* 10. Auflage. CABI Publishing, Wallingford: 771 S.

Kirschbaum, U. & Wirth, W. 1995. *Flechten erkennen – Luftgüte bestimmen.* Ulmer, Stuttgart: 128 S.

Marcelli, M. P. & Seaward, M. R. D. 1998. *Lichenology in Latin America. History, Current Knowledge and Application.* Companhia de Tecnologia de Saneamento Ambiental, São Paulo: 179 S.

McCarthy, P. M. 1992, 1994, 2001, 2009. *Flora of Australia. Vol. 54 (Lichens – Introduction, Lecanorales 1); Vol. 55 (Lichens – Lecanorales 2, Parmeliaceae); Vol. 58A (Lichens 3), Vol. 57 (Lichens 5).* Australian Biological Resources Study und CSIRO Publishing, Canberra: 349 S., 360 S., 687 S., 242 S.

McCune, B. 2017. *Microlichens of the Pacific Northwest. Vol. 1: Key to the Genera. Vol. 2: Key to the Species.* Wild Blueberry Media, Corvallis: 218 S., 755 S.

McMullin, R. T. 2022. *The Secret World of Lichens: A Young Naturalist's Guide.* Firefly Books, Richmond Hill: 48 S.

McMullin, R. T. 2023. *Lichens: The Macrolichens of Ontario and the Great Lakes Region of the United States.* Firefly Books, Richmond Hill: 608 S.

Nash, T. H. (ed.) 2008. *Lichen Biology.* 2. Auflage. Cambridge University Press, Cambridge: 486 S.

Nash, T. H., Ryan, B. D., Diederich, P., Gries, C. & Bungartz, F. (eds.) 2002, 2004, 2007. *Lichen Flora of the Greater Sonoran Desert Region.* Bde. 1, 2, 3. Lichens Unlimited, Arizona State University, Tempe: 532 S., 742 S., 567 S.

Nimis, P. L., Scheidegger, C. & Wolseley, P. A. (eds.) 2002. *Monitoring with Lichens – Monitoring Lichens* [NATO Science Series. IV. Earth and Environmental Sciences 7]. Kluwer Academic Publishers, Dordrecht: 408 S.

Orange, A., James, P. W. & White, F. J. 2010. *Microchemical Methods for the Identification of Lichens.* 2. Auflage. British Lichen Society, London: 101 S.

Palmer, L. 2023. *The Lichen Museum (Art After Nature).* University of Minnesota Press, Minneapolis: 175 S.

Piepenbring, M. 2015. *Introduction to Mycology in the Tropics.* American Phytopathological Society, APS Publications, St. Paul: 366 S.

Poelt, J. 1969. *Bestimmungsschlüssel europäischer Flechten.* Cramer, Lehre: 757 S. [Zusammen mit: Poelt, J. & Vězda, A. 1977. Ergänzungsheft I. *Bibliotheca Lichenologica* 9: 258 S. Poelt, J. & Vězda, A. 1981. Ergänzungsheft II. *Bibliotheca Lichenologica* 16: 390 S.]

Purvis, O. W. 2010. *Lichens.* Überarbeitete Auflage. Natural History Museum, London: 112 S.

Scheidegger, C., Keller, C. & Stofer, S. 2023. *Flechten der Schweiz. Vielfalt, Biologie, Naturschutz.* Haupt, Bern: 591 S.

Schumm, F. & Aptroot, A. 2019. *Images of the Lichen Genus Caloplaca.* Bde. 1, 2, 3, 4. Books on Demand GmbH, Norderstedt: 688 S., 688 S., 692 S., 688 S.

Schumm, F. & Elix, J. A. 2015. *Atlas of Images of Thin Layer Chromatograms of Lichen Substances.* Books on Demand GmbH, Norderstedt: 584 S.

Seaward, M. R. D. (ed.) 1977. *Lichen Ecology.* Academic Press, New York: 550 S.

Sharnoff, S. 2014. *A Field Guide to California Lichens.* Yale University Press, New Haven: 424 S.

Singh, K. P. & Sinha, G. P. 2010. *Indian Lichens: An Annotated Checklist.* Botanical Survey of India, Ministry of Environment and Forests, Kalkutta: 572 S.

Smith, C. W., Aptroot, A., Coppins, B. J., Fletcher, A., Gilbert, O. L., James, P. W. & Wolseley, P. A. (eds.) 2009. *The Lichens of Great Britain and Ireland.* British Lichen Society, London: 1046 S.

Stenroos, S., Velmala, S., Pykälä, J. & Ahti, T. (eds.) 2016. *Lichens of Finland.* LUOMUS, Finnish Museum of Natural History, University of Helsinki, Helsinki: 894 S.

Swinscow, T. D. V. & Krog, H. 1988. *Macrolichens of East Africa.* British Museum (Natural History), London: 390 S.

van Herk, K. & Aptroot, A. 2004. *Korstmossen.* KNNV Uitgeverij, Soest: 423 S.

Wei, J. 2020. *The enumeration of lichenized fungi in China (Zhong guo di nong xing zhen jun zong lan).* China Forestry Publishing House, Beijing: 606 S.

Wirth, V. 2010. *Lichens of the Namib Desert.* Hess, Göttingen/Windhoek: 96 S.

Wirth, V., Hauck, M. & Schultz, M. 2013. *Die Flechten Deutschlands.* Bde. 1 + 2. Ulmer, Stuttgart: 1244 S.

Zonca, V. 2022. *Lichens: Toward a Minimal Resistance.* Polity Press, Cambridge: 250 S. [Franz. Originalausgabe: *Lichens: pour une résistance minimale.* Le Pommier: Paris, 2021]

ORGANISATIONEN UND WEBSEITEN ZU FLECHTENFORSCHUNG UND -SCHUTZ

American Bryological and Lichenological Society
abls.org

Association française de Lichénologie
afl-lichenologie.fr

Australian Lichens
www.anbg.gov.au/lichen/

British Lichen Society
britishlichensociety.org.uk

Bryologisch-lichenologische Arbeitsgemeinschaft für Mitteleuropa
blam-bl.de

Bryologische en Lichenologische Werkgroep (BLWG)
blwg.nl

California Lichen Society
californialichens.org

Consortium of Lichen Herbaria
lichenportal.org/portal

Global IUCN Red-Lists
lichenportal.org/portal/projects/index.php?pid=556

Grupo Brasileiro de Liquenólogos (GBL)
brazilianlichens.wixsite.com/website

Grupo Colombiano de Liquenología (GCOL)
facebook.com/groups/485251978343916/

Grupo Ecuatoriano de Liquenología (GEL)
grupoecuatorianodeliquenologia.blogspot.com

Grupo Latinoamericano de Liquenólogos (GLAL)
facebook.com/groups/glal1

Index Fungorum
indexfungorum.org

Indian Lichenological Society
indianlichenology.com

International Association for Lichenology (IAL)
ial-lichenology.org

ITALIC – The Information System on Italian Lichens. Version 8.0
Italic.units.it

IUCN SSC Lichen Specialist Group
iucn.org/our-union/commissions/group/iucn-ssc-lichen-specialist-group

LIAS Glossary
glossary.lias.net/wiki/Main_Page

Lichen determination keys
archive.bgbm.org/BGBM/STAFF/Wiss/Sipman/keys/default.htm

Lichen Gallery
stridvall.se/lichens/gallery/

Lichenicolous fungi: Worldwide Checklist
mason.gmu.edu/~jlawrey/Lichenicolous/

Lichenological Society of Japan (LSJ)
eng.lichenjapan.jp

Lichens (Fotografien)
thomasbarlow.me/Lichens2021/n-Nc5xSv

Lichens connecting people!
facebook.com/groups/150880938305901

Lichens marins, maritimes, océaniques et ressemblants, tels qu'ils sont
lichensmaritimes.org

Lichens of Great Britain and Ireland
britishlichensociety.org.uk/identification/lgbi3

Lichens of Subtropical Florida
seaveyfieldguides.com/Lichens/index.html

MycoBank Database. Fungal Databases, Nomenclature & Species Banks
mycobank.org

Nordic Lichen Society
nhm2.uio.no/lichens/nordiclichensociety

OPAL Air Survey
imperial.ac.uk/opal/surveys/airsurvey

Pictures of tropical lichens
tropicallichens.net

Recent Literature on Lichens
nhm2.uio.no/botanisk/lav/RLL/RLL.HTM

Schweizerische Vereinigung für Bryologie und Lichenologie
bryolich.ch/lichenologie/lichenologie_de.html

Sharnoff Lichens Home Page
sharnoffphotos.com/lichens/lichens_home_index.html

Smithsonian Science Now – What's a Lichen?
video.ibm.com/recorded/124609758

Sociedad Española de Liquenología (SEL)
ucm.es/seliquen

Società Lichenologica Italiana (SLI)
lichenologia.eu

SwissLichens – Daten- und Informationszentrum der Schweizer Flechten
swisslichens.ch

Ways of Enlichenment. Lichens of Western North America
waysofenlichenment.net

STICHWORTVERZEICHNIS

BILDNACHWEIS

Die Autoren und der Verlag bedanken sich für die Erlaubnis, urheberrechtlich geschütztes Material in diesem Buch wiederzugeben.

Robert Lücking: Umschlag hinten, 3, 4 alle, 5 alle, 6, 7, 18, 23 oben, 37, 42 links, 46 unten, 47 unten, 48 links & rechts, 49 rechts, 51 oben rechts & unten rechts, 52, 63, 65, 74, 75, 79, 82 oben & unten, 84, 86 oben links & rechts, 86 unten links & rechts, 87, 91, 93 oben & unten (Neuzeichnung nach: https://doi.org/10.1038/387463a0), 99, 105, 107, 112 alle, 114 alle, 115 alle, 117 oben & unten, 119, 122, 123 oben & unten, 125, 126 oben links & rechts, 127 oben links & rechts, unten links, 128 alle, 129 alle, 130 oben & unten, 131 oben & unten, 132, 133 unten, 134 oben & unten, 137 oben links & rechts, unten, 138 oben, 139 unten, 140, 141, 143, 147, 149, 151, 159 unten, 164, 165, 167 oben links & rechts, Mitte rechts, unten links & rechts, 169 oben, unten links, 170 *(Acarospora, Lobaria, Placopsis, Protoparmeliopsis, Rhizocarpon, Sarcographa, Stictis, Umbilicaria, Xanthoria)*, 171 *(Candelaria, Lempholemma, Normandina, Pyrenula)*, 178, 183, 185, 187, 189, 195 oben links & rechts, unten, 196 oben & unten, 197 links & rechts, 201 oben & unten, 204 oben & unten, 207 unten, 209, 210 Mitte beide, 213 oben, 218 oben links & rechts, unten links & rechts, 220, 221 oben & unten, 222 links, Mitte, rechts, 223 links & rechts, 227, 229, 231, 245 links & rechts, 249, 252 oben & unten, 253, 254, 263, 264, 265, 267, 269, 271, 277

Toby Spribille: Cover, 16, 21 oben links, 59 unten, 120, 138 unten, 139 oben, 159 unten, 194 oben, 237, 275

Andere Fotograf:innen: 2: Shelly Benson; 4 *(Ochrolechia)*, 73, 170 *(Ochrolechia)*: Masumi Palhof; 11: Mohammad Sohrabi; 13 rechts: Bob Klips; 20 oben links, 25, 31, 96, 273: Jason Hollinger; 21 oben rechts: Carlos J. Pasiche Lisboa; 23 Mitte: Beata Guzow-Krzemiśka; 23 unten: Martina Tesarova/Jana Nebesarova; 27: Jonáš Gruska; 29: James Bennett; p33: Matt Goff; p35: Troy McMullin; 41: Corentin Loron; 42 rechts: Colin Purrington; 44: Allison Knight; 49 links, 51 oben links: Michael Plewka; 51 unten links: Nekko No Shippo (Japan)/PhycoKey by Alan L. Baker; 57 oben links, Mitte rechts, unten: Paul Diederich; 57 oben rechts: Michel Langeveld; 59 oben: Curtis Bjork; 61: Eva Barreno; 67, 76, 77: David Diaz- Escandon; 69: Mark Powell; 81 oben & unten, 89 links, rechts, unten links: Leopoldo Sancho; 83 all: Daniel McCarthy; 92, 133 oben: Bibiana Moncada; 95 oben & unten, 97: Daniel Stanton; 101, 121 oben, 198 oben: Volkmar Wirth; 103: Tessa Brunette; 113, 173 oben: Einar Timdal; 121 unten: Nicola van Berkel; 126 unten links: Zacarias Lepista; 126 unten rechts: Laura O'Connor; 127 unten rechts: Noah Siegel; 135 oben: Alejandro Huereca; 135 unten: Gary Fast; 145: Larry Halverson; 154: Rosmarie Honegger; 155 oben & unten: Dong Ren/Xinli Wei/Xiaoran Zuo; 156: Dr. Alex Liu (University of Cambridge, UK); 157: Nobu Tamura; 159 oben: Mary Droser; 161: Jonas Damzen (ex collection Jonas Damzen #7509); 169 Mitte links & unten rechts: Pedro Crous; 171 *(Trichoglossum)*: Jozef Pavlík; 171 *(Sclerophora)*: Leif Stridvall; 171 *(Symbiotaphrina)*: Adam Polhorský; 235: Tyson Ehlers; 173 unten, 175, 176: Paul Cannon; 177: Tomasz Wilk; 181: Alexander R. Schmidt (Universität Göttingen); 193 unten: Ryan Brook; 198 unten: Theo Llewellyn; 199 oben & unten: Adriano Spielmann; 206: Ricardo Miranda; 207 oben: Enrique Ramírez García; 210 oben: Marcelo Marcelli; 211 oben links: Andrea Bernecker; 211 oben rechts: Lidia Ferraro; 211 unten: David Weiller; 213 unten: Eddie Petryshen; 214: Laurens Sparrius; 216: John Skinner; 217 oben & unten: Gail Jones McMartin; 219 oben: Heino Lepp; 219 unten: Frank Bungartz; 225: Heath McDonald/Butterfly Conservation; 233: Eric Peterson; 239: Colin Chapman; 244 oben: Ingo Haas/Botanischer Garten und Botanisches Museum Berlin; 247 oben links: Christoph Scheidegger; 248 oben: Anders Tehler; 250 links & rechts, 251 oben links: Emily Donavan; 251 oben rechts: Noah Siegel/Alissa Allen; 255: Elke Zippel; 257 oben: Bryony Ella; 257 unten: © Kathrin Schlegel; 258 oben: Oscar Furbacken; 258 unten links & rechts: Kozue Mihashi; 259 oben, Mitte beide: Eileen O'Shea; 259 unten alle: Kristen Morsches; 260 unten: Thomas Barlow; 261: Anna Voytsekhovich

Alamy Stock Photo: 43 links: Georg Stelzner; 205: Thomas Marent/Minden Pictures; 208: Guenter Fischer; 118: Michele Cornelius; 47 oben: Nigel Cattlin

Shutterstock: 194 unten: Grigorii Pisotsckii; 248 unten: H. Ko; 247 oben rechts: Sam Thomas A.; 203: Tatu Lahunen

American University Library: 260 oben [Reproduced with the kind permission of the Government of the British Antarctic Territory]

ESA: 89 Mitte, 193 oben [© ESA WorldCover Project/Contains modified Copernicus Sentinel data (2021) processed by ESA WorldCover consortium]

Eurolab: 171 *(Penicillium)*

Experimental Phycology and Culture Collection of Algae (EPSAG): 46 oben links [2103 (CC BY-SA 4.0 DEED)], 46 oben rechts [21.87 (CC BY-SA 4.0 DEED)/Pavel Škaloud]

Mint of Finland: 260 Mitte rechts

Publisher Michael Joseph: 264

Stadtarchiv Schaffhausen: 20 unten rechts [StadtASH D I.02.521.04/0376]

The Field Museum: 251 unten [© The Field Museum, Kat.-Nr. 19572, Fotografin Elana Dux]

Creative Commons/Public Domain: 10: Yale Medical Historical Library (Public Domain/PD-US); 14: Museu Nacional da Universidade Federal do Rio de Janeiro (UFRJ) Brazil (Public Domain/PD-US); 22 unten rechts (Public Domain); 43 rechts: Hagen Graebner (CC BY-SA 3.0); 171 *(Exophiala)*: Medmyco (CC BY-SA 4.0); 171 *(Trichophyton)*: Medmyco (CC0 1.0); 111: Sage Ross (Public Domain); 247 unten: City Foodsters (CC BY 2.0)

Bayerische Staatsbibliothek/Public Domain: 244 unten [https://bildsuche.digitale-sammlungen.de/index.html?c=viewer&bandnummer=bsb11198051&pimage=1237&v=100&nav=&l=de]

Biodiversity Heritage Library/Public Domain [https://www.biodiversitylibrary.org/item/]: 12 rechts [155796#page/725/mode/1up]; 13 links [155796#page/631/mode/1up]; 17 [151576#page/759/mode/1up]; 19 [151573#page/49/mode/1up]; 20 oben rechts [91544#page/203/mode/1up]; 22 oben [138200#page/427/mode/1up]; 22 unten links [138200#page/17/mode/1up]; 172 [235808#page/3/mode/1up]; 210 unten [595192#page/160/mode/1up]; 242 links [29685#page/348/mode/1up]

Giornale Botanico Italiano/Public Domain PD-IT: 54 [https://doi.org/10.1080/11263504109439808]

Münchner Digitalisierungszentrum Digitale Bibliothek/Public Domain [https://www.digitale-sammlungen.de/en/view/]: 12 links [bsb10870975?page=845]; 242 rechts [bsb11200259?page=669]

Staatsbibliothek zu Berlin/Public Domain 1.0: 243 [http://resolver.staatsbibliothek-berlin.de/SBB000149FE00010230]

DANK

Dieses Buch hätte ohne das Wissen aus zahllosen Studien in der stetig wachsenden Gemeinschaft aus Wissenschaftlerinnen und Wissenschaftlern der Lichenologie, Mykologie und Botanik, aber auch der Geschichtswissenschaft sowie Künstlerinnen, Künstlern, Philosophinnen und Philosophen mit Interesse an Flechten, heute und vor unserer Zeit, nicht zustande kommen können. Unser Dank gilt ganz besonders jenen Kolleginnen und Kollegen, die mit ihrer großen Fachkunde zu diesem Buch beitrugen, ob mit einzigartigen, wertvollen Bildern (im Bildnachweis aufgeführt) oder mit kritischen Anregungen und Informationen. Zu ihnen zählen unter anderem Arseniy Belosokhov, David Díaz-Escandón, Alejandro Huereca, Abigail Meyer, Walter Obermayer, Leo Sancho, Daniel Stanton, Heather Stewart-Ahn, Gulnara Tagirdzhanova, Lisa Willis, Alissa Allen, André Aptroot, Othmar Breuss, Irwin Brodo, Ryan Brook, Michelle Brownlee, Frank Bungartz, Paul Cannon, Peter Crittenden, Manuela Dal Forno, Paul Diederich, Emily Donovan, Elana Dux, Christopher Ellis, Edit Farkas, Alan Fryday, Oscar Furbacken, Trevor Goward, Allan Green, Martin Grube, David Hawksworth, Jason Hollinger, Ulrich Kirschbaum, James Lawrey, Gail McMartin, Troy McMullin, Joel Mercado-Díaz, Kristen Morsches, Jurga Motiejūnaitė, Leena Myllys, Peter Nelson, Pier Luigi Nimis, Yoshihito Ohmura, Eileen O'Shea, Sergio Pérez-Ortega, Christian Printzen, David Richardson, William Sanders, Christoph Scheidegger, Felix Schumm, Laurens Sparrius, Karina Wilk, Volkmar Wirth, Rebecca Yahr, Carmen Allen, Lore Ament, Frances Anderson, André Arsenault, Katie Barnett, James Bennett, Shelly Benson, Miriam Böhm, Claire Buchanan, Adolf Češka, Nathan Chrismas, Philippe Clerc, Janie Collin, Andrew Cook, Hugo Counoy, Amanda Davey, William Denton, Kendra Driscoll, Richard Droker, Sergio Favero, Adam Flakus, Fabiola Fonseca, Jean Gagnon, Ester Gaya, Nathan Gerein, Alice Gerlach, Allan Green, Mike Guwak, Curtis Hansen, Juán Hidalgo, Rosmarie Honegger, Deborah Isocrono, Suzanne Joneson, Jamie Kelly, Ilse Kranner, Teriyuki Kubo, Hans-Walter Lack, Scott LaGreca, Yung Mi Lee, Esteve Llop, Stefano Loppi, Joanna Marques, Maja Maslać, Didier Masson, Bruce McCune, Paolo Modenesi, Caleb Morse, Patricia Moya, Antonia Musso, Rikke Reese Næsborg, Thomas Nash, Leslie Nellis, Matthew Nelsen, Nastassja Noell, Nicole Nöske, Gerald Osborn, Alfredo Passo, Jozef Pavlík, Michael Plewka, Robert Sasata, Ayhan Şenkardeşler, Noah Siegel, Harrie Sipman, Pavel Škaloud, Ulrik Søchting, Mohammad Sohrabi, Marc Stadler, Tracy Thai, Göran Thor, Henk Timmermann, Benoit Trembley, Andrei Tsurykau, Saara Velmala, Andrus Voitk, Dennis Waters, Lilith Weber, Xinli Wei, Silke Werth und Laura Wilson. Ein besonderer Dank geht an Chelsea Lau aus Edmonton, Alberta (Kanada), für die Realisierung einiger der wunderbaren Grafiken.

Unser besonderer Dank gilt auch dem exzellenten Team von UniPress, namentlich David Price-Goodfellow, Hugh Brazier, Slav Todorov, Wayne Blades, John Woodcock, Jennifer Dixon, Kate Shanahan, Natalia Price-Cabrera, Nigel Browning, Elaine Willis, Jan McCann und Jan Ross. Ihr Rat, ihre Beharrlichkeit und der konstruktive Dialog mit ihnen trugen wesentlich dazu bei, dieses Projekt zu vollenden.

Seit Beginn der Arbeit an diesem Buch im Sommer 2021 haben wir einen langen Weg und einen enormen Lernprozess hinter uns gebracht, ermöglicht durch den Initialkontakt mit unserem geschätzten Kollegen und Freund Thorsten Lumbsch. An die Zusammenstellung und Vollendung des Werks wäre ohne die Unterstützung unserer Familien, Freundinnen und Freunde sowie Kolleginnen und Kollegen nicht zu denken gewesen. Robert dankt vor allem seiner Frau Bibiana Moncada, selbst begeisterte Lichenologin, für ihren Beistand, ihre Geduld und ihre Hilfe. Seine Kinder Mauricio und Natasha, stets an Flechten interessiert, brachten ihn mit ihren Fragen stets dazu, das scheinbar Offensichtliche zu hinterfragen. Toby dankt seiner Frau Viktoria Wagner von Herzen für ihre unendliche Geduld sowie seiner Tochter Daria, die in ihrer unstillbaren Neugier viele Textpassagen las und kommentierte und auf ihren zahlreichen Wandertouren in der kanadischen Wildnis ein oder zwei neue englische Namen vorschlug. Er dankt auch Kathi und Pom Collins aus Trego, Montana (USA), die ihm fernab der Heimat so oft ein zweites lichenologisches Zuhause boten, wo viele Textteile entstanden.

DIE AUTOREN

Robert Lücking ist Leiter der Abteilung «Evolution und Biodiversität» am Botanischen Garten Berlin. Er ist ein weltweit führender Mykologe und Lichenologe, mit über 500 Publikationen in Fachzeitschriften und mehr als 1000 neu entdeckten Arten.

Toby Spribille ist Inhaber der kanadischen Forschungsprofessur für Symbiose und Privatdozent für Biologische Wissenschaften an der University of Alberta, Edmonton.